EINFÜHRUNG IN DIE ALLGEMEINE KONSTITUTIONS- UND VERERBUNGSPATHOLOGIE

EIN LEHRBUCH FÜR STUDIERENDE UND ÄRZTE

VON

Dr. HERMANN WERNER SIEMENS

MIT 80 ABBILDUNGEN UND STAMMBÄUMEN IM TEXT

BERLIN

VERLAG VON JULIUS SPRINGER

1921

ISBN-13:978-3-642-90412-7   e-ISBN-13:978-3-642-92269-5
DOI: 10.1007/978-3-642-92269-5

Vorwort.

Umfangreiche Einführungen in die exakte Vererbungslehre haben wir genug. Ein handliches Buch aber, das aus dem ungeheuren Tatsachenmaterial dieser neuen Wissenschaft unter Vermeidung aller komplizierteren Einzelheiten nur das für den Mediziner Wichtige auswählt, und das andererseits auch auf die ärztlich besonders interessierenden Probleme der Konstitutions- und Dispositionspathologie näher eingeht, fehlte bislang; es fehlte also bislang ein Lehrbuch der Konstitutions- und Vererbungspathologie. Die vorliegende Arbeit, die sich bemühte, überall die Bedürfnisse des forschenden Arztes zu berücksichtigen, möchte diese Lücke ausfüllen.

Die Ergebnisse der mendelistischen Erblichkeitsforschung sind für jeden, der lernen will, hinter einem Stacheldraht schwer verständlicher Terminologien verborgen. Ich habe mich deshalb in meiner Darstellung jener Ausdrucksweise bedient, die sich in meinen „Grundlagen der Rassenhygiene" didaktisch bewährt und schon mehrfach Nachfolge gefunden hat.

Möge das Buch vor allem einer größeren Zahl von Kollegen die Anregung geben, zuverlässige Beobachtungen über Vererbung beim Menschen zu machen und wissenschaftlich zu bearbeiten! Denn ohne eine umfassende Vermehrung unseres exakten Beobachtungsmaterials wird es uns nicht gelingen, in die noch dunkeln Probleme der menschlichen Vererbungspathologie tiefer einzudringen.

Breslau, Ende 1920.

Herm. Siemens.

Inhaltsverzeichnis.

A. Theoretischer Teil.

Seite

1. Die konstitutionspathologischen Grundbegriffe 1

Ursache. — Die Pathologie 1. — Die Idiopathologie 1. — Die Ursachen 1.
Exogene und endogene Ursachen 2. — Erbliche und nichterbliche Ursachen 2. — Idiotypische und paratypische Ursachen 3. — Phänotypus 4.
Krankheit. — Krankheit 5. — Mißbildung 5. — Anomalie 7. — Entartung 7. — Entartungszeichen 8. — Krankheit ein Relationsbegriff 8.
— Krankhaftes Milieu 9. — Symbiose 9.
Konstitution. — Konstitution und Disposition 10. — Konstitution
und Idiotypus 11. — Konstitution und Phänotypus 12. — Konstitution und Konstitutionssymptome 12. — Konstitution und Anthropologie 13. — Konstitution ein Symptomenkomplex 13. — Konstitution
und Krankheit 13. — Konstitution und endokrine Störung 14. —
Diathese 15. — Konstitution und Stoffwechselanomalie 15. — Definition des Konstitutionsbegriffs 15. — Idiotypische und paratypische
Konstitution 16. — Die Konstitutionsanomalien: Status asthenicus 17,
Status infantilis 18, Status thymico-lymphaticus 19, Status exsudativus 21, Status arthriticus 22, andere Konstitutionsanomalien 25. —
Die Erblichkeit der Konstitutionen 27. — Die Dispositionen der
Konstitutionsanomalien 28. — Die Dispositionen der Konstitutionssymptome 28. — Disposition als spezifischer Begriff 28. — Dispositionspathologie 29. — Resistenzpathologie 29. — Aufgaben der Resistenzpathologie 30. — Dispositions- oder Resistenzsymptome 30. —
Funktionelle Resistenzpathologie 30. — Morphologische Resistenzpathologie 30. — Anthropologische Resistenzpathologie 31. — Methoden der Resistenzpathologie 31. — Korrelation zwischen Konstitutionssymptom und Krankheit 32. — Die Ursache der Korrelation 33.
Disposition. — Disposition und Krankheit 33. — Relativität des Dispositionsbegriffs 33. — Disposition und Exposition 34. — Idiotypische
und paratypische Disposition 34. — Phänotypische individuelle Disposition 35. — Idiotypische individuelle Disposition 35. — Paratypische individuelle Disposition 36. — Generelle oder Gruppendisposition
36. — Einteilung der Gruppendispositionen 36. — Artdisposition 37.
— Rassendisposition 37. — Idiotypische und paratypische Rassendisposition 37. — Anthropologische Dispositionspathologie 38. —
Geschlechtsdisposition 38. — Idiotypische und paratypische Geschlechtsdisposition 38. — Disposition der Konstitutionssymptome 39. —
Disposition der Krankheitssymptome 40. — Pathologische und physiologische Disposition 40. — Altersdisposition 41. — Modaldisposition
41. — (Berufsdisposition 41.) — (Sozialdisposition 42.) — Lokaldisposition 42. — Temporaldisposition 42. — Allgemeine und lokalisierte
Disposition 43. — Zellulardispositions-Pathologie 43. — Komplexe
Dispositionen 44. — Idiotypische, idiodispositionelle und paratypische
Krankheiten 45.

Seite

2. Die experimentellen Grundlagen der Vererbungslehre 46

Vererbung bei einem mendelnden Unterschied. — Die Entdeckung des Mendelschen Gesetzes 46. — Kreuzung bei einem mendelnden Unterschied 46. — Heterozygotie und Homozygotie 48. — Verhalten der Bastarde bei Weiterzucht 49. — Rückkreuzung 49. — Kreuzung bei Dominanz 50. — Dominanz und Rezessivität 50. — Dominanz des Fehlens einer Eigenschaft über ihr Vorhandensein 51. — Dominanz ein Relationsbegriff 52. — Das sog. klassische Zahlenverhältnis 52.

Vererbung bei mehreren mendelnden Unterschieden. — Kreuzung bei zwei mendelnden Unterschieden 53. — Selbständigkeit der Erbeinheiten 54. — Kreuzung bei drei und mehr mendelnden Unterschieden 55. — Abhängigkeit einer Eigenschaft von mehreren Erbanlagen (polyide Vererbung) 55. — Komplexe Eigenschaften 56. — Abhängigkeit mehrerer Eigenschaften von einer Erbanlage (polyphäne Vererbung) 56. — Einfaches Mendeln 57.

3. Die zytologischen Grundlagen der Vererbungslehre 57

Die Morphologie des Idioplasmas. — Das Idioplasma 57. — Idioplasma und Zellkern 58. — Idioplasma und Chromosomen 58. — Die sog. Reifung der Geschlechtszellen 58. — Reifung der Samen- und der Eizelle 59. — Geschlechtszellenreifung und Vererbungsbiologie 61. — Zytologie und Mendelismus 62. — Geschlechtszellenreifung und Befruchtung als Ursache der Mixovariationen 62. — Die Chromosomenzahl bei der zweigeschlechtlichen Fortpflanzung 63.

Die Bestimmung des Geschlechts. — Das Problem der Geschlechtsbestimmung 63. — Die Geschlechtschromosomen 64. — Geschlechtsbestimmung bei Lygaeus 65. — Geschlechtsbestimmung bei Drosophila 65. — Geschlechtsbestimmung bei Abraxas 67. — Geschlechtsbestimmung beim Menschen 68. — Geschlecht und Idiotypus 68.

Die Sexualproportion 69

Die Kontinuität des Idioplasmas 70

4. Die theoretischen Grundlagen der Vererbungslehre 71

Das Mendelsche Gesetz. — Paarigkeit der Erbanlage 71. — Der biologische Vererbungsbegriff 72. — Bestätigung von Weismanns Lehren 73. — Ewigkeit des Idioplasmas 73. — Homozygotie und Heterozygotie 74. — Unvollständige Dominanz 74. — Unregelmäßige Dominanz 74. — Epistase und Hypostase 74. — Idiotypische Verschiedenheit gleich aussehender Individuen 75. — Idiotypische Gleichheit verschieden aussehender Individuen 76. — Eineiige Zwillinge 76. — Idiophorie 76. — Das Mendelsche Gesetz 77.

Der Begriff der Erblichkeit. — Angeboren und idiotypisch 77. — Erworben und paratypisch 78. — Erblichkeit von Zuständen und Vorgängen 78. — Erblichkeit von Eigenschaften und Reaktionsweisen 79. — Erblichkeit von Krankheitsdispositionen 80. — Erblichkeit von Merkmalen 80. — Verschiedene Reaktionsweisen idiotypisch gleicher Individuen 81. — Erblichkeitsbegriff ein Relationsbegriff 81. — Erblichkeit und Variabilität 84. — Erblichkeit von Eigenschaften, Krankheiten usw. 84. — Erblichkeit ein absoluter Begriff 85.

Die sog. Vererbung erworbener Eigenschaften. — I. Der Ausdruck 85. — II. Die deduktiven Beweise 86. — Die Paraphorie 87. — Die Idiokinese 88. — Die Anpassung 89. — III. Die induktiven Beweise 89. — Die Beweise für die Nichtvererbbarkeit erworbener Eigenschaften 90. — Die Versuche mit reinen Erbstämmen 91. — Der Mendelismus 92. — Die neuauftretenden Idiovariationen 93. — IV. Die gefühlsmäßigen Gründe 93. — V. Die Bedeutung des Lamarckismus 94. — Bedeutung des Lamarckismus für Züchter, Pädagogen, Politiker, Ärzte usw. 95. — Der Lamarckismus in der Medizin 96.

Seite

5. Die vererbungsbiologischen Grundbegriffe 96
Trennung von Erblichem und Nichterblichem 96. — Keimplasma und
Soma 97. — Idiotypus und Phänotypus 97. — Idiotypus und Paratypus 97. — Das Wesen des Idiotypus 98. — Erbformeln 98. — Idiokinese und Parakinese 99. — Idiophorie und Paraphorie 99. — Paratypische Eigenschaften 100. — Idiotypische Eigenschaften 100. —
Eltern und Kinder 100. — Übersicht 101.

B. Praktischer Teil.

**6. Sammlung und Aufzeichnung vererbungswissenschaftlichen Ma-
terials beim Menschen** 103
Genealogie 103. — A-Tafel und D-Tafel 103. — Stammbaum 103. —
Stammbaum und Fortpflanzung 104. — Stammbaum der Familie
Siemens 106. — A-Tafel 106. — Ahnenverlust 108. — Häufigkeit des
Ahnenverlustes 110. — Inzucht 111. — Angebliche Schädlichkeit der
Inzucht 111. — Vereinigung von A-Tafel und D-Tafel 112. —
Familienforschung und Vererbungspathologie 112. — Numerierung
der A-Tafel 113. — Anlage und Numerierung der D-Tafel 114. —
Erbbiographische Personalbogen 115. — Wert der Familienforschung
für die Vererbungsbiologie 115. — Vereinigung von A- und D-Tafel
in der Vererbungspathologie 116.

**7. Beurteilung vererbungswissenschaftlichen Materials beim Men-
schen** 117
Dominante Vererbung. — Zahlenverhältnisse 117. — Homozygotie
120. — Selektionswirkungen 121. — Nachweis der dominanten Erblichkeit 122. — Übersicht 122.
Unregelmäßig dominante Vererbung. — Überspringen 123. —
Fehlerhafte Anamnese 123. — Unregelmäßigkeiten der Manifestation
125. — Manifestationsschwankungen infolge Paravariabilität 127. —
Manifestationsschwankungen infolge Mixovariabilität 127. — Später
oder wechselnder Manifestationstermin 128. — Manifestationsschwund
129. — Neuauftreten dominanter Krankheiten 129. — Abweichende
Zahlenverhältnisse 130. — Größere Sterblichkeit der Behafteten 131.
— Die Familie Nougaret 132. — Direkte, nicht einfach dominante
Vererbung 133.
Rezessive Vererbung. — Zahlenverhältnisse 135. — D-Tafeln und
A-Tafeln bei rezessiven Krankheiten 137. — Gehäufte Blutsverwandt-
schaft der Eltern 140. — Übersicht 142.
Unregelmäßig rezessive Vererbung. — Fehlerhafte Anamnese 143.
Manifestationsschwankungen 143. — Später oder wechselnder Mani-
festationstermin 143. — Manifestationsschwund 144. — Größere Sterb-
lichkeit der Behafteten 144. — Idiotypische und paratypische Formen
der gleichen Krankheit 144. — Verschiedene idiotypische Formen
der gleichen Krankheit 145. — Fehlerhafte statistische Methodik 145.
Dominant-geschlechtsgebundene Vererbung. — Zahlenverhältnisse 146. — D-Tafeln bei dominant-geschlechtsgebundenen Krankheiten 148. — Übersicht 148.
Rezessiv-geschlechtsgebundene Vererbung. — Zahlenverhältnisse
149. — D-Tafeln bei rezessiv-geschlechtsgebundenen Krankheiten 151.
— Die Hämophilie 153. — Geschlechtsgebundene und geschlechtsbegrenzte Vererbung 153. — Übersicht 154.
Dominant-geschlechtsbegrenzte Vererbung. — Zahlverhältnisse
156. — D-Tafeln bei dominant-geschlechtsbegrenzten Krankheiten 157.
Rezessiv-geschlechtsbegrenzte Vererbung 158
Vererbung durch den Mannesstamm 159

Inhaltsverzeichnis. VII

Seite

Vererbung durch den Weibesstamm 160
Polyide Vererbung 160
Polyphäne Vererbung 161
Heterophäne Vererbung 161
Verschiedene Vererbungsmodi bei einer Krankheit 165
Richtlinien für das Sammeln von vererbungswissenschaft-
   lichem Material 166
Das Auszählen der Mendelschen Proportionen 168

8. **Diagnostik erblicher Krankheiten** 171
Fehlen äußerer Ursachen 171. — Familiäres Auftreten 173. — Mendel-
   sche Zahlenverhältnisse 174. — Blutsverwandtschaft der Eltern 174.
   — Krankheitsverlauf 175. — Klinisches Krankheitsbild 175.

9. **Ätiologie erblicher Krankheiten** 175
Idiokinese. — Die Ursache der erblichen Krankheiten 175. — Die
   Ursache der erblichen Krankheitsanlagen 175. — Idiokinese bei
   Pflanzen und Tieren 176. — Idiokinese beim Menschen 177. —
   Häufigkeit der Idiovariationen 180. — Idiokinese und Selektion 180.
Selektion. — Fekundative Selektion 181. — Eliminatorische und
   elektive Selektion 181. — Degeneration 184. — (Anteposition 184.)
   — Gesundheitspolitik 185. — Kontraselektion 186. — Kontraselektion
   zwischen den sozialen Ständen 187. — Kontraselektion zwischen
   den Berufsgruppen 189. — Ausdehnung der Selektionswirkung 190.
   — Unwiderruflichkeit der Selektionswirkung 190. — Die Proletari-
   sierung unseres Nachwuchses 190. — Kontraselektion zwischen den
   Völkern 191. — Kontraselektion zwischen den großen Rassen 191.

10. **Therapie erblicher Krankheiten** 192
Therapie. — Symptomatische Therapie 192. — Kausale Therapie 192.
1. Parakinese. — Fortpflanzungshygiene 193.
2. Idiokinese. — Homologe Idiovariationen 194. — Idiokinese und
   Umwelt 196. — Ausschaltung der Idiokinese 197.
3. Selektion. — Verhinderung von Verwandtenehen 200. — Erbhygienische Eheberatung 200. — Rassenhygiene 201. — Eliminatorische Rassenhygiene 201. — Elektive Rassenhygiene 201.
Rassenhygienische Geburtenpolitik. — Die Geburtenpolitik
   202. — Rassenhygienische Finanzpolitik 204. — Rassenhygienische
   Siedlungspolitik 204. — Rassenhygienische Ethik 204. — Rassenhygiene als Lehrfach 205.

C. Anhang.

Überblick über die spezielle Vererbungspathologie 206
Überblick über die vererbungsbiologische Terminologie. . . . 213
Überblick über die vererbungspathologische Literatur 216
Namenregister 220
Sachregister 222

A. Theoretischer Teil.

1. Die konstitutionspathologischen Grundbegriffe.

Ursache.

Die Pathologie. Die Lehre von den Krankheiten des Menschen, die menschliche Pathologie, zerfällt in drei Teile:

1. Die Lehre von den Ursachen der Krankheiten (Ätiologie).

2. Die Lehre von den Erscheinungen der Krankheiten (pathologische Morphologie [Anatomie und Histologie], pathologische Physiologie) und von ihrer Erkennung (Diagnostik).

3. Die Lehre von der Beseitigung der Krankheiten (Therapie) und von ihrer Verhütung (Prophylaxe [Hygiene]).

Die Idiopathologie. Die Krankheiten kann man nun einteilen in solche, die vornehmlich äußeren, und in solche, die vornehmlich inneren Ursachen ihre Entstehung verdanken. Unter den Krankheiten aus vornehmlich inneren Ursachen nehmen die erblichen Krankheiten den ersten Platz ein. Der Lehre von den erblichen (idiotypischen) Krankheiten, also der Lehre von der menschlichen Idiopathologie (Erbpathologie) ist vorliegendes Buch gewidmet; es wird sich deshalb mit den Ursachen, den Erscheinungen und der Beseitigung der erblichen Krankheiten zu beschäftigen haben.

Die Ursachen. Der Begriff der Ursache wurde in neuerer Zeit von verschiedenen Autoren der Kritik unterworfen. Es wurde betont, daß die Entstehung einer Krankheit niemals einer Ursache zu verdanken sei, sondern stets einer großen Zahl von Bedingungen, die alle für das Zustandekommen der Krankheit gleich unentbehrlich sind. Verworn hat diesen Standpunkt sogar so sehr auf die Spitze getrieben, daß er die Forderung einer „konditionalen Weltanschauung" aufstellte. Wenn aber auch alle Bedingungen, die beim Zustandekommen eines Geschehens mitwirken, naturwissenschaftlich gleich notwendig sind, so ist doch der Wert dieser Bedingungen für unser Verständnis dieses Geschehens ein sehr verschieden großer. Diejenige Bedingung aber bzw. diejenigen Bedingungen, die für unser Verständnis eines krankhaften Vorganges oder für unser therapeutisches Handeln besondere Wichtigkeit haben, bezeichnen wir als die Ursache bzw. als die Ursachen der Krankheit. Der Ursachenbegriff ist deshalb ein praktischer Begriff, dessen Verwendung nicht nur berechtigt, sondern der notwendig ist, um aus einem Komplex von Bedingungen diejenigen Faktoren gebührend hervorheben zu können, die für unsere jeweilige Betrachtung von entscheidender Bedeutung sind.

Exogene und endogene Ursachen. Man unterscheidet nun seit Moebius exogene und endogene Ursachen. Gewiß wirken letzten Endes bei dem Zustandekommen jeder Krankheit exogene und endogene Faktoren gleichzeitig mit. Jede Krankheit kann letzten Endes als Reaktionsprodukt der endogenen Anlage auf exogene Einflüsse aufgefaßt werden. Trotzdem aber hat sich die Trennung in äußere und innere Ursachen bewährt, aus demselben Grunde, aus dem auch der Ursachenbegriff überhaupt sich dem Konditionalismus gegenüber behauptet hat. Denn in vielen Fällen genügt die Bezeichnung einer Krankheit als exogen bzw. endogen vollkommen, um uns ein ausreichendes Verständnis für die Ätiologie dieses Leidens zu übermitteln. So wie die Einteilung der Bedingungen in Ursachen und Nebenbedingungen, so ist also auch die Einteilung der Ursachen in exogene und endogene von ausgesprochenem praktischem Wert für Forschung und Lehre. Die Notwendigkeit dieser begrifflichen Trennung wird auch gar nicht dadurch berührt, daß es Leiden gibt, an deren Entstehen äußere und innere Faktoren fast in gleichem Maße Anteil haben; denn auch hier wird es eben für das Verständnis der Ätiologie nicht zu umgehen sein, daß man zwischen den äußeren und inneren Ursachen unterscheidet und sie getrennt abhandelt. Die praktische Notwendigkeit einer solchen Unterscheidung ist besonders deshalb so groß, weil die aus äußeren Ursachen entstandenen Krankheiten therapeutische und prophylaktische Maßnahmen ganz anderer Art erfordern als die aus inneren Ursachen entstandenen: Die Erkenntnis der exogenen bzw. endogenen Ätiologie einer Krankheit entscheidet also ganz wesentlich über unser Handeln. Die ärztliche Indikation, soweit sie eine Beseitigung der Krankheits-Ursachen zum Ziele hat, bleibt ohne diese Erkenntnis weg- und führerlos.

Erbliche und nichterbliche Ursachen. Die Unterscheidung in exogene und endogene Ursachen bringt nun allerdings noch einen Mißstand mit sich, der es nötig macht, sie in etwas zu modifizieren. Der Umstand nämlich, der in praktischer Hinsicht die größte Bedeutung hätte, liegt nicht in der Entscheidung der Frage, ob die wesentliche Ursache einer Krankheit endogen oder exogen ist, sondern ob sie in der Beschaffenheit der Erbmasse des betreffenden Individuums gesucht werden muß, oder ob das nicht der Fall ist. Die Unterscheidung von erblicher und nichterblicher Bedingtheit ist deshalb diejenige Unterscheidung, an die sich die ätiologische Forschung in erster Linie halten und über die sie uns im einzelnen Fall vor allem möglichste Aufklärung verschaffen muß; denn diese Unterscheidung ist es, die am weitgehendsten unsere Indikationen zu beeinflussen vermag.

Nun sind endogen und erblich keineswegs identische Begriffe. Der Begriff des Endogenen stammt aus der Klinik, und wenn er auch das Erbliche vollständig in sich begreift, so enthält er doch noch allerhand andere Dinge, die mit Erblichkeit nichts zu tun haben. Vor allem werden die Folgen, die endokrine Störungen an den einzelnen Organen haben, allgemein als endogen bezeichnet, während doch die primäre endokrine Störung auf Grund einer eklatanten äußeren Ursache, z. B. eines groben Traumas, entstanden sein kann. So muß nach unserem klinischen Sprachgebrauch die durch ihre typische Lokalisation an Unterbauch und Oberschenkeln gekennzeichnete Fettsucht bei der Dystrophia adiposo-genitalis als endogene Fettsucht bezeichnet werden im Gegensatz zu der exogenen alimentären Fettsucht, die nicht durch eine abnorme Neigung des Körpers zu bestimmter Fettspeicherung, sondern durch Überernährung, durch künstliche Mästung zustande kommt. Trotzdem braucht diese endogene Fettsucht der adiposogenitalen Dystrophiker mit Erblichkeit nicht das geringste zu tun zu haben, da die verursachende Unterfunktion der Hypophyse auch durch rein exogene Momente, vor allem durch grobe, die Hypophyse treffende Traumen entstanden sein kann. Auch sonst wird das Wort endogen oft in einer Weise gebraucht, die mit dem Begriff der Erblichkeit keinen Zusammenhang erkennen läßt; ich erinnere nur an die „endogene" Harnsäure oder an die „endogene" Puerperalinfektion. Der Begriff des Endogenen stammt, wie gesagt, aus der Klinik. Der Begriff des Erblichen, wie er sich in letzter Zeit allgemein eingebürgert hat, stammt jedoch überhaupt nicht aus der Pathologie, sondern aus der Vererbungsbiologie. Dadurch erklären sich die grundsätzlichen Differenzen, die zwischen beiden Begriffen bestehen. Es erscheint nun nicht zweifelhaft, daß die Medizin, so wie sie im letzten Jahrzehnt den Begriff der Erblichkeit von der Vererbungsbiologie hat übernehmen müssen, sich auch vor die Notwendigkeit gestellt sehen wird, den Begriff der erblichen bzw. nichterblichen Bedingtheit einer Krankheit in ihre Lehren einzuführen. Die alten Ausdrücke endogen und exogen machen die Trennung an einer Stellung, an welcher sie eine zu geringe praktische und theoretische Bedeutung hat. Es kann deshalb nur eine Frage der Zeit sein, wann sie in den wissenschaftlichen medizinischen Arbeiten durch die Begriffe „erblich" und „nichterblich" abgelöst werden.

Idiotypische und paratypische Ursachen. Nun genügen jedoch die Worte erblich und nichterblich zwar ihrem Begriffe, nicht aber ihrem Ausdruck nach den Anforderungen, die wir an die Präzision wissenschaftlicher Bezeichnungen stellen müssen. „Erblich" und „nichterblich" sind nämlich keine Termini technici, sie sind keine Symbole für einen ganz bestimmten, scharf umrissenen Begriff, sondern populäre Worte, die mit zahlreichen verwirrenden Nebenbedeutungen beladen sind. Auch der modernen Vererbungslehre ist es ja erst durch die Schaffung neuer, streng spezifischer Bezeichnungen wie Genotypus (Johannsen) und Mutation (Erwin Baur) gelungen, die eigentliche wahre Vererbung von der „Vererbung" des großen, nicht fachbiologischen Publikums abzutrennen. Die Medizin wird auch hier wieder dem Beispiel der Vererbungsbiologie folgen müssen. Denn wir brauchen

präzise Termini für erblich und nichterblich auch in der Konstitutionspathologie! Anders wären ja die dahin gehenden Bemühungen wohl
aller moderner Autoren, die über Konstitutionspathologie schreiben,
nicht zu verstehen.

Solche Termini können unmöglich anders als in Anlehnung an die
Vererbungsbiologie gebildet werden, wenn sie die dem Stande unseres
Wissens entsprechende Exaktheit besitzen sollen. Die Vererbungsbiologie
bemüht sich ja schon seit langem mit außerordentlichem Scharfsinn,
das Erbliche von dem Nichterblichen begrifflich und folglich auch
terminologisch zu unterscheiden. Schon Francis Galton, Darwins
genialer Vetter, Carl v. Naegeli und August Weismann haben ihre
Kraft für die Lösung dieses Problems eingesetzt, das neuerdings in
den Begriffskonstruktionen Erwin Baurs und Wilhelm Johannsens
zu großer Klarheit durchgedrungen ist. Die Anwendung der Termini
Baurs in der Konstitutionspathologie hat aber ihre Schwierigkeiten,
weil sich von diesen Termini (Mutation und Modifikation) kaum geeignete Adjektiva werden bilden lassen; und der Gebrauch der Johannsenschen Ausdrücke (Genotypus und Phänotypus) wird dadurch
erschwert, daß in dieser Terminologie ein besonderes Wort für das
Nichterbliche überhaupt fehlt. Ich habe deshalb vor einiger Zeit eine
Terminologie vorgeschlagen, die gewissermaßen aus den Terminologien
von Baur und Johannsen die Bilanz zieht, und ich denke, daß diese
Terminologie, die in der vererbungswissenschaftlichen Literatur eine
günstige Aufnahme gefunden hat, besonders geeignet ist, gerade in der
Konstitutionspathologie jene Klärung der theoretischen Begriffe mit
heraufzuführen, welche die Vorbedingung erfolgreichen induktiven
Arbeitens ist. Hiernach unterscheiden wir einfach den **Idiotypus**, das
Erbbild, von dem **Paratypus**, dem Nebenbild. Unter Idiotypus
verstehen wir die Summe aller erblichen Anlagen eines Individuums,
seinen Erbanlagenbestand, chemisch ausgedrückt gewissermaßen seine
„Konstitutionsformel"; zum Paratypus rechnen wir dagegen alles,
was vom vererbungstheoretischen Standpunkt aus sozusagen die Kehrseite, das Negativ des Idiotypischen darstellt, demnach alles, was nicht
durch den Idiotypus, sondern durch jene Außenfaktoren bewirkt ist,
welche die Zellen und Organe jedes Körpers bald in gutem und bald
in schlechtem Sinne fortwährend verändern. Wir kommen so zu der
Unterscheidung von idiotypischen und paratypischen Ursachen,
und wir können uns somit rasch darüber verständigen, inwieweit wir
ein Krankheitszeichen als durch das Idioplasma (Erbplasma) bedingt,
und inwieweit wir es als durch Außenfaktoren hervorgerufen ansehen.

Phänotypus. Der Idiotypus und der Paratypus sind Begriffskonstruktionen; das was wirklich vorhanden ist, bezeichnen wir mit
Johannsen als Phänotypus. Was wir an unseren Patienten in der
Klinik beobachten, ist also biologisch ausgedrückt sein Erscheinungsbild, sein Phänotypus; die einzelnen Symptome, die er darbietet, sind
in jedem Falle phänotypische Symptome. Sache der diagnostischen
und ätiologischen Forschung ist es herauszubekommen, welche dieser

Symptome vorwiegend idiotypisch, und welche vorwiegend paratypisch sind. Die Feststellung, was am Phänotypus als idiotypisch und was als paratypisch bezeichnet werden darf, muß als eine „Hauptaufgabe der ganzen Konstitutionslehre" (C. Hart) betrachtet werden. Denn diese Feststellung beeinflußt, wie wir schon ausführten, unser Handeln in weitgehendstem Maße und hat folglich eine eminent praktische Bedeutung.

Krankheit.

Krankheit. Nachdem wir den Ursachenbegriff erläutert haben, stellt uns die Lehre von der Ätiologie der idiotypischen Krankheiten vor die Aufgabe, uns auch über den Krankheitsbegriff klar zu werden. Dieser Begriff wird noch ganz allgemein an den Begriffen der Art bzw. der Norm gemessen; beides ist jedoch unzulässig. Der Artbegriff ist nämlich durch die moderne Vererbungsforschung zerstört, die Art in eine Unzahl von Elementararten (Biotypen), welche in Zeugungsgemeinschaft leben, aufgelöst worden. Die meisten Autoren suchen deshalb die Krankheit gegenwärtig als ein Abweichen von der Norm zu definieren, und sie setzen dabei Norm gleich Durchschnitt, d. h. gleich der durchschnittlich häufigsten Beschaffenheit der betreffenden Organismenart. Nach dieser Definition könnte es demnach gar keine pathologische Rasse geben, da ja hierbei natürlich die häufigste Beschaffenheit pathologisch, das Krankhafte also die Norm darstellen muß. Deshalb gibt es, wenn man sich über den Krankheitsbegriff volle Klarheit verschaffen will, nur einen Ausweg, und der besteht darin, daß man die Krankheit mißt an der Erhaltungsgefährdung, die ein Zustand für den befallenen Organismus mit sich bringt. Diesen Maßstab hat schon Nietzsche angewandt, um den Entartungsbegriff, der ja dem Krankheitsbegriff nahe verwandt ist, zu definieren: „Ich nenne ein Tier, eine Gattung, ein Individuum verdorben, wenn es wählt, ... was ihm nachteilig ist" (Antichrist). Eine exakte naturwissenschaftliche Formulierung hat die Definition des Krankheitsbegriffs jedoch erst in neuester Zeit durch Fritz Lenz erfahren, indem dieser Autor als Krankheit den Zustand eines Organismus an den Grenzen seiner Anpassungsmöglichkeit bezeichnete. Der Begriff der Krankheit darf aber nicht nur orientiert werden an der Erhaltungsgefährdung, die der krankhafte Zustand oder Vorgang für das Individuum bedingt, sondern wir müssen ihn orientieren an der Erhaltung jener höheren lebendigen Einheit, die wir als Rasse (Vitalrasse) bezeichnen. Aus diesem Grunde können Geburt und Wochenbett trotz der dadurch bedingten relativ großen Lebensgefahr für die Mutter nicht als krankhaft bezeichnet werden, weil sich durch den Akt der Geburt die Möglichkeiten für die Erhaltung der Rasse nicht vermindern sondern erhöhen.

Mißbildung. Es entspricht der Lenzschen Krankheitsdefinition, daß der Begriff der Anomalie (Mißbildung) in dem Begriff der Krankheit aufgeht. Jede Mißbildung ist also auch eine Krankheit, und in der Tat umschließt der Begriff der Anomalie so heterogene Dinge, daß eine schärfere Trennung von dem Krankheitsbegriff nicht notwendig erscheint. Noch hält wohl die Mehrzahl der Autoren an der alten Ansicht fest, daß die Krankheit ein Vorgang sein müsse, während die Anomalie einen krankhaften Zustand darstelle. Es läßt sich aber nicht einsehen, warum man krankhaften Zuständen wie der Hämophilie (Bluter„krankheit"), der Myotonia congenita (Thomsensche „Krankheit"), der Epidermolysis bullosa traumatica, dem gewöhnlichen Sprachgebrauch entgegen den Namen „Krankheit" vorenthalten soll, zumal ja auch sonst die Endung „-heit" allgemein einen Zustand bezeichnet, wie z. B. auch in „Gesundheit". Zudem besteht hier zwischen Vorgang und Zustand im Grunde gar kein Unterschied des Wesens, sondern nur der Betrachtungsweise, indem ein Leiden bei kürzerer Betrachtungszeit als Zustand, bei längerer als Vorgang imponiert; als Beispiele verweise ich auf zyklische Depressions„zustände", auf den Kropf, auf die Myopie. Wir verlieren also nichts dadurch, wenn wir jene Krankheitsdefinition anerkennen, nach der jede Anomalie nicht nur etwas Krankhaftes, sondern eben auch eine „Krankheit" ist.

Anomalien können nun bald idiotypisch bedingt sein (Albinismus, manche Formen der Hypospadie), bald paratypisch (amniotische Abschnürungen, Akardiakus). Sie sind meist angeboren, können aber auch erst im Laufe des Lebens entstehen (viele Naevi: die sog. Naevi tardi); im letzteren Falle pflegen sie endogen bedingt zu sein, sonst zählt man sie nicht mehr den Mißbildungen zu. Die Anomalien sind fast immer grobmakroskopisch in die Augen fallend. Doch gibt es Autoren, die auch makroskopisch nicht erkennbare und überhaupt morphologisch nicht determinierbare Leiden als Anomalien bezeichnen, z. B. Farbenblindheit, Hemeralopie. Leiden wie die Hämophilie oder die Myotonia congenita werden sogar gleichzeitig bald als Anomalien, bald als Krankheiten bezeichnet. Es ist also schwer, eine mit dem Sprachgebrauch einigermaßen übereinstimmende Definition der Anomalie zu geben. Die Anomalie gehört eben zu jenen inkorrekten Begriffen, die in der täglichen Praxis und im klinischen Betrieb zu rascher bequemer Verständigung der Kollegen untereinander nicht ohne Nutzen sind, denen aber wissenschaftliche Exaktheit fehlt. Man könnte daran denken, die Anomalie als eine Krankheit zu definieren, die entweder angeboren oder im Laufe des Lebens entstanden, im letzteren Falle endogen bedingt ist, und die grobmakroskopisch in die Augen fällt. Will man auch der Hämophilie, der Hemeralopie, der Zystinurie u. a. den Titel Anomalie belassen, so muß man sagen: die grobmakroskopisch wahrnehmbar oder nicht wahrnehmbar, im letzteren Falle endogen bedingt ist. Will man „Vorgänge" wie idiotypische Otosklerose, idiotypische Optikusatrophie ausschließen, so muß man durch einen Zusatz auf die Stabilität der Erscheinungen bzw. ihren sehr chronischen Verlauf (Naevi tardi) hinweisen. Aus diesem Rattenkönig von Definition sieht man am besten, wie es mit dem Begriff der Anomalie bestellt ist. Am zweckmäßigsten erschiene es, wenn man mit dem Ausdruck Anomalie nur solche Krankheiten bezeichnen würde, die 1. angeboren oder wenigstens endogen bedingt, 2. stabil oder wenigstens sehr chronisch verlaufend und 3. grobmorphologisch erkennbar sind. Für wissenschaftliche Zwecke erscheint der Begriff der Anomalie, da er zu heterogene Dinge zusammenfaßt, überhaupt wenig brauchbar und wohl auch entbehrlich. Viel zeitgemäßer und auch in Wirklichkeit viel wichtiger als die Trennung in „Mißbildungen" und „Krankheiten" (d. h. Krankheiten, soweit sie keine Mißbildungen sind) wäre die Trennung in idiotypische und paratypische Krankheiten.

Anomalie. Vielfach werden die Ausdrücke Anomalie und Mißbildung nicht als identisch betrachtet, sondern mit zwei verschiedenen Bedeutungen versehen. Dann versteht man unter Mißbildung (Monstrum) im wesentlichen den soeben definierten Komplex, während man mit dem Worte Anomalie nur solche Besonderheiten belegt, die nicht krankhaft, d. h. nicht erhaltungsgefährdend sind. Allerdings werden die nicht pathologischen Variationen nur dann als Anomalie bezeichnet, wenn sie einen stabilen Charakter haben, und wenn sie relativ selten sind. so daß es sich, wie man zu sagen pflegt, um „individuelle" Variationen handelt. Häufige, rassenmäßig auftretende Variationen, z. B. hellblonde Haare, rechnet man selbstverständlich nicht zu den Anomalien; bei einer mäßig seltenen Variation, wie es die Rothaarigkeit ist, bleibt die Zugehörigkeit zu den Anomalien zweifelhaft und folglich dem Geschmack des Autors überlassen; bei seltenen Erscheinungen, wie z. B. Scheckung der Haare (weiße Haarlocke) wäre dagegen die Benennung Anomalie angebracht. Doch gehen solche Erscheinungen meist schon über in den Bereich unseres Krankheitsbegriffes, da in vielen Fällen die Erbmasse des behafteten Individuums durch Verringerung seiner Heiratsaussichten besonders leicht der eliminatorischen Selektion verfällt. Praktisch ist der Ausdruck Anomalie im Sinne einer nicht krankhaften, stabilen Abweichung oft recht bequem, doch würde sich wohl mit dem exakteren, weil nicht durch Doppelbedeutung beschwerten Begriff der Variation ebenso gut auskommen lassen.

Entartung. Der Begriff der Entartung kann nicht, wie man von vornherein glauben möchte, an den Begriffen der Art oder der Norm orientiert werden; die Gründe hierfür sind die gleichen, die uns veranlaßten, einen derartigen Erklärungsversuch für den Krankheitsbegriff zurückzuweisen. Es bleibt uns deshalb nichts anderes übrig, als auch den Entartungsbegriff, wie wir es schon beim Krankheitsbegriff getan hatten, an der Erhaltungsgefährdung für Individuum und Rasse zu messen. Oder, kürzer gesagt: wir müssen den Entartungsbegriff an dem Begriff der Krankheit orientieren.

Man ist nun in letzter Zeit immer mehr darin übereingekommen, daß mit Entartung zweckmäßig nur Dinge bezeichnet werden, die einerseits einen von Generation zu Generation fortschreitenden Charakter haben, und die andererseits erblicher Natur sind. Durchseuchung mit Lues und Tuberkulose darf darum nicht ohne weiteres als Entartung bezeichnet werden, da das hierdurch entstehende Siechtum der Bevölkerung nicht idiotypisch bedingt ist. Wir definieren deshalb die Entartung als die Zunahme idiotypischer Krankheiten von Generation zu Generation. Eine solche Zunahme kann — theoretisch gesprochen — entweder dadurch zustande kommen, daß die Erbanlagen der Eltern durch irgendwelche Einflüsse eine Änderung erfahren, welche die Anpassung vermindert (Idiokinese, s. u.) oder dadurch, daß die idiotypisch kränkeren Individuen relativ mehr Nachkommen erzeugen als die idiotypisch gesünderen (Kontraselektion). Durch diese Überlegungen verschwindet das mystische Dunkel, mit dem die ältere Medizin den Entartungsbegriff umwoben hatte. Die Entartung ist nicht eine qualitas occulta, welche die erblichen Krankheiten und die sog. Entartungszeichen hervorruft, sondern die idiotypischen Krankheiten, zu denen auch die Entartungszeichen z. T. gehören, sind selbst die Entartung, falls sie — auf einem der genannten beiden Wege — sich von Generation zu Generation vermehren.

Entartungszeichen. Die sog. Entartungszeichen sind idiotypische Eigenschaften, welche streng genommen unter den Begriff der idiotypischen Krankheiten fallen, da sie die Erhaltungswahrscheinlichkeit des Individuums, bzw. der Rasse vermindern. Es ist allerdings oft nicht von vornherein klar, inwiefern solche Entartungsstigmen (z. B. Naevi, abstehende Ohrmuscheln, große dicke Ohrläppchen) die Erhaltung gefährden. Ein Teil von ihnen wird wohl auch eine solche Gefährdung in keiner Weise mit sich bringen und daher den Namen Entartungszeichen zu Unrecht führen (z. B. angewachsene Ohrläppchen, Darwinscher Höcker). Bei einem anderen Teil (Makakusohr, Synophris) kann aber eine Verminderung der Erhaltungswahrscheinlichkeit (der Rasse) wohl dann angenommen werden, wenn sie durch ihre Häßlichkeit oder Absonderlichkeit die Heiratsaussichten des behafteten Individuums herabsetzen. Zahlreiche weitere Stigmen dieser Art (manche Naevi, abstehende Ohrmuscheln, Wildermuthsches Ohr) müssen deshalb als krankhaft angesehen werden, weil sie, wie die Erfahrung zeigt, in einer mehr oder weniger festen Korrelation zu den verschiedensten und selbst zu den schwersten Graden psychischer Minderwertigkeit stehen (Epilepsie, Psychopathie, Verbrechertum, tuberöse Sklerose, Recklinghausensche Krankheit). Dadurch rechtfertigt sich ihre Benennung als Entartungszeichen, wofern sie uns nicht nur das Vorhandensein idiotypischer Minderwertigkeit anzeigen, sondern sich auch von Generation zu Generation vermehren. Diese letztere Annahme wird allerdings möglicherweise mit Unrecht vorausgesetzt; eine Zunahme der sog. Entartungszeichen von Generation zu Generation ist nicht erwiesen und der Beweis wohl niemals auch nur versucht worden. Wir haben deshalb vorläufig noch kein Recht, überhaupt von „Entartungszeichen" zu sprechen, sofern wir eine strenge naturwissenschaftliche Definition des Entartungsbegriffs für erwünscht halten.

Krankheit ein Relationsbegriff. Wir hatten den Krankheitsbegriff

abhängig gemacht von der Erhaltungsgefährdung des Individuums oder
letzten Endes der Rasse. Die Erhaltung eines Organismus ist aber
nicht nur von den ihm innewohnenden Eigenschaften abhängig, sondern ebenso von dem Milieu, in dem es lebt. Deshalb ist Krankheit
ein ausgesprochener Relationsbegriff. Eine Rasse, die in einem Milieu
gesund ist, kann in einem anderen pathologisch sein und zugrunde
gehen. Der blonde Nordeuropäer müßte in den Tropen als pathologische Rasse bezeichnet werden, weil er daselbst nur wenige Generationen hindurch lebensfähig ist; derselbe Europäer ist aber in dem
gemäßigten Klima Europas oder Nordamerikas vollkommen angepaßt
und dauernd fortpflanzungsfähig.

Krankhaftes Milieu. Wie Individuum und Rasse krankhaft sein
können, so kann auch das Milieu krankhaft sein. Von einem pathologischen Milieu muß man dann sprechen, wenn sich die äußeren Verhältnisse so verändert haben, daß eine dauernde Erhaltung der Rasse,
die vorher ungefährdet darin lebte, unmöglich geworden ist. Ein pathologisches Milieu würde z. B. für die nordische (germanische) Rasse dann
vorliegen, wenn — etwa durch ein Näherrücken der Erde an die
Sonne — die ganze Erdoberfläche von tropischen Hitzegraden über-
flutet würde. Ein pathologisches Milieu liegt zurzeit in Europa und
Nordamerika für die blonden Nordeuropäer und für die Juden vor,
weil die Verhältnisse der abendländischen Kultur einen sozialen Auf-
stieg und durch die hiermit anscheinend untrennbar verbundene Sitte
der willkürlichen Geburtenverhütung ein Aussterben dieser besonders
begabten Rassen bedingen.

Symbiose. Da Krankheit ein Relationsbegriff ist, darf man nie
von einer pathologischen oder entarteten Rasse reden, wenn ihre
dauernde Erhaltung in einem gegebenen, nicht pathologischen Milieu
nicht gefährdet ist. So ist es unzulässig, die Parasiten, z. B. den Einsiedlerkrebs, als entartetes Wesen zu betrachten, weil er einzelne Organe, die seine Vorfahren besessen haben müssen, verloren hat, und
weil er auf die Symbiose mit einer Muschel angewiesen ist; ebensowenig kann man die domestizierten Tiere, den Dackel, die Kropftaube,
das Mastschwein, als pathologisch bezeichnen, weil sie, in Freiheit gesetzt, bald zugrunde gehen würden, und folglich auf die Symbiose
mit dem Menschen angewiesen sind. Denn gerade durch diese Symbiose sind ja die genannten Rassen erst entstanden, und durch sie
erhalten sie sich auch fürderhin. Umgekehrt ist es ja bekannt, daß
viele freilebende Tiere in der Gefangenschaft alsbald zugrunde gehen
oder zum mindesten ihre Fortpflanzungsfähigkeit einbüßen, daß sich
also (von dieser Seite betrachtet) gerade die domestizierten Tiere als
diejenigen mit größerer Anpassungsfähigkeit und größerer Vitalität,
größerer Lebenszähigkeit erweisen. Das Gebundensein an eine Symbiose kann aber um so weniger ein Ausdruck der Entartung sein,
als ja überhaupt jeder Organismus in Symbiose mit seinem Milieu lebt,
ein Satz, der zum mindesten insoweit berechtigt ist, als dieses Milieu
aus lebenden Wesen besteht. Darum muß eine Änderung des Milieus

stets eine Änderung in den Erhaltungsmöglichkeiten der Rasse herbeiführen und somit auch eine Änderung in dem, was wir an einer Rasse oder an einem Individuum als gesund, bzw. als krankhaft anzusehen haben. So ist es unstatthaft, die Rückbildung des Haarkleides und des Gesichtsschädels, besonders des Gebisses, die der Europäer im Gegensatz zu seinen affenähnlichen Vorfahren aufweist, als Merkmale der Entartung oder der Krankhaftigkeit zu bezeichnen, denn die wachsende Intelligenz hat es verstanden, durch Umgestaltung des Milieus in Form von Kleidung und Nahrungszubereitung einen Ausgleich zu schaffen, so daß trotz verminderten Haarschutzes und reduzierten Gebisses eine genügende Anpassung an die Umwelt erzielt werden kann. Dagegen würde eine wesentliche Zunahme der Zahnkaries als Krankheit und sogar als Entartung aufgefaßt werden müssen, weil schwere Zahnkaries ein Gebrechen ist, das auch durch die Hilfsmittel unserer modernen Kultur nicht völlig ausgeglichen werden kann, sondern eine Verminderung der Anpassungsmöglichkeit bedeutet.

Konstitution.

Konstitution und Disposition. Die klarere Erfassung des Konstitutionsbegriffs hat in der jüngsten Zeit viele Autoren beschäftigt. Im allgemeinen nahm man an, daß die Konstitution gleich der Widerstandskraft des Körpers und infolgedessen das Negativ der Disposition, der Krankheitsbereitschaft sei. Ich habe jedoch an anderer Stelle dargelegt[1]), daß diese Auffassung, nach der Konstitution und Disposition reziproke Begriffe sind, nicht haltbar ist, da beide Begriffe gewissermaßen ganz verschiedenen Sphären angehören. Während Disposition ein wissenschaftlich-theoretischer Begriff ist, der uns über eine bestimmte Wahrscheinlichkeit, zu erkranken, unterrichtet, und der sich infolgedessen direkt mathematisch, als Zahlenbegriff, auffassen läßt, haben wir in der Konstitution einen Begriff vor uns, der aus der Klinik stammt, so daß wir ihn als einen klinisch-empirischen Begriff bezeichnen können. Ferner ist Disposition ein streng spezifischer Begriff, der nur über das Verhalten des Patienten in bezug auf eine ganz bestimmte Krankheit etwas aussagt, während eine bestimmte Konstitution einen Symptomenkomplex darstellt, der uns Schlüsse auf eine ganze Reihe sowohl positiver als auch negativer Korrelationen des Patienten zu den verschiedensten Leiden gestattet. Diese Korrelationen sind im Gegensatz zum Dispositionsbegriff, bei der die bestimmte Korrelation zu einer bestimmten Krankheit das Wesen des Begriffs ausmacht, alles andere als fest. Sie sind bei der gleichen Konstitution bald vorhanden, bald fehlen sie. Der Konstitutionsbegriff ist deshalb in bezug auf die Krankheitsbereitschaften, die er im einzelnen Falle mit sich bringt, ein unspezifischer Begriff.

---

[1]) Siemens, Über die Begriffe Konstitution und Disposition. Deutsche med. Wochenschr. 1919, 339.

So können beim Infantilismus des Weibes auch die Tuben infantil, nämlich geschlängelt sein, in welchen Fällen eine gesteigerte Disposition zu Tubargravidität besteht. Trotz des Infantilismus kann aber die Schlängelung der Tuben fehlen; dann fehlt auch die Disposition zu Tubargravidität, trotzdem der als Infantilismus bezeichnete Symptomenkomplex vorhanden ist. Schließlich unterscheiden sich Disposition und Konstitution dadurch, daß Disposition ein ausgesprochener Relationsbegriff ist, der ohne Beziehung auf eine ganz bestimmte Krankheit jeden Sinnes entbehrt. Die Konstitution ist demgegenüber ein autonomer Begriff; mit dem Beiwort „asthenische“ Konstitution z. B. ist bereits ein ganzes Symptomenbild angedeutet, das ohne weiteres für den Arzt Interesse und Wert besitzt, und das er zur Diagnose, Prognose und Therapie des Falles mit heranziehen kann.

Konstitution und Idiotypus. Die genaue Definition des Konstitutionsbegriffs ist dadurch versucht worden, daß man ihn in Beziehung gesetzt hat zu den exakten Begriffen der modernen Vererbungsbiologie. So haben Tandler und Julius Bauer Konstitution für identisch erklärt mit Idiotypus[1]). Dieser Gedanke kann aber nicht als glücklich bezeichnet werden, denn es muß eine große Begriffsverwirrung entstehen, wenn einem so populären, in weiten Kreisen gebrauchten Worte, wie es das Wort Konstitution ist, plötzlich ein ganz anderer und viel engerer Begriff als der bisher übliche untergeschoben wird. Die Asthenia universalis, bzw. den Infantilismus, nennt man zwar allgemein anormale Konstitutionen, aber es fiel doch bisher niemandem ein, mit diesem Ausdruck die idiotypische Bedingtheit dieser Leiden und ihre Erblichkeit zu präjudizieren. Im Gegenteil war man sich immer einig darüber, daß derartige Konstitutionsanomalien auch durch eine Schädigung des Fötus oder des Kindes durch Außenfaktoren bedingt sein können, und Julius Bauer führt als äußere Ursachen solcher Hypoevolution an: Erkrankung des Gehirns in früher Jugend, frühzeitig erworbene Tuberkulose, angeborene Syphilis, Malaria, Pellagra, Lepra, frühzeitige chronische Intoxikationen, Verkümmerung in schlechten hygienischen Verhältnissen, mangelhafte Ernährung. Alle auf solchen Grundlagen entstandenen Formen von Infantilismus und anderen Konstitutionsanomalien sind natürlich nicht idiotypisch und daher nicht erblich; infolgedessen dürften wir, wenn man der Forderung, nur das Idiotypische als konstitutionell zu bezeichnen, nachgeben würde, einen offenkundigen Infantilismus und einen offenkundigen Status asthenicus nicht mehr als Konstitutionsanomalien bezeichnen, bevor wir nicht alle die oben angeführten exogenen Entstehungsmöglichkeiten ausgeschlossen hätten. Hierdurch würde uns natürlich für das Wort Konstitution überhaupt die Möglich-

---

[1]) Allerdings rechnet Tandler die „Art- und Rassenqualitäten“ nicht mit zur „Konstitution“. Da aber eine Ausscheidung der Rassencharaktere aus der Konstitutionspathologie undurchführbar ist (gibt es doch auch Rassenmerkmale, die dispositionspathologische Bedeutung haben!), so dürfen wir wohl von dieser Besonderheit der Tandlerschen Definition absehen.

keit des klinischen Gebrauchs genommen, und die Mißverständnisse würden groß sein, wenn plötzlich ein Teil der Fälle von Asthenia universalis keine Konstitutionsanomalien mehr wären. Freilich wird man nicht selten das Bedürfnis haben, eine Konstitutionsanomalie als aus der Erbmasse stammend zu bezeichnen; hierfür steht uns ja aber der saubere und völlig eindeutige Ausdruck „idiotypische Konstitution" zur Verfügung. Im allgemeinen liegt dagegen gerade in der Unbestimmtheit des Begriffes „konstitutionell" (bezüglich der idiotypischen Bedingtheit der Erscheinungen) sein großer Wert für den praktischen Gebrauch. In dieser Idiotypisches und Paratypisches umfassenden Bedeutung muß er deshalb erhalten bleiben, damit der Praktiker sich weiter dieses altgewohnten Wortes bedienen kann, ohne daß er Gefahr läuft, in Mißverständnisse, Verwirrungen und Wortstreite verwickelt zu werden.

Konstitution und Phänotypus. Viel weniger gefährlich ist der von anderer Seite ausgesprochene Gedanke, Konstitution mit Phänotypus zu identifizieren. Doch muß auch dieser Weg, den Konstitutionsbegriff exakt zu fassen, als unangängig bezeichnet werden. Denn da man als phänotypisch ohne Unterschied jede Eigenschaft bezeichnet, die überhaupt zur Zeit der Beobachtung in Erscheinung tritt, so müßte, wenn Konstitution gleich Phänotypus wäre, schlechtweg jede Eigenschaft konstitutionell sein. Bei einer solchen Erweiterung des Begriffs ins Unendliche verliert er aber natürlich jede Bedeutung. Dem Sprachgebrauch schlägt diese Definition außerdem ins Gesicht, da ja z. B. eine augenblicklich vorhandene Pneumonie oder eine Pigmentierung nach Insolation zwar ohne Zweifel phänotypische Erscheinungen sind, es aber doch niemandem einfallen würde, sie als konstitutionell zu bezeichnen. Wo der Fehler liegt, wird verständlich, sobald man sich daran erinnert, daß Phänotypus ein biologisch-theoretischer Begriff ist, während der Begriff Konstitution eben aus der Klinik stammt. Aus diesem Grunde betrifft er aber den Phänotypus nur insoweit, als dieser klinische Bedeutung hat, also insoweit er dem Arzt Schlüsse auf die Krankheitsdispositionen seines Patienten gestattet (und außerdem natürlich nur insoweit, als er nicht schon im Krankheitsbegriff eingeschlossen ist).

Konstitution und Konstitutionssymptome. Den Konstitutionsbegriff kann man sich dadurch entstanden denken, daß der Arzt auch aus Eigenschaften seiner Patienten, die nicht zu den eigentlichen Krankheitssymptomen gerechnet werden können, Anhaltspunkte für seine Prognose und seine Indikation entnahm. Nicht nur der kranke Mensch unterscheidet sich vom gesunden durch bestimmte Symptome, auch die Gesundheit ist bei verschiedenen Menschen vom ärztlichen Standpunkt aus keineswegs gleich zu werten. Auch der gesunde Mensch bietet oft einzelne Zeichen dar, deren Beachtung für den Arzt von einer gewissen praktischen Bedeutung ist, da sie ihm die Kenntnis der prämorbiden Persönlichkeit vermitteln. Solche Symptome, die nicht Krankheits-, sondern eben Konstitutionssymptome sind, hat man nun in verschiedener Weise zu Symptomenkomplexen zusammengefaßt, — und so entstanden die verschiedenen Konstitutionsanomalien. Wir diagnostizieren die asthenische Konstitution da, wo wir allgemeine Muskelhypotonie, Enteroptose, Neurasthenie, Thorax paralyticus, Costa decima fluctuans usw. antreffen. Die Aufstellung der Konstitutionen ist also durch eine jeweils bestimmte Kombination von Einzelsymptomen begründet.

Konstitution und Anthropologie. Auch anthropologische Merkmale werden, wenn sie über das Verhalten des Patienten Krankheiten gegenüber Schlüsse zulassen, zu den konstitutionellen Eigenschaften gerechnet. Dies gilt z. B. von der Rothaarigkeit und der damit fast ausnahmslos verbundenen zart-weißen Haut, Merkmale, deren Träger zu Tuberkulose und verschiedenen Hautleiden z. B. Psoriasis angeblich (!) besonders disponiert sein sollen. Solche Eigenschaften dagegen, die für den Arzt ohne Bedeutung und Interesse sind (etwa z. B. Kraushaarigkeit, blaue und braune Augenfarbe) werden auch nicht zur Kennzeichnung der Konstitution eines Menschen verwertet.

Konstitution ein Symptomenkomplex. Die Konstitution ist demnach ein Symptomenkomplex, der uns Schlüsse auf die Krankheitsdispositionen des Patienten gestattet. In dieser Hinsicht zeigen sich die anomalen Konstitutionen vielen Krankheiten sehr verwandt. Denn auch nicht wenige Krankheiten gestatten uns, Schlüsse auf die Dispositionen unserer Patienten zu ziehen. Bei Diabetes mellitus z. B. finden wir eine besonders große Disposition zu Nephritis, Arteriosklerose, schwerer Lungentuberkulose, Furunkulose, Katarakt. Aber genau so, wie bei Diabetes die eigentliche Krankheit nicht in der erhöhten Neigung zu Nephritis, Furunkulose, Katarakt usw. liegt, sondern in den Krankheitssymptomen (Glykosurie, Polyurie, Hyperglykämie usw.), so ist auch das Wesentliche einer anomalen Konstitution, z. B. des Infantilismus, nicht die (angebliche) Disposition zu Tuberkulose, die erhöhte Neigung zu orthostatischer Albuminurie, Neurasthenie, Tubargravidität und anderes, sondern die Kleinheit und mangelhafte Entwicklung der Organe, die geringe Körperbehaarung, die geschlängelten Tuben usw. Das Wesen der Konstitution liegt also nicht in der erhöhten, bzw. verminderten Neigung zu gewissen Krankheiten, sondern in dem Vorhandensein der Konstitutionssymptome.

Konstitution und Krankheit. Da nun auch nicht wenige Krankheiten als Symptomenkomplexe erscheinen, die uns Schlüsse auf weitere Krankheitsdispositionen gestatten, so haben wir den Konstitutionsbegriff noch von dem der Krankheit abzutrennen. Wenn wir es mit einer kräftigen Konstitution zu tun haben, so versteht es sich von selbst, daß es sich hierbei um einen Symptomenkomplex handelt, der nicht die Bezeichnung Krankheit verdient; solche Konstitutionen werden auch meist nur Schlüsse auf negative, d. h. also nicht vorhandene Krankheitsdispositionen gestatten, wenngleich es zweifellos Leiden gibt, die mit Vorliebe gerade die Kräftigsten und Gesündesten befallen (z. B. die Influenzapneumonie 1917/19). Haben wir es aber mit anomalen Konstitutionen zu tun, so kann gelegentlich die Abgrenzung von den eigentlichen Krankheiten schwierig werden. Bei den schwersten Formen von Infantilismus oder von Asthenie kann doch die Erhaltungsgefährdung des Individuums bereits so groß sein, daß die Konstitutionsanomalie schon in den Bereich unseres Krankheitsbegriffs fällt. Man muß aber demgegenüber in Betracht ziehen, daß der Kliniker in praxi den Krankheitsbegriff etwas enger faßt, als es theoretisch korrekt wäre, indem er als krankhaft eigentlich nur solche Symptome bezeichnet, die den Patienten zum Arzt führen, und die unmittelbar ärztliche Behandlung erfordern. Es bestehen deshalb fließende Übergänge zwischen Krankheits- und Konstitutionssymptomen; doch zeichnen sich die letzteren dadurch aus, daß sie einen geringeren Grad der Erhaltungsgefährdung bedingen, daß sie gewissermaßen nur mittelbare Krankheitssymptome darstellen, die den Übergang zu der Gesundheit, also zum Leben innerhalb der Anpassungsmöglichkeit, bilden. Außerdem pflegt man als konstitutionell nur solche Symptome zu bezeichnen, die sich durch eine gewisse Stabilität charakterisieren; dieses letztere Moment unterscheidet die Konstitutionen jedoch nur von einem Teil der Krankheiten, da es auch Krankheiten mit absoluter Symptomenfestigkeit gibt (Dichromasie, Hemeralopie).

Konstitution und endokrine Störung. Die klare Erfassung des Konstitutionsbegriffs wird noch dadurch erschwert, daß man auch die morphologischen Folgeerscheinungen endokriner Störungen, falls sie sich nicht rasch, wie z. B. bei der Akromegalie, sondern langsam, wie z. B. beim Eunuchoidismus, entwickeln, in die Gruppe der Konstitutionsanomalien einzureihen pflegt. Mit dieser Sitte sollte gebrochen werden. Sie ist eine Konsequenz jener veralteten Auffassung, nach der als konstitutionell alle sog. „Allgemeinerkrankungen" angesehen wurden (vgl. „konstitutionelle" Syphilis) im Gegensatz zu den lokalisierten Krankheitsprozessen, den eigentlichen „Krankheiten". Diese Auffassung wurde von Martius einer scharfen und berechtigten Kritik unterzogen. Wir haben demnach keinen Grund mehr, Erkrankungsprozesse, die sich über viele Organe des Körpers gleichzeitig erstrecken, darum unter die Konstitutionsanomalien einzureihen, und ihnen den Namen Krankheit vorzuenthalten. Zwar stimmt mit dem, was wir bisher als das Wesen des Konstitutionsbegriffs herausgeschält hatten, der Eunuchoidismus insofern überein, als es sich auch bei ihm um einen Symptomenkomplex handelt, der einerseits ärztliche Schlußfolgerungen zuläßt und andererseits für das Individuum keine wesentliche Erhaltungsgefährdung bedingt, also vom individuellen Standpunkt aus nicht als Krankheit, höchstens als eine Übergangsform dazu bezeichnet werden kann. Wir hatten aber gesehen, daß eine exakte Erfassung des Krankheitsbegriffs nicht möglich ist, wenn wir diesen Begriff nicht an der Erhaltung der Rasse orientieren. Für die Erhaltung der Rasse bedeutet jedoch der Eunuchoidismus wegen der damit verbundenen Unfruchtbarkeit das absolute Ende, er ist also im höchsten Grade krankhaft. Wenn wir deshalb für Eunuchoidismus, Hermaphroditismus und dgl. die Bezeichnung Konstitutionsanomalie ablehnen, so erklärt sich das daraus, daß wir bemüht sind, der organischen Auffassung des Krankheitsbegriffs im Gegensatz zu der individualistischen Auffassung der meisten Kliniker zum Durchbruch zu verhelfen. Es wird auch nichts dadurch verloren, wenn wir den Eunuchoidismus, der sowieso auf einer Krankheit des endokrinen Systems beruht, auch als Krankheit bezeichnen (genau so wie wir es bei der Akromegalie gewöhnt sind), trotzdem er einen protrahierten Verlauf zeigt. Dadurch würde der Konstitutionsbegriff für solche Dinge reserviert, die ärztliches Interesse beanspruchen, obwohl sie die Erhaltung zu wenig gefährden, um den eigentlichen Krankheiten zugerechnet zu werden; es würde also hiermit der eigentliche Sinn des Konstitutionsbegriffs wieder hergestellt.

Diathese. Während man die Konstitutionsanomalie wenigstens in der Mehrzahl der Fälle aus morphologischen Symptomen (Brustumfang, Aortenweite, Costa decima fluctuans, Vergrößerung des lymphatischen Apparates) sich zusammensetzen läßt, wendet man den Ausdruck Diathese häufiger für entsprechende Symptomenkomplexe funktioneller Natur an. Freilich, sehr konsequent ist man auch in dieser Beziehung nicht, und es scheint uns deshalb, daß man gut täte, den Ausdruck Diathese überhaupt auszumerzen, zumal da er etymologisch identisch ist mit Disposition, d. h. mit einem Begriff, der aus einer ganz anderen Sphäre stammt. Es würde dem wohl auch nichts im Wege stehen statt von einer exsudativen Diathese von einer exsudativen Konstitution, einem Status exsudativus zu sprechen. Das Wort Diathese ist überflüssig und verwirrend.

Konstitution und Stoffwechselanomalie. Die beiden Ausdrücke Konstitution und Diathese werden nun aber noch in einem anderen Sinne verwendet. Man beobachtet immer wieder, daß eine Reihe von Krankheiten, die zu einem wesentlichen Teil erblich bedingt sind, bei verschiedenen Mitgliedern ein und derselben Familie auftreten; dies trifft z. B. für Gicht, Diabetes, Fettsucht und gewisse chronische Ekzeme zu. Man hat deshalb das hypothetische Etwas, welches diese verschiedenen Leiden verbindet und ihre gemeinsame erbliche Grundlage abgibt, und das man sich als eine noch unbekannte Stoffwechselstörung vorstellte, als arthritische „Konstitution" bzw. „Diathese" bezeichnet; bei der exsudativen „Diathese" liegen die Dinge ganz ähnlich. Manche Autoren freilich kennen auch eine arthritische Konstitution im Sinne eines morphologischen Symptomenkomplexes; bei ihnen wird die Verbindung zwischen Gicht, Diabetes und Fettsucht nicht durch eine Begriffshypothese, sondern durch den sog. arthritischen Habitus hergestellt, so daß hier der Arthritismus wieder ein Symptomenbild ist, also eine anomale Konstitution im gewöhnlichen Sinne dieses Begriffs.

Definition des Konstitutionsbegriffs. Wenn wir das Gesagte noch einmal überblicken, so kommen wir zu dem Schluß, daß wir unter Konstitution einen (morphologischen oder funktionellen) Symptomenkomplex zu verstehen haben, der dem Arzte wechselnde Schlüsse auf das Verhalten des Patienten Krankheiten gegenüber gestattet, und der selbst noch nicht als Krankheit, aufgefaßt zu werden braucht, da er keine unmittelbare Erhaltungsgefährdung bewirkt. Freilich wendet man den Ausdruck Konstitution, wie erwähnt, auch vielfach noch auf Dinge an, die nicht genau in den Rahmen dieser Definition fallen. Doch kann man, wenn einem überhaupt an einer klaren Erfassung des Konstitutionsbegriffs sowie an einem Fortbestehen seiner praktischen Brauchbarkeit gelegen ist, dem Sprachgebrauch wohl nicht mehr entgegenkommen, als es die gegebenen Definition bereits tut. Es wäre deshalb dankenswert, in Zukunft den Gebrauch des Ausdrucks Konstitution an Hand dieser Begriffsbestimmung zu kontrollieren, weil eine scharfe Fassung auch praktischer Begriffe eine Vorbedingung richtigen Denkens ist.

Idiotypische und paratypische Konstitution. Es ist von außerordentlicher theoretischer wie praktischer Bedeutung, auch bei den Konstitutionen, ebenso wie bei den Krankheiten, das Erbliche vom Nichterblichen begrifflich und terminologisch zu scheiden. Diese Trennung suchte Martius dadurch zu ermöglichen, daß er von erblichen und erworbenen Konstitutionen sprach. Wir haben schon bei der Erörterung der Krankheitsätiologie ausgeführt, daß die Wissenschaft aber mit solchen populären mißverständlichen Ausdrücken wie „erblich“ und „erworben“ nicht auskommen kann. Tandler und Julius Bauer bemühten sich deshalb um die Schaffung einer Ausdrucksweise, die für das, was erblich, und für das, was nichterblich bedingt ist, präzise Termini geben sollte. Die Einengung des Begriffes Konstitution auf das idiotypische Bedingte, welche diese Terminologie fordert, ist aber aus praktischen und theoretischen Gründen, wie schon des näheren ausgeführt wurde, abzulehnen. Besonders muß auch die Forderung zurückgewiesen werden, daß man in Zukunft unter Körperverfassung etwas ganz anderes wie unter Konstitution verstehen solle,

Martius	erbliche Konstitution oder erbliche Körperverfassung	Konstitution oder Körperverfassung	erworbene Konstitution oder erworbene Körperverfassung
Tandler u. J. Bauer	Konstitution	Körperverfassung	Kondition
Siemens	idiotypische Konstitution	(phänotyp.) Konstitution	paratypische Konstitution

Einteilung der Konstitutionen.

trotzdem doch bisher Körperverfassung nur der deutsche Ausdruck für Konstitution gewesen ist. Zu welchen Verwirrungen solche Terminologie führt, habe ich schon an anderer Stelle dargelegt[1]). Es

---

[1]) Siemens, Über erbliche und nichterbliche Disposition. Berliner klin. Wochenschr. 1919, 313.

empfiehlt sich deshalb, auch bei den Konstitutionen die oben begründete Trennung in idiotypisch und paratypisch vorzunehmen (vgl. vorstehende Übersicht: Einteilung der Konstitutionen). Will oder kann man über die idiotypische bzw. paratypische Bedingtheit einer Konstitutionsanomalie nichts ausmachen, so kann man trotzdem ruhig das Wort Konstitution wie bisher weiter gebrauchen, und falls man Grund hat, Mißverständnisse zu fürchten, durch das kleine Beiwort „phänotypisch" jeden Zweifel darüber zerstreuen, wie man im Augenblick die Konstitutionsanomalie aufgefaßt wissen will. Die Einteilung der anomalen Konstitutionen und der Konstitutionssymptome in idiotypische und paratypische schmiegt sich also dem bisherigen Sprachgebrauche aufs vollkommenste an und gestattet trotzdem die allerschärfste Präzisierung des vererbungstheoretischen Standpunktes, den man im einzelnen Fall zum Ausdruck bringen will.

Die Konstitutionsanomalien. Man hat große Mühe darauf verwandt, in die zahllosen Konstitutionssymptome oder Stigmen etwas Ordnung hineinzubringen, indem man versucht hat, sie zu geschlossenen Symptomenbildern, den sogenannten **Konstitutionsanomalien**, zusammenzufassen. Mit den wichtigsten dieser Symptomenkomplexe müssen wir uns kurz bekannt machen.

Status asthenicus oder Asthenia universalis Stiller. Die wesentlichsten Kennzeichen dieser Konstitutionsanomalie sind nach Stiller die Costa decima fluctuans, Splanchnoptose, Neurasthenie und Ernährungsstörungen. Die Körpergestalt der Astheniker soll mit dem Habitus phthisicus der älteren Autoren übereinstimmen; sie sollen schlank, hochgewachsen, hager, dolichozephal sein, langen Hals, schmalen flachen Brustkorb mit enger oberer Apertur und spitzem epigastrischem Winkel haben, steil abfallende Schultern mit leichter Kyphose (sog. schlechte Haltung), allgemeine Muskelhypotonie mit leichter Ptose der Augenlider, Tropfenherz, Senkung der Baucheingeweide und angeblich auch Übererregbarkeit des vegetativen Nervensystems. Die sog. Degenerationszeichen sollen bei ihnen besonders häufig sein, wofür der Beweis allerdings noch aussteht. Nach allem gewinnt man den Eindruck, daß eine wichtige Komponente für das Zustandekommen dieses Status in einer Anomalie des Wachstums, besonders der Wirbelsäule gesehen werden muß; recht oft jedenfalls ist die Asthenie mit Hochwuchs verbunden. Auch wird sie nach Glénard-Stiller erst im 10. Lebensjahr manifest, also zur Zeit des stärksten Wachstums der Wirbelsäule (2. Streckung). Sie soll in einem „gewissen, wenn auch nicht absoluten Gegensatz" (Bauer) zu dem Status arthriticus stehen, wovon noch die Rede sein wird.

Bei dem Status asthenicus sollen eine Reihe von Krankheiten besonders häufig angetroffen werden. In erster Linie wurde das für die Lungentuberkulose behauptet. Fr. Kraus lehnt jedoch jede Beziehung zwischen Hochwuchs und Tuberkulose ab; und auch die Bedeutung der engen oberen Thoraxapertur mit kurzem und verknöchertem erstem Rippenknorpel (Freund, C. Hart) für die Tuberkuloseentstehung ist wohl mit Unrecht so hoch angeschlagen worden. Sollte sich aber dennoch ein gehäuftes Zusammentreffen von Tuberkulose und asthenischem Habitus erweisen lassen, was man besonders aus den Ergebnissen der Versicherungsmedizin glaubt schließen zu müssen (Florschütz), so muß man auch an die Möglichkeit denken, daß der Status asthenicus nicht eine der Ursachen der Schwindsucht, sondern vielmehr die Folge einer frühzeitig erworbenen tuberkulösen Infektion ist. Hat doch zu der Zeit, in der sich der Status asthenicus manifestiert, sicher schon die Mehrzahl aller Menschen unserer Breiten eine biologisch und anatomisch nachweisbare Tuberkuloseinfektion hinter sich! Entsprechend der behaupteten Antagonie zum Status arthriticus sollen die für die letztere Konstitutionsanomalie charakteristischen Krankheiten bei der Asthenie besonders selten sein; dies wurde vor allem behauptet für Gicht, Diabetes, chronischen Rheumatismus, chronische Nephritis und schwere Arteriosklerose. Ob diese Behauptungen zutreffen, ist freilich äußerst zweifelhaft. Die Gicht befällt sicher auch häufig Leute mit asthenischem Habitus; die Diabetiker sind oft keineswegs robuste Individuen (Diabète maigre); der „chronische Rheumatismus" ist ein so unklarer Begriff, daß überhaupt schwer etwas mit ihm anzufangen ist; die Seltenheit der „chronischen Nephritis" (gemeint ist wohl nur die genuine Schrumpfniere) bei Asthenikern muß auch erst noch bewiesen werden; für die Seltenheit der Arteriosklerose bei nichttuberkulösen asthenischen Individuen gilt das gleiche. Daß Tuberkulöse selten arteriosklerotisch sind, findet seinen Grund wohl einfach in dem niedrigen Blutdruck dieser Kranken.

Status infantilis. Das, was Mathes als asthenischen Infantilismus bezeichnet hat, ist mit dem Syndrom Stillers ziemlich nah verwandt. Doch faßt Mathes den Begriff noch etwas weiter, so daß Martius diesem Autor den Vorwurf macht, er suche in die von ihm beschriebene Konstitutionsanomalie „alles hineinzupressen, was ihm von Abarten und Minderwertigkeiten aufstößt". Entsprechendes gilt wohl auch für den sog. Status hypoplasticus. — Seinem Wesen nach beruht der Infantilismus auf einem dauernden oder wenigstens längere Zeit bestehenden Zurückbleiben eines Individuums auf einer Entwicklungsstufe, die seinem wirklichen Alter nicht mehr entspricht. Er kann sich sozusagen im ganzen Organismus ausprägen (Infantilismus universalis), sehr häufig aber auch nur als Infantilismus partialis und dann mit besonderer Vorliebe als Infantilismus genitalis in die Erscheinung treten; dabei können wir am übrigen Körper bald mehr und bald weniger infantilistische Stigmen entdecken. Als wichtigste infantilistische Symptome gelten: kindliches graziles Skelett, zurückgebliebene Körpergröße (wenn auch zuweilen infolge mangelhafter Epiphysenverknöcherung infantile Individuen mit ausgeprägtem Hypogenitalismus gerade umgekehrt durch Hochwuchs auffallen), kindlich schmaler und kurzer Brustkorb, gering geneigtes hypoplastisches Becken, schlecht entwickeltes Kinn und kleine Warzenfortsätze, Hypoplasie und rasche Ermüdbarkeit der Muskulatur, kleines Herz, Enge des Gefäßsystems, Unterentwicklung der Genitalien, besonders aber mangelhafte Ausbildung der sog. sekundären Geschlechtscharaktere, vor allem der Körperbehaarung, Menstruationstörungen (verspäteter Eintritt der ersten Menstruation, Amenorrhöe, Dysmenorrhöe), Aborte und Geburtsstörungen und infantile Psyche. — Die Grenzen zwischen Infantilismus und Asthenie sind fließende, darin ist Mathes zuzustimmen. Denn bei asthenischen Individuen treffen wir öfters Genitalinfantilismus an, und andererseits kommen beim Infantilismus nicht selten asthenische Stigmata vor. Die engen Beziehungen zwischen Infantilismus und Asthenie werden auch von anderen Autoren betont, indem die Asthenie bald als Folge eines Infantilismus, bald der Infantilismus als Folge der allgemeinen Asthenie aufgefaßt wird. Von anderer Seite hinwiederum wird allerdings jeder kausale Zusammenhang zwischen Infantilismus und Asthenie in Abrede gestellt. Auf jeden Fall müssen die reinen Formen dieser beiden Konstitutionsanomalien auseinandergehalten werden; oft ist das freilich nicht möglich, da, wie schon angedeutet, Übergangsbilder wesentlich häufiger sind.

Status thymico-lymphaticus Paltauf. Auch diese Konstitutionsanomalie wird mit dem Infantilismus in nahe Beziehungen gebracht und zum Teil überhaupt schlechthin als eine Art von Infantilismus aufgefaßt, da das Wesen des Paltaufschen Status in einem Zurückbleiben der normalen Involution des Thymus und des lymphatischen Gewebes bestehen soll. Bald suchte man den Status thymicolymphaticus in die Nähe des Status asthenicus zu rücken, bald stellte man ihn zum Status arthriticus, auf den wir noch später zu sprechen kommen werden. Bartel läßt ihn in seinem Status hypoplasticus aufgehen. Andere Autoren haben dahingegen eine noch strengere Differenzierung gefordert und haben versucht, den Status thymicolymphaticus in zwei selbständige Konstitutionsanomalien, den Status thymicus und den Status lymphaticus zu zerlegen, weil diese beiden Komponenten zuweilen isoliert angetroffen werden.

Von Status thymicus spricht man dann, wenn die Thymus selbständig vergrößert (bzw. mangelhaft involviert) ist. Diese Anomalie wurde als eigene Form einer abnormen Konstitution erst von Wiesel aufgestellt. Der Status lymphaticus ist dagegen sehr alt und geht schon auf Puchelt (1823) zurück, nach dem die lymphatische Konstitution durch das Vorherrschen des Lymphgefäßsystems und seiner Drüsen und durch den vorwiegend lymphatischen Charakter des Blutes bedingt ist. Paltauf charakterisierte dann diesen Status im Sinne der modernen Anschauungen. Der Status lymphaticus kennzeichnet sich durch die folgenden Symptome: abnorme Ausbildung und Wucherung der Tonsillen, der Rachenmandel, der Follikel des Zungengrundes, der Milz, Schwellung der Lymphfollikel an der hinteren Rachenwand und an den Seitensträngen des Rachens, adenoide Wucherungen im Nasen-Rachenraum, Hyperplasie der Lymphdrüsen an Hals, Achsel und Schenkelbeugen, Vorhandensein einer mehr oder weniger großen und parenchymreichen Thymusdrüse zu einer Zeit, in der diese sonst schon geschwunden zu sein pflegt, Vergrößerung der Peyerschen Plaques und vor allem der Solitärfollikel des Dickdarms und überhaupt eine Vergrößerung der Lymphdrüsen überall, am Nacken und Unterkiefer, am Lungenhilus und im Mesenterium. Spätere Autoren verwischten das Bild des Lymphatismus immer mehr, indem sie zu ihm auch noch solche Symptome rechneten, die wir bereits als Stigmen des Status asthenicus oder des Status infantilis kennen gelernt haben, z. B. Hypoplasie des arteriellen Gefäßbaumes, abnorm kleines, zuweilen auch hypertrophisches Herz, Hypoplasie der Genitalien, besonders vor der Pubertät, geringe Ausbildung der sog. sekundären Geschlechtsmerkmale, Hypoplasie des chromaffinen Systems, Vagotonie (Neigung zu Schweißen, Anomalien von Puls und Atmung) und Häufung von „Degenerationszeichen". Für besonders wesentlich hält man vielfach die sog. lymphatische Veränderung des Blutbildes, die in einer Verminderung der neutrophilen Leukozyten besteht mit entsprechender Lymphozytose, gelegentlich auch mit Eosinophilie. Ein pathognomonisches Zeichen für den Status lymphaticus ist dieses Blutbild aber keineswegs. Denn erstens ist ein Überwiegen der Lymphozyten unter den weißen Blutzellen überhaupt eine normale Eigentümlichkeit des Kindesalters, so daß man nicht ohne Grund von einem „infantilen Blutbild" gesprochen hat; zweitens findet man eine derartige Lymphozytose bei allen Krankheiten, die mit allgemeiner Lymphdrüsenschwellung einhergehen; und drittens konnte das nämliche Blutbild bei Hyperthyreosen und bei den allerverschiedensten Arten von körperlicher, nervöser und geistiger Minderwertigkeit beobachtet werden. — Äußerlich sollen die Lymphatiker besonders häufig pastös erscheinen, d. h. sie sollen durch die Trias Hautblässe, Muskelschlaffheit und wässerige Adipositas gekennzeichnet sein.

Der Status lymphaticus wird meist vor dem dritten oder vierten Lebensjahre manifest und bildet sich mit dem Eintreten der Pubertät wieder zurück. Bartel unterscheidet demgemäß ein erstes hypertrophisches Stadium mit abnormer Proliferation der Lymphozyten und ein zweites atrophisches Stadium, in dem die Proliferationskraft erschöpft ist; man findet dann zwar noch hyperplastisch bleibende lymphatische Einlagerungen, sonst aber bindegewebige Induration („Bindegewebsdiathese", Status fibrosus). Das Wesen des Status lymphaticus besteht also in einer allgemeinen Hyperplasie des lymphatischen Gewebes mit Neigung zu Atrophie; auf die übrigen angeblichen Symptome, das infantile Blutbild, die Hypoplasie des Gefäßsystems und den Hypogenitalismus ist kein Verlaß. Während manche Autoren behaupten, diesen Status häufig anzutreffen, soll er nach anderen recht selten sein. — Der Lymphatismus ist ursprünglich eine Schöpfung der pathologischen Anatomen. Seine klinische Nachweisbarkeit ist oft schwer, nach Bartel gelingt sie noch nicht in zwei Drittel der Fälle. Hierdurch erleidet natürlich die praktische Bedeutung dieser Konstitutionsanomalie eine nicht unwesentliche Beeinträchtigung. Während manche Autoren den Lymphatismus für den Ausdruck einer besonderen erblichen Veranlagung halten, meinen andere, wie Bartel,

Wiesel und Falta, daß es auch einen sekundären Status lymphaticus
gäbe, der durch exsudative Diathese, Rachitis, Asthma, Lues, Tuberkulose usw. hervorgerufen sei. Wieder andere, wie Lubarsch, behaupten, daß der Lymphatismus so gut wie niemals angeboren sei,
sondern fast immer der Ausdruck einer Reaktion des Organismus auf
toxisch-infektiöse Einwirkungen. Auf jeden Fall darf man zum Status
lymphaticus nicht die häufigen Lymphdrüsenhyperplasien rechnen, die
einfach Folge einer tuberkulösen Infektion sind; freilich ist es oft nicht
leicht, solche Lymphdrüsentuberkulosen von dem nichtbazillären Lymphatismus abzutrennen.

Der Status lymphaticus soll die Widerstandskraft des Körpers den
verschiedensten Noxen gegenüber herabsetzen, dagegen soll er nach
der Ansicht zahlreicher Autoren einen gewissen Schutz vor Lungentuberkulose gewähren. Bewiesen ist das freilich in keiner Weise. Der
Lymphatismus wird sehr häufig bei Kindern angetroffen. Bei Kindern
aber ist die Tuberkulose meist eine Lymphdrüsentuberkulose und heilt
in der Mehrzahl der Fälle aus. Wieviel dabei auf das Konto der
Altersdisposition des Kindes kommt, und wieviel auf den angeblichen
Lymphatismus, läßt sich kaum abschätzen. Nun wird aber auch behauptet, daß im Gegensatz zur Lungenschwindsucht die Tuberkulose
anderer Organe beim Lymphatismus besonders leicht zustande komme,
z. B. die Tuberkulose der Nieren, Nebennieren, des Urogenitalapparates,
des Bauchfells, der Augen. In besonders enger Korrelation soll der
Status lymphaticus zum Morbus Addisonii (oft Tuberkulose der Nebennieren) stehen und zu primärer Hirngeschwulst, besonders Gliom. Auch
lymphatische Leukämie und manche Formen der Pseudoleukämie sollen
bei Lymphatikern (ebenso wie bei Hypoplastikern) häufiger anzutreffen
sein als bei Normalen. Schließlich sollen Lymphatiker auch eine besonders geringe Alkoholtoleranz aufweisen. Das alles sind freilich nur
Behauptungen, bewiesen ist nichts. Das Verhalten der Lymphatiker
den verschiedenen infektiösen und nichtinfektiösen Noxen gegenüber
ist ungeklärt. Mit manchen der hierüber verstreuten Behauptungen
wird es wohl einmal ähnlich gehen, wie mit der angeblichen Korrelation des Status thymico-lymphaticus zum Suizid. Die Tatsache,
daß bei Selbstmördern und bei plötzlichem, in seiner Ursache rätsel-
haftem Tode so häufig eine besonders große Thymus und eine allgemeine Hyperplasie des lymphatischen Gewebes angetroffen wurde,
hat früher manche weitreichende Theorie über die Bedeutung des Status
thymico-lymphaticus hervorgerufen, während man derartige Beobachtungen jetzt einfach durch die Tatsache erklärt, daß die beim Status
thymico-lymphaticus hyperplastischen Gebilde durch die Einflüsse eines
prämortalen Krankenlagers gewöhnlich rasch aufgezehrt werden, so
daß sie nach einem plötzlich bei voller Gesundheit eintretenden Tode
besonders groß erscheinen müssen.

Status exsudativus. Der Status lymphaticus ist, wie wir schon
erwähnten, nach manchen Autoren zumindest in einzelnen Fällen eine
Folgeerscheinung, nach Czerny eine Teilerscheinung der exsudativen

Diathese; andere, wie v. Pfaundler und F. Kraus, halten den Status thymico-lymphaticus und die exsudative Diathese überhaupt für ein und dasselbe; wieder andere legen dagegen den größten Wert auf die Abtrennung der exsudativen Diathese, die wir als Status exsudativus bezeichnen wollen, von der lymphatischen Konstitutionsanomalie. Der Status exsudativus soll sich besonders kennzeichnen durch Hautaffektionen (Milchschorf, Prurigo, intertriginöse Ekzeme, Abszesse) Lingua geographica, Koryza, Konjunktivitis, Blepharitis, Pharyngitis, Laryngitis, Bronchitis, Gastroenteritis, Balanitis, Volvovaginitis; als Begleiterscheinungen sind weiterhin zu nennen: Juckreiz, Unruhe, Fieber, Erbrechen, Kolik, Obstipation, Diarrhöen, Heuschnupfen, Asthma, Dysurie, Ischurie und vielleicht Enuresis. Es geht aus der Aufzählung dieser Symptome schon hervor, daß im Gegensatz zum Lymphatismus der Status exsudativus in erster Linie kein anatomisches, sondern ein klinisches Krankheitsbild ist. Die wichtigsten der genannten zahlreichen Kennzeichen sind die Neigung zu entzündlichen und exsudativen Prozessen auf der Haut und den Schleimhäuten (also die Neigung zu Schnupfen, Phlyktänen, kindlichen Ekzemen, Strophulus, Urtikaria, Erythema multiforme), zu flüchtigen Gelenkerkrankungen (Peliosis rheumatica), zu Idiosynkrasien auf die verschiedensten Nahrungsstoffe hin und zu Katarrhen („Erkältungen") der Nase und der übrigen Luftwege, besonders zu Pseudokrupp. Hierbei schwellen auch oft die Lymphdrüsen an, was die Abtrennung vom Status·lymphaticus erschwert. Eine besondere klinische Bedeutung erhält der Status exsudativus schließlich noch dadurch, daß er bei frühzeitiger tuberkulöser Infektion angeblich zu dem praktisch wichtigen Krankheitsbilde der Skrofulose führt, so daß man diese letztere als die Tuberkulose des exsudativ-diathetischen Kindes definiert hat; es erscheint allerdings fraglich, ob das, was man als Skrofulose bezeichnet, in vielen Fällen nicht einfach eine Lymphdrüsentuberkulose bei einem sonst normalen Kinde ist.

Der Status exsudativus ist dadurch besonders interessant geworden, daß ihn Czerny auf ein alimentäres Moment und zwar auf eine Überempfindlichkeit gegen bestimmte Nahrungsstoffe zurückführen konnte; der angeborene Tiefstand der Assimilationsschwelle für das Fett der Tiermilch kann nahezu als Maßstab für die exsudative Diathese gelten. Diese Entdeckung Czernys brachte auch den wichtigsten therapeutischen Fortschritt, den die ganze Pathologie der Konstitutionsstaten zu verzeichnen hat, weil es nunmehr gelang, durch Änderung der Diät, z. B. durch Fortlassen der Milch, die oben genannten entzündlichen und exsudativen Prozesse oft überraschend schnell zur Abheilung zu bringen. Allerdings wäre es nunmehr wohl berechtigt, den Status exsudativus aus der Konstitutionspathologie überhaupt herauszunehmen, denn dadurch, daß er so eindeutig auf eine Stoffwechselstörung zurückgeführt worden ist, verdient er vielmehr als Krankheit, als Morbus exsudativus, denn als Konstitutionsanomalie bezeichnet zu werden.

Status arthriticus. Von einer Reihe von Autoren wird der Status exsudativus ebenso wie der Status thymico-lymphaticus mit der neuroarthritischen Diathese (Arthritismus) identifiziert, die wir als Status arthriticus bezeichnen wollen. Nach anderen dagegen ist der Status arthriticus ein Krankheitsbild sui generis. Bei keiner Konstitutionsanomalie gehen die Ansichten so weit auseinander wie hier, infolgedessen ist die Abtrennung des Status arthriticus äußerst vage, so sehr, daß man behauptet hat, unter einem so verwaschenen Bilde ließe sich vom Neurastheniker bis zum arteriosklerotischen Gichtiker beinahe alles unterbringen. Als die Kennzeichen dieses Status werden von O. Müller genannt: Hautaffektionen (Ekzeme, Urtikaria, Furunkulose, Lichen Vidal), Stoffwechselstörungen (labiles Gewicht und labile Temperatur, abnorme Magerkeit oder abnorme Fettsucht), Gallen-, Blasen- und Nierensteine, Diabetes, Schrumpfniere, Arteriosklerose, nervöse Störungen, Migräne, Idiosynkrasien, Heufieber u. v. a. Einige Autoren stellen sich vor, daß die primäre Ursache dieser arthritischen Konstitution in einer Verlangsamung des Stoffwechsels, einer Verzögerung der Assimilations- und Dissimilationsvorgänge infolge mangelnder oder verlangsamter Fermententwicklung zu suchen sei. Nach dieser Vorstellung würde es sich beim Arthritismus einfach um eine Stoffwechselstörung handeln. Diese arthritische Stoffwechselstörung ist nun für manche Autoren das hypothetische, morphologisch und physiologisch bislang nicht faßbare gemeinsame Terrain für eine Reihe von Krankheiten, unter denen Gicht, Diabetes, Fettsucht, Arteriosklerose an erster Stelle stehen. Man darf nämlich mit Recht vermuten, daß diesen Leiden, besonders der wahren Harnsäuregicht, gewissen Formen des Diabetes, der Arteriosklerose und der Schrumpfniere, ferner · dem Bronchialasthma, dem Heufieber, der Migräne, manchen Konkrementbildungen in den Gallen- und Harnwegen sowie manchen Hautkrankheiten ein gemeinsames idiotypisches Moment zugrunde liege; denn die genannten Krankheiten finden sich in auffälliger Häufigkeit bei mehreren Angehörigen derselben Familie, und andererseits in verschiedenen Lebensaltern bei demselben Individuum vor.

Den gleichen Menschen, die vorzugsweise an diesen Krankheiten leiden, sollen aber auch bestimmte andere Dispositionen eigen sein. So soll bei ihnen z. B., wie beim Lymphatismus, die Prognose der Lungentuberkulose eine besonders gute sein; das gleiche ist für die Lepra- und Luesprognose behauptet worden; speziell bei Gichtikern soll, z. B. nach v. Hansemann, überhaupt eine geringe Neigung zu Infektionen bestehen. Auch hier handelt es sich jedoch um lauter Behauptungen, für die ein überzeugender Beweis nicht existiert.

Während für viele Autoren der Status arthriticus erst an seinen Folgezuständen, nämlich an den aufgezählten Krankheiten kenntlich ist, behaupten andere, daß dieser Konstitutionsanomalie auch ein bestimmter Habitus, ein bestimmter morphologischer Symptomenkomplex zugrunde liege. Das geht schon daraus hervor, daß der Arthritismus in so nahe Beziehungen einerseits zum Status lymphaticus, andererseits zum Status hypoplasticus gestellt wird. Manche (z. B. v. Pfaundler) denken ja sogar an eine Identität des Status lymphaticus mit dem

Status arthriticus, nach J. Bauer dagegen deckt sich der letztere weitgehend mit dem Status hypoplasticus, indem er angeblich das gleiche Symptomenbild, das der Status hypoplasticus anatomisch fixiert, vom klinischen Gesichtspunkte aus erfaßt. Hiermit ist freilich schon deshalb wenig gesagt, weil der Status hypoplasticus, wie schon oben erwähnt, ein so weiter Begriff ist, daß man wohl auch jede andere der bekannten Konstitutionsanomalien in ihm unterbringen kann. Übrigens haben sich einige Autoren sogar bemüht, eine für den Status arthriticus angeblich charakteristische Wuchsform aufzustellen, die kurz als emphysematöser apoplektischer Habitus oder als muskulös-adipöser Breitwuchs (Stern) bezeichnet worden ist; seine Hauptkennzeichen sollen sein: kurzer dicker Hals, breit erscheinender Thorax mit horizontalem Rippenverlauf und stumpfem epigastrischem Winkel, breite Lenden ohne Tailleneinschnitt, kurze Beine, Obesitas, oft hypertonische Muskulatur, nach manchen Autoren vermehrte, nach anderen verminderte Körperbehaarung. Nach dieser (allerdings kaum zutreffenden) Auffassung besteht freilich keine Beziehung des Status arthriticus zu einer allgemeinen Hypoplasie; der arthritische Habitus stellt hiernach vielmehr einen dem hypoplastisch-asthenischen gewissermaßen entgegengesetzten Körperbau dar. In Wirklichkeit dürfte es allerdings kaum möglich sein, die unter dem Namen des Arthritismus zusammengefaßten, höchst mannigfaltigen Krankheitsbereitschaften am äußeren Körperhabitus, also an der Wuchsform, dem Fettreichtum und dem Zustand der Muskulatur so einfach zu erkennen. Denn wenn auch Bondi zeigen konnte, daß in seinem Material unter den Diabetikern fünfmal so viel breitwüchsige und brustbehaarte Individuen waren wie unter den nichtdiabetischen Kontrollfällen, so ist doch jedem Kliniker bekannt, wie viele grazile, asthenische und hypoplastische Personen an Gicht, Diabetes, Arteriosklerose und besonders an Asthma leiden.

Vielleicht können wir dem Status arthriticus und seiner Beziehung zu den anderen Konstitutionsanomalien etwas näher kommen, wenn wir uns daran erinnern, daß dieser Status seinerzeit von Comby unter den Konstitutionsanomalien der Kinder beschrieben worden ist. Der Status arthriticus infantum Combys deckt sich aber im wesentlichen mit Czernys exsudativer Diathese, wenngleich er noch etwas mehr als diese umfaßt. Es ist also wohl erlaubt, die genannten beiden Konstitutionsanomalien zu identifizieren und zwar auf Grund der Gemeinsamkeit ihrer Symptome, nämlich: 1. katarrhalische Prozesse, 2. Schwellung der lymphatischen Gewebe, 3. Ernährungs- und Stoffwechselstörungen und 4. in nur lockerem Zusammenhange damit: neuropathische Zeichen. Ob man dagegen, wie vorgeschlagen wurde, auch den Status lymphaticus in dieser großen Konstitutionsstörung aufgehen lassen kann, ist eine andere Frage. Sie wäre vielleicht zu lösen, wenn man einmal an einem größeren Material feststellen könnte, was später aus den lymphatischen Kindern wird, d. h. also aus den Kindern mit allgemeiner, nicht bazillärer Hyperplasie des lymphatischen Gewebes. Das hyperplastische Gewebe verfällt meist später der Atrophie, so viel

ist uns bekannt; was für Krankheitsdispositionen zeigen aber nunmehr
die einstigen Lymphatiker? Gibt es Leiden, denen sie besonders häufig
verfallen, und andere, von denen sie der Regel nach verschont bleiben?

Eine zweite Frage, die noch nicht völlig geklärt ist, betrifft das
spätere Schicksal der exsudativen Kinder. Wir haben allen Grund zu
der Vermutung, daß aus diesen Kindern die Menschen werden, die
später an Asthma, Heuschnupfen, Gicht, Diabetes, Migräne erkranken,
und die damit die Anwartschaft erhalten, den Trägern des „Arthritismus"
zugezählt zu werden. Wir würden es also bei allen diesen Leuten mit
einer einzigen, gewissermaßen idiosynkrasischen oder allergischen Stoffwechselanomalie zu tun haben, die sich in der Kindheit durch diese,
im späteren Alter durch jene Störungen kundtut, und die schon verdienen würde, daß man sie von den anderen abnormen Konstitutionen
abtrennt. Die Manifestationen der exsudativen Diathese können ja
überhaupt, wie Czerny gezeigt hat, großenteils als Symptome einer
Überempfindlichkeit gegen Milch aufgefaßt und somit fast in toto in die
Rubrik der Idiosynkrasien eingereiht werden. Auch sonst sind Idiosynkrasien der verschiedensten Art sowohl bei der exsudativen Diathese wie auch beim Arthritismus auffallend häufig zu beobachten.
Die Zusammenfassung des Status exsudativus und des Status arthriticus
unter den Namen eines „Status idiosyncrasicus" würde also das, was
beiden Staten gemeinsam ist, vielleicht ganz anschaulich und zutreffend
zum Ausdruck bringen, wenn wir auch, was noch ausgeführt werden
soll, eine solche Neubenennung nicht etwa für einen wirklichen Fortschritt halten.

Andere Konstitutionsanomalien. Eine derartig einfache Auffassung
des Status arthriticus und seiner Stellung zum Status exsudativus be-
herrscht nun aber keineswegs die gegenwärtige medizinische Literatur.
Das ging ja aus unserer referierenden Schilderung dieses Status bereits
zur Genüge hervor. Eine bestimmte Lehre aber kann man aus all
dem Widerstreit der Ansichten ziehen: daß es zwar gelungen ist, eine
Reihe eigenartiger und meist noch nicht im eigentlichen Sinne krankhafter, bald mehr morphologischer, bald mehr physiologischer Variationen des menschlichen Organismus zu beschreiben, die wegen ihrer
wahrscheinlich bestehenden Korrelation zu bestimmten Leiden das ärztliche Interesse beanspruchen; über die Häufigkeit des Vorkommens
dieser Typen, über ihre dispositionspathologische Bedeutung und über
ihre gegenseitige Abgrenzung gehen aber die Ansichten der Autoren
noch so weit auseinander, daß man fast sagen kann, alle theoretisch
möglichen Ansichten hätten auch ihre eigenen Vertreter gefunden.
Halten manche Autoren eine saubere Trennung in soundsoviele Staten
für möglich und nötig, so werfen andere alle Staten zusammen und
machen daraus eine Konstitutionsanomalie, in der je nach Geschmack
oder Urteil bald diese und bald jene Symptome im Vordergrunde
stehen. Und während die einen von der erbbildlichen Bedingtheit
ihres Status anormalis überzeugt sind, halten ihn die anderen nur für
einen Folgezustand frühzeitiger Infektionen oder anderer äußerer Noxen.

Man drückt sich also wohl kaum zu scharf aus, wenn man behauptet, daß die Konstitutionspathologie, soweit sie sich mit der Aufstellung der Konstitutionsstaten befaßt, noch keine Wissenschaft ist, sondern eine Kompilation der verschiedensten Ansichten und Auffassungen, die recht wild durcheinanderwuchern, und in denen man nur relativ wenige gesicherte Tatsachen aufzufinden vermag. Dadurch, daß immer wieder ein neuer Autor einen neuen Status unter einem neuen Namen erschuf, der, wenn auch mit gewissen Modifikationen, die alten Staten wiederholte, konnte kein wirklicher Fortschritt erzielt werden. Man drehte sich im Kreise herum, und wenn man sich dadurch auch ermöglichte, das vorgefaßte Problem von den verschiedensten Richtungen her in Augenschein zu nehmen, so kam man ihm dennoch nicht näher. Auch jetzt hat die Aufstellung neuer Konstitutionsstaten noch kein Ende gefunden. So spricht man bei einer Häufung von sog. Degenerationsmerkmalen von einem Status degenerativus, — als ob hinter allen Degenerationsmerkmalen eine gemeinsame Unbekannte stünde, die sie hervorruft! Weiterhin behauptet man, daß bei Häufung von „Degenerationsmerkmalen" regelmäßig auch die Stigmen konstitutioneller Schwäche vermehrt seien, und rückt auf diese Art den „Status degenerativus" in größte Nähe der genannten Staten: des Status asthenicus, hypoplasticus, lymphaticus, arthriticus usw. Eppinger und Hess versuchten die Einteilung je nach dem Zustande des vegetativen Nervensystems in vagotonische und sympathikotonische Konstitutionen, Tandler je nach dem Muskeltonus in hypertonische, normaltonische und hypotonische, Sigaud konstruierte vier Typen, den Status respiratorius, Status digestivus, Status muscularis, Status cerebralis. Aber trotz aller dieser Versuche stehen wir doch immer noch im wesentlichen auf dem gleichen Standpunkt, auf dem wir vor ihnen gestanden haben. Gegen alle Staten muß man den Einwand machen, den J. Bauer gegen die Einteilung in vagotonische und sympathikotonische Konstitutionen erhebt, nämlich daß die Klinik alle Mischformen zeigt und zwar in einer so grundsätzlichen, kaleidoskopartigen Buntheit, daß uns, vorläufig wenigstens, jede genauere Orientierung unmöglich bleibt. Auch der eigentlich antiasthenische Status muscularis Sigauds soll z. B. oft konstitutionelle Anomalien in den verschiedensten Organen zeigen (J. Bauer). Die ganzen Konstitutionsanomalien sind mehr intuitiv als auf Grund exakt bearbeiteten Beobachtungsmaterials entstanden. Wie Toenniessen zutreffend sagt, muß die Berechtigung zur Aufstellung der bekannten Konstitutionssyndrome zum großen Teil überhaupt erst noch nachgewiesen werden. Die Existenz des Status lymphaticus wird z. B. von einzelnen Autoren direkt bestritten. So interessant also die Erörterung der verschiedenen Konstitutionsanomalien im klinischen Betrieb in einzelnen prägnanten Fällen auch sein kann, so wenig ist wissenschaftlich mit ihnen anzufangen. Die Hauptschwierigkeit liegt darin, daß es bisher unmöglich war, über die Abgrenzung der Konstitutionsanomalien gegeneinander oder gar gegen den Normalzustand eine Einigung zu erzielen, was aus unseren Beschreibungen der verschiedenen Staten wohl zur Genüge hervorging. Mit der Aufstellung von Konstitutionsanomalien ist man also auf einem toten Punkt angelangt.

Man könnte, da die Synthese so versagt hat, daran denken, es mit der Analyse zu versuchen. So hat v. Pfaundler die „Abgrenzung" der alten Diathesen deshalb als verfehlt bezeichnet, weil diese seiner Ansicht nach bereits aus mehreren kleineren Konstitutionsanomalien kombinierte Komplexe darstellen, und er hat folgerichtig seine lymphatisch-arthritisch-exsudative Diathese in einzelne Unterstaten zerlegt, nämlich in den lymphatischen, den neuropathischen, den exsudativen und den vagotonischen Zeichenkreis, denen er noch den dystrophischen, den spasmophilen und den rachitischen Zeichenkreis angliedert. Es liegt nun der Gedanke nahe, die Analyse noch grundsätzlicher und auf alle bisher beschriebenen Konstitutionsanomalien anzuwenden; ist doch auch die moderne Vererbungsforschung erst dadurch zu exakten Resultaten gekommen, daß sie, dem Beispiele Mendels folgend, die Einzelmerkmale ins Auge faßte. Man käme sodann zu einer Auflösung der Konstitutionsstaten in ihre einzelnen Konstitutionssymptome, deren Wert sich nun gesondert feststellen ließe. Zur Erforschung der Dispositionen verspricht dieser Weg, wie noch dargelegt werden soll, recht viel; es dürfte aber kaum möglich sein, auf ihm zur Aufstellung neuer und besser begründeter Konstitutionsstaten und dadurch zur Klärung der alten zu kommen. Denn die statistische Feststellung der Korrelation der einzelnen Konstitutionssymptome ist schon deshalb eine heikle Sache, weil es in der ganzen Pathologie wohl kaum einen Zustand gibt, der auch nur eine Trias verschiedener Symptome in jedem Einzelfalle zur Manifestation brächte. Zur Aufstellung geschlossener Konstitutionsanomalien muß man einen inneren wesentlichen Zusammenhang der einzelnen Erscheinungen verlangen, wie er z. B. bei dem als Myxödem bezeichneten Krankheitssyndrom durch den Ausfall der Schilddrüsenhormone gegeben ist; oder man muß ein bestimmtes morphologisches bzw. funktionelles Kriterium für das Vorliegen einer primären einheitlichen Ursache, vor allem einer Stoffwechselanomalie, aufzeigen.

Die Erblichkeit der Konstitutionen. Infolge der ungenügenden Abgrenzung der Konstitutionsanomalien und des Überwiegens der Mischtypen läßt sich auch eine eventuelle Erblichkeit der Konstitutionsstaten nicht sicher nachweisen, trotzdem mehrfach der Versuch hierzu, selbst mit angeblich positivem Erfolg gemacht worden ist. Eine Nachprüfung solcher Ergebnisse ist aber bei dem schwankenden Bild, das die Konstitutionsstaten darstellen, kaum möglich. Viel eher verspricht die Untersuchung der einzelnen Konstitutionssymptome auf ihre Erblichkeit zu gesicherten Ergebnissen zu führen. Dies ist ein bisher noch so gut wie unbearbeitetes Gebiet konstitutionspathologischer Forschung. Freilich würde der Nachweis der Erblichkeit eines Konstitutionssymptoms erst dann wirklich dispositionspathologische Bedeutung bekommen, wenn es gelingen würde, gleichzeitig eine feste Korrelation dieses Stigmas zu einer bestimmten Krankheit statistisch festzustellen.

Die Analyse der großen Konstitutionen braucht aber vielleicht nicht bis zur Auflösung in einzelne Stigmen zu gehen, um zu vererbungsbiologischen Resultaten zu führen. Schon mit Hilfe der von v. Pfaundler vorgenommenen Zerlegung der Konstitutionen des Kindesalters in kleinere Zeichenkreise gelang es diesem Autor und seinen Schülern, Beiträge zur Kenntnis der Erblichkeit der Konstitutionen zu liefern. Moro und Kolb fanden Manifestationen der exsudativen, der spasmophilen und der dystrophischen Gruppe insgesamt bei den Geschwistern der Ekzemkinder fast sechsmal häufiger als bei den Geschwistern der Kontrollkinder. Auch ließ sich feststellen, daß diese Zeichenkreise häufiger von der Mutter her übertragen wurden, und zwar etwa doppelt so häufig auf Knaben als auf Mädchen. Immerhin wäre es wohl denkbar, daß eine noch weitere Analyse der Zeichenkreise zu noch überzeugenderen Resultaten führen könnte.

Die Dispositionen der Konstitutionsanomalien. Was bei der ganzen Konstitutionspathologie aber am unklarsten bleibt, das ist gerade der medizinisch wichtigste Punkt der ganzen Angelegenheit: nämlich welche bestimmten Krankheitsdispositionen durch die einzelnen Konstitutionsanomalien geschaffen werden. Konnte doch bisher noch nicht einmal darüber eine volle Einigung erzielt werden, ob der Status asthenicus eine wesentliche Rolle bei der Entstehung schwerer Lungentuberkulose spielt, ja, ob er überhaupt bei schwer Tuberkulösen wesentlich häufiger angetroffen wird als bei Nichttuberkulösen eines einwandfreien Vergleichsmaterials. Muß doch die Tuberkulose sowieso mehr schmale Individuen betreffen, da sie ja vornehmlich Jugendliche befällt, und da die Menschen vom 17.—50. Lebensjahr noch ständig in die Breite wachsen! Gerade die Frage der „konstitutionellen Disposition" ist also, so temperamentvoll oft darüber geschrieben und geredet wird, wissenschaftlich noch in tiefstes Dunkel gehüllt.

Die Dispositionen der Konstitutionssymptome. Auch hier kann vielleicht die Analyse der Konstitutionsstaten in noch enger umgrenzte Komplexe oder gar in ihre einzelnen Konstitutionssymptome einen Weg zeigen. Die Erforschung der Beziehung dieser einzelnen Stigmen zu bestimmten Krankheiten befindet sich noch in den ersten Anfängen. Bondi wies statistisch nach, daß Breitwuchs und reichliche Brustbehaarung bei Diabetikern wesentlich häufiger anzutreffen sind als bei nichtdiabetischen Menschen. Vielleicht gelingt es auf diesem Wege, über die Bedeutung der Konstitutionssymptome und ihrer Kombinationen, und folglich auch über die Bedeutung der alten Konstitutionsstaten für die Krankheitsentstehung ein exakteres Urteil zu gewinnen als das möglich war, solange noch der Status hypoplasticus, arthriticus usw. das Feld beherrschten.

Disposition als spezifischer Begriff. Was die Konstitutionsstaten vor allem so ungeeignet gemacht hat zu weiterem medizinisch-wissenschaftlichem Fortschritt ist der Umstand, daß sie nicht eine bestimmte Beziehung zu einer bestimmten Krankheit haben, sondern daß sie, wie man gesagt hat, „plurivalent" sind. Wir müssen uns aber nach

Begriffen umsehen, die die Beziehungen des prämorbiden Menschen zu bestimmten Krankheiten genauer zu erfassen gestatten. Ein solcher Begriff ist nun der Begriff der Disposition. „Während man früher nur ganz allgemein von schwachen und starken Konstitutionen sprach, wird es immer mehr Aufgabe der experimentellen Wissenschaft, Widerstandskräfte spezifischer Art nachzuweisen" (Martius). Der Begriff der Konstitution ist zu vieldeutig, zu allgemein, zu sehr grobempirisch, als daß man mit seiner Hilfe zu exakten Forschungsmethoden kommen könnte. Um zu bestimmten Regeln über den Zusammenhang gewisser Erscheinungen zu kommen, müssen wir von einem Begriff ausgehen, der sich fassen und berechnen läßt. „Miß alles, was meßbar ist", hat schon der alte Galilei gesagt, „und mache das Nichtmeßbare meßbar." Während uns aber der Begriff der Konstitution um so mehr unter den Händen dahinschwindet, je schärfer wir zugreifen, haben wir in der Disposition einen Begriff vor uns, der meßbar zu machen geht. Disposition kann geradezu als ein Zahlenbegriff aufgefaßt werden, da wir durch ihn über eine bestimmte Erkrankungswahrscheinlichkeit unterrichtet werden. Vor allem aber ist Disposition, wie schon oben erörtert, auch ein spezifischer Begriff; die erhöhte Neigung zu einer ganz bestimmten Krankheit stellt unmittelbar das Wesen dieses Begriffes dar. Man kann deshalb die Disposition definieren als die Wahrscheinlichkeit, mit der der augenblickliche Zustand eines Organismus (beim Vorhandensein gewisser auslösender Faktoren) das Auftreten einer ganz bestimmten Krankheit bedingt bzw. deren ungünstigen Verlauf und Ausgang bestimmt.

Dispositionspathologie. Es gilt also, nicht irgendwelche vagen Konstitutionstypen aufzustellen, sondern die Beziehung ganz bestimmter Dispositionen zu den verschiedensten morphologischen oder funktionellen Eigenheiten des menschlichen Organismus zu erforschen, wenn wir unsere tatsächliche Kenntnis über die prämorbide Persönlichkeit erweitern wollen. Schreiten wir auf diesem Wege vorwärts, so wird die alte Konstitutionspathologie verschwinden und an ihre Stelle die Dispositionspathologie, die Lehre von der Symptomatologie und Therapie pathologischer Krankheitsbereitschaften ganz bestimmter Natur treten.

Resistenzpathologie. Der Ausdruck Disposition hat allerdings etwas Negatives in seinem Charakter, er bedeutet einen Mangel an Widerstandskraft gegen eine bestimmte Noxe; und ein Wort, das eine wirklich reziproke Bedeutung von Disposition hätte, gibt es in unserem allgemein üblichen Sprachschatze nicht. Wenn man aber das Wort Resistenz, das meist nur im Sinne einer angeborenen Widerstandskraft spezifischen infektiösen Noxen gegenüber verwendet wird, in einem weiteren Sinne gebrauchen will, so kann man wohl sagen, daß nicht die Dispositionspathologie, sondern die Resistenzpathologie derjenige Begriff sei, der geschaffen ist, um an die Stelle der alten, grob-empirischen, unspezifischen „Konstitutionspathologie" zu treten. Denn es handelt sich hier doch letzten Endes um die Lehre von der Krankhaftigkeit der Resistenz des Organismus, d. h. um die Lehre von der Krankhaftigkeit seiner Widerstandskraft gegenüber bestimmten pathogenen Einflüssen.

Aufgaben der Resistenzpathologie. Dispositions- oder Resistenzsymptome. Die Dispositionspathologie oder die Resistenzpathologie hat also zunächst die Abhängigkeit bestimmter Erkrankungsvorgänge von bestimmten Eigenheiten des menschlichen Organismus zu erforschen. Da es sich hier in erster Linie nur um Eigenheiten handeln kann, die selbst noch nicht als krankhaft zu bezeichnen sind, so decken sich diese Eigenheiten mit denjenigen Charakteren, die wir oben als Konstitutionssymptome bezeichnet hatten. Es handelt sich also darum, festzustellen, inwieweit sich solche dauerhafteren Eigenschaften bestimmten Krankheiten gegenüber als Dispositions- bzw. Resistenzsymptome erweisen. Als Eigenschaften mit dispositioneller Bedeutung kommen sowohl funktionelle wie morphologische in Betracht, und man kann dementsprechend zwei Unterabteilungen der Resistenzpathologie unterscheiden:

1. Die Erforschung der individuellen Variationen in der Funktionsfähigkeit der Organe, und die Feststellung der Bedeutung dieser verschiedenen Funktionstüchtigkeit für die Entstehung bestimmter Krankheiten (funktionelle Resistenzpathologie).

2. Die Erforschung der morphologischen Variabilität des Menschen und die Feststellung der Bedeutung der einzelnen Variationen für die Krankheitsentstehung (morphologische Resistenzpathologie).

Schließlich wäre noch festzustellen, in welchen Beziehungen das Auftreten der einzelnen Krankheiten zueinander steht. Und zwar würde es sich erstens darum handeln, zu erforschen, welche Krankheiten oft gleichzeitig miteinander bestehen (Diabetes und Pyodermien, Gicht und Migräne), und zweitens, welche Krankheiten gehäuft bei Individuen auftreten, die in früheren Altersstufen an bestimmten Affektionen anderer Art (z. B. Lymphdrüsenschwellungen, exsudative Prozesse usw.) gelitten haben.

Funktionelle Resistenzpathologie. Die funktionelle Resistenzpathologie beschäftigt sich mit dem Nachweise des Vorhandenseins von alimentärer Glykosurie, Hypercholesterinämie, Phosphaturie — um nur wenige Beispiele zu nennen — und mit der Bedeutung dieser Anomalien für die Entstehung etwa eines Diabetes, einer Xanthomatose bzw. einer nongonorrhoischen Urethritis.

Morphologische Resistenzpathologie. Die morphologische Resistenzpathologie untersucht die verschiedenen Abweichungen im Körperbau und die Beziehung dieser Abweichungen zu bestimmten Leiden, z. B. zur Tuberkulose. Solche Abweichungen können einmal in Eigenschaften bestehen, die als Einzelsymptome der sog. Konstitutionsanomalien angesehen werden, z. B. Verminderung des Brustumfanges, Costa decima fluctuans, Verkürzung und Verknöcherung des ersten Rippenknorpelpaares, Hyperplasie bestimmter Lymphdrüsen, oder sie können sich auf Dinge beziehen, für die ein Zusammenhang mit den anomalen Konstitutionstypen nicht behauptet worden ist.

Anthropologische Resistenzpathologie. Bei diesen handelt es sich aber besonders oft auch um Eigenschaften, die gleichzeitig Gegenstand der systematisch-anthropologischen Forschung sind, also um sog. Rassenmerkmale. Die Kenntnis solcher Rassenmerkmale und ihrer Beziehung zu bestimmten Krankheiten gehört also gleichfalls in den Rahmen der Dispositions- oder Resistenzpathologie. Man könnte diese Unterabteilung der morphologischen Resistenzpathologie (funktionelle Eigenschaften spielen ja in der Anthropologie eine verhältnismäßig geringe Rolle) als anthropologische Dispositionspathologie oder anthropologische Resistenzpathologie bezeichnen. Als Beispiel möchte ich daran erinnern, daß nach Zielinsky und Polansky dolichozephale Menschen eine besondere Neigung zu Lungentuberkulose haben sollen (demnach müßten auch große Menschen an Tuberkulose leichter erkranken als kleine, da die Dolichozephalie bekanntlich in Korrelation zur Körpergröße steht); nach Bouchereau, Jesionek u. a. soll die Schwindsuchtsdisposition der Blonden größer sein als die der Brünetten (dies könnte im Zusammenhange stehen mit der von verschiedenen Forschern behaupteten, von anderen aber bestrittenen geringen Tuberkulosedisposition der Juden); nach einigen Autoren sollen allerdings wiederum gerade die Brünetten besonders gefährdet sein. Noch andere meinen, daß die Rothaarigen eine besonders geringe Resistenz gegen die Tuberkelbazillen besitzen. Darier glaubt auch, daß zwischen der bei der mediterranen Rasse besonders häufigen männlichen Hypertrichose und der Tuberkulose kausale Zusammenhänge bestehen.

Methoden der Resistenzpathologie. Fast alle solche resistenzpathologischen Angaben bedürfen aber der Nachprüfung, ja, sie bedürfen meist auch noch des ersten Beweises. Denn sie spiegeln gewöhnlich nur subjektive, oft mit temperamentvoller Intuition erfaßte Eindrücke wieder, welche die betreffenden Autoren an ihrem Krankenmaterial so nebenbei gewonnen haben. Und auch da, wo schon größere oder kleinere Statistiken den Angaben der Autoren zugrunde liegen, ist im allgemeinen eine Nachprüfung nicht weniger notwendig, weil gewöhnlich das Vergleichsmaterial fehlt. Denn um die Korrelation zwischen einem Konstitutionssymptom und einer Krankheit, wie z. B. der Tuberkulose, kennen zu lernen, muß nicht nur festgestellt werden, bei wieviel Prozent der Tuberkulösen, sondern auch bei wieviel Prozent der Nichttuberkulösen das betreffende Stigma vorhanden ist.

Solche statistischen Untersuchungen stoßen aber meist auf enorme Schwierigkeiten, weil das Vergleichsmaterial der Gesunden nach mehrfacher Richtung anders zusammengesetzt zu sein pflegt als das Krankenmaterial, so daß ein unmittelbarer Vergleich nicht möglich ist, und die verschiedensten Deutungen der Ergebnisse Platz greifen können. Besonders pflegt das Vergleichsmaterial in bezug auf Geschlecht,

Alterszusammensetzung, Abstammung u. dgl. von dem Krankenmaterial
zu differieren. Ein sehr wunder Punkt solcher vergleichender Untersuchungen besteht in der Schwierigkeit, die Wirkungen einer sozialen
Auslese auszuschalten, was doch z. B. gerade bei einer so eminent
sozial bedingten Erkrankung wie bei der Tuberkulose von besonderer
Wichtigkeit ist. Die Untersuchung bestimmter Konstitutionssymptome
auf ihre dispositionspathologische Bedeutung erfordert deshalb ein-
wandfreie statistische Methoden und stets ein größeres Material. Ich
habe seinerzeit an anderer Stelle darauf hingewiesen[1]), daß besonders
in bezug auf die Abhängigkeit der Tuberkulose von den verschiedenen Konstitutionsstigmen die sog. Gattenmethode Wilhelm Wein-
bergs im klinischen Betriebe verwertbar wäre, bei der außer den
Kranken gleichzeitig deren gesunde Ehegatten auf die betreffenden
Stigmen hin untersucht werden. Dadurch erhält man ein auch bezüglich der sozialen Zusammensetzung wirklich repräsentatives Vergleichsmaterial, das einem gestattet, sich über die Verschiedenheiten
in der Häufigkeit der betreffenden Stigmen bei Kranken und bei Gesunden ein einwandfreies Urteil zu bilden.

Korrelation zwischen Konstitutionssymptom und Krankheit.
Solche Untersuchungen, welche die Korrelation zwischen bestimmten
einzelnen Konstitutionssymptomen und bestimmten Krankheiten aufklären, sind aber zum tieferen Eindringen in die Resistenzpathologie
unumgänglich notwendig. Denn bevor wir nicht wissen, ob z. B. der
Habitus phthisicus bzw. seine einzelnen Symptome und ihre Kombinationen bei Tuberkulösen wirklich wesentlich häufiger angetroffen
werden als bei Nichttuberkulösen, hat es wenig Zweck, über die Bedeutung derartiger Konstitutionsanomalien für die Tuberkuloseätiologie
viel zu diskutieren. Die Feststellung der Korrelation zwischen
Konstitutionssymptom und Krankheit ist die dringendste Forderung der Dispositionspathologie. Erst nachdem sie, wenigstens bis zu
einem gewissen Grade, erfüllt ist, wird es sich wirklich lohnen, speziellere
Fragen der Dispositionspathologie anzugehen. Erst wenn wir sicher
wissen, daß z. B. die Costa decima fluctuans bei Tuberkulösen wesentlich häufiger als bei Nichttuberkulösen angetroffen wird, hat es wirklich Sinn, die Frage aufzuwerfen, ob die Costa decima fluctuans die
Ursache (d. h. eine wesentliche Mitursache) der Tuberkulose, ob sie
umgekehrt die Folge einer frühzeitigen tuberkulösen Infektion ist,
oder ob schließlich Costa decima fluctuans und Tuberkulose koordi-
nierte Symptome einer dritten, noch festzustellenden Erscheinung
(z. B. Längenwachstum) sind. Ein tieferes Eindringen in die Dispositionspathologie, d. h. in die Kenntnis der Abhängigkeit der Krankheitsentstehung von bestimmten, noch nicht direkt krankhaften menschlichen Eigenheiten, und damit ein tieferes Eindringen in die Kenntnis
der prämorbiden Persönlichkeit (des prämorbiden Phänotypus) ist also

---

[1]) Siemens, Über eine Aufgabe und Methode der Konstitutionsforschung.
Beitr. z. Klinik d. Tuberkulose 43, 327. 1920.

erst in weiterem Ausmaß möglich, nachdem die wichtige Vorfrage nach der Korrelation zwischen bestimmten Stigmen zu bestimmten Krankheiten beantwortet ist. Die sog. Konstitutionspathologie, die wir als Dispositions- oder Resistenzpathologie bezeichnet hatten, sieht sich also vorerst nicht nur vor anatomische und experimentell-klinische, sondern vor allem vor große statistische Aufgaben gestellt.

Die Ursache der Korrelation. Freilich ist mit der statistischen Feststellung der Korrelation allein noch nicht alles erledigt. Denn es wird sich sodann erst die Frage aufwerfen nach der Ursache dieser Korrelation im einzelnen Falle, eine Frage, die wir schon oben berührt hatten. Manchmal wird bereits das Ergebnis der statistischen Feststellungen die Möglichkeit geben, diese Frage zu klären. In der Folge aber wird hier wieder die anatomische und die klinisch-experimentelle Forschung einsetzen müssen, um in Gemeinsamkeit mit ihrer Schwester, der Statistik, der Resistenzpathologie zu der ihr zukommenden Bedeutung zu verhelfen.

Disposition.

Disposition und Krankheit. Disposition ist ein Maß für die Häufigkeit, mit der der augenblickliche Zustand eines Organismus (beim Vorhandensein gewisser auslösender Faktoren) zu einer Erhaltungsgefährdung wird. Eine Disposition ist also an sich noch nicht eine Krankheit, wenn auch die Grenze zwischen beiden Begriffen keine scharfe ist. Man könnte das Verhältnis der beiden Begriffe zueinander etwa so ausdrücken, daß man sagt, die Erhaltungsgefährdung, die das wesentliche Moment beider ausmacht, sei bei der Krankheit eine unmittelbare, bei der Disposition eine mittelbare.

Relativität des Dispositionsbegriffs. Wir hatten schon ausgeführt, daß jede Krankheit, überhaupt jede Eigenschaft, als ein Produkt aus inneren und äußeren Faktoren aufgefaßt werden kann, daß also — anders ausgedrückt — jede Krankheit ein Produkt aus Disposition und Exposition ist. Eine Krankheit, welcher Art ihre Ursache auch immer sein mag, ist also ohne Disposition des betreffenden Individuums nicht zu erklären. Freilich ist die Rolle dieser Disposition beim Zustandekommen eines Leidens oft so gering, daß sie praktisch vernachlässigt werden darf und vernachlässigt werden. muß. Theoretisch ist aber auch zur Wirkung eines groben Traumas, z. B. eines tödlichen Keulenschlags gegen den Kopf, eine bestimmte Disposition notwendige Vorbedingung; denn schließlich kann man sich doch unschwer ein Lebewesen vorstellen, das einen so harten Schädel hat, daß es bei der gleichen Gewalteinwirkung keinerlei Erhaltungsgefährdung erleiden würde. In der Tat herrschen ja auch beim Menschen große individuelle Unterschiede in bezug auf den Widerstand, den die einzelnen Gewebe traumatischen Einwirkungen entgegenzusetzen vermögen.

Man kann diesen Gedankengang dialektisch noch weiterspinnen und sagen, daß das Leben eine Disposition zum Tode abgibt, denn wer nicht lebt, kann nicht sterben — so daß man schließlich zu dem absonderlichen Satz kommt, daß in unserem Beispiel das Leben, und nicht der Keulenschlag die Ursache des Todes gewesen sei. Dieser Satz kann nur deshalb nicht als richtig bezeichnet werden, weil wir ja übereingekommen waren, als Ursache die für unser Verständnis eines Vorgangs wichtigste Bedingung zu definieren. Diese wichtigste Bedingung ist hier aber vom medizinischen Standpunkt aus natürlich der Keulenschlag. Das Beispiel veranschaulicht aber recht eindringlich die Relativität, die allen diesen Begriffen eigen ist.

Disposition und Exposition. Infolge dieser Relativität ist auch derjenige Begriff, der meist als Gegensatzbegriff der Disposition aufgefaßt wird, nämlich der Begriff der Exposition, nicht immer scharf von der Disposition abzutrennen, ja, beide decken sich sogar zum größten Teil. Vor allem fallen sehr viele Dinge unter den Begriff der Disposition (Erkrankungswahrscheinlichkeit), die eigentlich auf Exposition beruhen. Die große Disposition zu Pesterkrankung, welche in Indien die Eingeborenen im Gegensatz zu den zugezogenen Europäern zeigen, ist eine Folge davon, daß die Inder in unreinlicheren Wohnungen leben und daher dem Infektionserreger stärker exponiert sind. Die besondere Disposition mit verdorbenem Mais ernährter Menschen, unter dem Einfluß der Sonnenstrahlen an Pellagra zu erkranken, ist gleichfalls auf äußere Einflüsse zurückzuführen (ungeeignete Ernährung), und kann deshalb aufgefaßt werden als eine Folge der erhöhten Exposition gegenüber den im verdorbenen Mais vorhandenen Toxinen. Jede generelle Exposition kann überhaupt ohne weiteres als Disposition bezeichnet werden. Denn Disposition im weiteren Sinne ist überhaupt jede Korrelation zu einer bestimmten Krankheit, die sich statistisch erfassen läßt.

Idiotypische und paratypische Disposition. Es erscheint deshalb viel zweckmäßiger, statt der Trennung in Disposition und Exposition eine Unterscheidung von idiotypischer und paratypischer Disposition anzustreben. Wir brauchen dann nicht mehr zwischen einer „eigentlichen" Disposition und einer „auf Exposition beruhenden Disposition" zu unterscheiden, sondern können mit einem Wort denjenigen Punkt bezeichnen, der für eine medizinische Betrachtung der entscheidende ist: ob es sich um eine erbliche Erscheinung handelt, die nur durch die Selektion, die Ausmerzung der Behafteten, zu „heilen" geht, oder ob wir es mit einer nur nebenbildlichen Erkrankungsneigung zu tun haben, die sich durch Änderung des allgemeinen Milieus oder bestimmter Umweltfaktoren beheben läßt.

Bezüglich der Durchführbarkeit und der prinzipiellen Bedeutung einer Trennung in idiotypische und paratypische Disposition gilt genau das gleiche, was über die Trennung von idiotypischer und paratypischer Krankheit gesagt worden ist. Auch hier gibt es reine Fälle der einen oder der andern Art, dazwischen aber eine Kette von Mischformen, bei denen idiotypisch- und paratypisch-dispositionelle Momente zusammenspielen. In jedem einzelnen Fall aber, in dem sich die idiotypische oder paratypische Natur einer bestimmten Disposition wirklich ergründen läßt, ist diese Feststellung von eminenter Bedeutung für Prognose und Indikation.

Phänotypische individuelle Disposition. Daß es starke tatsächliche (phänotypische) Unterschiede in der Disposition der Einzelwesen bestimmten Noxen gegenüber gibt, ist eine sehr banale Wahrheit. Schon bei Einzelligen derselben Kolonie kann man eine verschiedene Resistenz den mannigfachsten Eingriffen gegenüber beobachten. Bei Versuchstieren konnten Dispositionsverschiedenheiten der einzelnen Individuen oft festgestellt werden: Hamburger fand bei einigen mit Tuberkulose ganz übereinstimmend erst- und reinfizierten Meerschweinchen sehr verschiedene Arten der Reaktion; Segawa fand große individuelle Verschiedenheiten bei zwecks Erzeugung einer Polyneuritis vitaminfrei ernährten Hühnern; Fischl beobachtete starke individuelle Unterschiede in der Reaktionsfähigkeit seiner Versuchstiere auf intravenöse Injektion von Thymusextrakt. Beim Menschen tritt die verschiedene individuelle Disposition am auffälligsten zutage bei den sog. Idiosynkrasien. Der idiosynkrasische Mensch reagiert bekanntlich mit den schwersten Krankheitssymptomen auf irgendeine Substanz, die für fast alle andern Menschen völlig unschädlich ist. Bekannte, bei einzelnen Menschen Idiosynkrasie-erzeugende Stoffe sind unter den Nahrungsmitteln Krebse, Hummern, Austern, Erdbeeren, Morcheln, unter den Arzneimitteln Jodoform, unter Stoffen, die weder zur Nahrung noch zur Medikation dienen, die Primula obconica, durch die so häufig Ekzeme hervorgerufen werden. Die individuelle Empfindlichkeit kann so weit gehen, daß ausgedehnte Dermatitiden durch eine solche Primel, die vertrocknet und vergessen in einer Zimmerecke steht, ausgelöst und unterhalten werden. Selbst gegen grobe Parasiten, wie Mücken, Läuse und Flöhe besitzen die einzelnen Menschen eine ganz auffallend verschiedene Empfindlichkeit. Weber berichtet sogar über einen Mann, der mehrmals nach einem Mückenstich ein schweres zerebrales Krankheitsbild bekam.

Idiotypische individuelle Disposition. In manchen Fällen ist es unzweifelhaft, daß solche erscheinungsbildlichen oder phänotypischen Dispositionsunterschiede der Individuen idiotypisch bedingt sind. Ganz sichere Beispiele für idiotypische Dispositionen hat die experimentelle Vererbungsforschung aufgedeckt: die Rostempfindlichkeit und die Winterfestigkeit des Weizens konnten als mendelnde, also an bestimmte Erbanlagen gebundene Charaktere nachgewiesen werden, ebenso die Kälteempfindlichkeit der Mirabilis jalapa (Wunderblume). Auch für manche Infektionskrankheiten des Menschen ist das Bestehen einer bei den einzelnen Individuen stark verschiedenen idiotypischen Disposition nicht unwahrscheinlich; besonders für die Tuberkulose werden von vielen Autoren im Anschluß an die Untersuchungen Turbans über die Erblichkeit des Locus minoris resistentiae idiotypische Dispositionsunterschiede angenommen, von anderen freilich ebenso energisch bestritten.

Der Nachweis idiotypischer Einzeldispositionen ist aber beim Menschen
sehr schwer zu erbringen, weil auch hier nur die Sicherstellung der
Erblichkeit dieser Disposition oder die Sicherstellung einer auffallenden
Korrelation zwischen einer bestimmten Krankheit und einem bestimmten
als erblich erwiesenen Konstitutionssymptom wirklich überzeugen könnte.

Paratypische individuelle Disposition. Auch das Bestehen sicher
paratypischer Dispositionen unterliegt keinem Zweifel. Hunt konnte
die Disposition weißer Mäuse für Morphiumvergiftung durch Fütterung
geringer Mengen von Schilddrüsensubstanz nicht unwesentlich steigern.
Beim Menschen kann z. B. Jodempfindlichkeit (Disposition zu Jod-
basedow) durch geistige Überanstrengung erworben werden (Oswald).
Daß Betrunkene, also alkoholvergiftete Männer, (wie überhaupt Be-
wußtlose) eine besonders geringe Disposition zu Knochenfrakturen
haben, ist bekannt. Der Grund dafür liegt in dem Umstand, daß
bei ihnen die Muskelkontraktionen, die ein wesentliches Moment beim
Zustandekommen von Knochenbrüchen bilden, schwächer sind. Auch
die Infektionskrankheiten bieten uns manches eindrucksvolle Beispiel
für paratypische Dispositionen. Die geringe oder fehlende Disposition
der meisten Erwachsenen für Morbili z. B. darf wohl ganz wesentlich
als paratypisch bezeichnet werden, da dieser Zustand gewöhnlich erst
durch das Überstehen der Infektion in der Kindheit erworben wird.

Generelle oder Gruppendisposition. Eine große Rolle spielen in
der Literatur Rassen-, Geschlechts-, Alters-, Berufs- und ähnliche Dispositionen. Ich fasse alle diese Dispositionen als generelle oder
Gruppendispositionen zusammen, und stelle sie als solche den
individuellen oder Einzeldispositionen gegenüber. Auch die Gruppendispositionen können idiotypisch oder paratypisch oder gleichzeitig
auf beide Arten bedingt sein.

Einteilung der Gruppendispositionen. Man kann eine große Reihe
von Gruppendispositionen aufstellen, denn überall, wo aus einem
größeren Menschenmaterial solche Personen, die irgendeine bestimmte
Eigenheit gemeinsam haben, oder die sonst bezüglich irgendeines bestimmten Momentes übereinstimmen, zu einer Gruppe zusammengefaßt
werden, kann man von Gruppendisposition sprechen, sofern diese
Gruppe infolge des sie von der übrigen Bevölkerung unterscheidenden
Momentes eine besonders große Wahrscheinlichkeit hat, an einem bestimmten Leiden zu erkranken. Derartige Gruppen lassen sich vor
allem zusammenstellen, wenn man ein größeres Material lebender
Wesen betrachtet und sondert nach

> systematisch-naturwissenschaftlichen Symptomen (Art-, Rassen-,
> Geschlechtsmerkmalen)
>
> Konstitutionssymptomen
>
> Krankheitssymptomen
>
> Alter
>
> Lebensart
>
> Lebensort
>
> Lebenszeit.

Die Aufstellung solcher Gruppendispositionen hat allerdings keine große Bedeutung, zumal die einzelnen Gruppen auch vielfach ineinander spielen. Doch bedient man sich ihrer aus praktischen Gründen sehr oft, so daß es notwendig erscheint, kurz auf die einzelnen Arten der Gruppendispositionen einzugehen.

Artdisposition. Unter den systematisch-naturwissenschaftlichen Zeichen, mit deren Hilfe man in bezug auf Krankheitsdispositionen besonders veranlagte Gruppen bilden kann, nehmen die Artmerkmale die erste Stelle ein. Daß die Disposition der einzelnen Arten gegenüber äußeren Noxen sehr verschieden ist, braucht nicht erst betont zu werden. Igel sind gegen Schlangengift und Canthariden, Schildkröten gegen Tetanustoxin, Kaninchen gegen Morphium und Atropin unempfindlich, das Huhn kann nicht mit Tetanus, die Ratte nicht mit Milzbrand, der Hund nicht mit Typhus infiziert werden. Der Gonokokkus ist nur für Mensch und Affe, die Syphilisspirochäte, soweit näher bekannt, nur für Mensch, Affe und Kaninchen pathogen. Die Kenntnis der verschiedenen Artdispositionen ist für den experimentell arbeitenden Mediziner oft von großer Wichtigkeit.

Rassendisposition. Auch die einzelnen Rassen innerhalb einer Art können jedoch sehr erhebliche Dispositionsunterschiede aufweisen. Schon bei Mäusen läßt sich beobachten, daß die weißen und die grauen Rassen gegen bestimmte Ansteckungen verschieden empfindlich sind, und das die gelben besondere Neigung zu Fettsucht und zu Aszites haben. Auch beim Menschen sind die Krankheitsdispositionen der einzelnen Rassen in vieler Beziehung sicher verschieden. Doch weiß man darüber noch recht wenig Sicheres, trotzdem die „Rassenpathologie" doch ein so interessantes und wichtiges Wissensgebiet ist, daß sie es wohl verdienen würde, zu einem Teilgebiet der wissenschaftlichen Pathologie entwickelt zu werden. Es steht wohl außer Zweifel, daß in der Wärmeregulationsfähigkeit erhebliche Rassenunterschiede bestehen; auf derartigen Unterschieden beruht vielleicht zu einem großen Teil die mangelnde Akklimationsfähigkeit der blonden Rasse in den Tropen. Für Tuberkulose sollen Angehörige farbiger Rassen aus tropischen Gegenden besonders empfindlich sein; jedenfalls ist die Ansicht sehr verbreitet, daß sie bei uns — ebenso wie die aus tropischen Gegenden importierten Affen — besonders häufig dieser Infektionskrankheit erliegen. Daß die Blonden häufiger als die Brünetten an Gelenkrheumatismus und Schwindsucht leiden, scheinen große amerikanische und französische Statistiken von Baxter und Gould und von Bouchereau zu erweisen. Oft wird auch behauptet, daß manche Negerstämme eine besonders große Disposition zur Bildung von Keloiden hätten.

Idiotypische und paratypische Rassendisposition. Die besonderen Artdispositionen beruhen meist auf erblichen Unterschieden; für die Rassendispositionen trifft dies aber sehr oft nicht zu. Die große Tuberkulosemortalität der nach Europa eingewanderten Farbigen ist z. B. nach Ansicht mancher Autoren zum größten Teil nur eine

Folge des Klimawechsels. Häufig beruhen Unterschiede der Rassendispositionen gerade Infektionskrankheiten gegenüber wohl einfach auf erworbenen Immunisierungsvorgängen, müssen also den paratypischen Dispositionen bzw. Resistenzen zugezählt werden. Auf diese Weise erklärt sich z. B. vielleicht die Tatsache, daß Eingeborene im allgemeinen weniger an Malaria zu leiden haben als Fremde, die aus malariafreien Ländern stammen. Daß sich manche Rassendispositionen aus der verschiedenen Lebensweise der betreffenden Rassen erklären lassen, wurde schon vorhin an dem Beispiel der erhöhten Pestdisposition der einheimischen Inder erläutert.

Anthropologische Dispositionspathologie. Eine „anthropologische Dispositionspathologie" müßte an praktischem Wert um so mehr steigen, je mehr es ihr gelänge, die ganz oder vorwiegend idiotypischen Rassendispositionen von den paratypischen zu trennen. Die die moderne Vererbungsbiologie beherrschenden Unterschiede des Idiotypischen und des Paratypischen dürfen also auch bei der Erforschung der Rassendispositionen niemals außer Acht gelassen werden.

Geschlechtsdisposition. Als eine Unterart der anthropologischen Merkmale kann man auch die Geschlechtsmerkmale auffassen. Denn ohne mit unsern modernen biologischen Vorstellungen in Konflikt zu kommen, kann man sich vorstellen, daß die beiden Geschlechter zwei idiotypisch verschiedene Organismenformen sind, die in Sexual-Symbiose miteinander leben. Die zytologische Vererbungsforschung hat uns ja gelehrt, daß die Ursache der Geschlechtsdifferenzierung in einer Verschiedenheit bestimmter Erbanlagen zu suchen ist; dieses Verhalten entspricht aber im Prinzip durchaus dem Wesen der Rassendifferenzierung. Die Verschiedenheit der Geschlechter ist zudem nicht geringer sondern größer, als die der anerkannten Rassen, und bei manchen Lebewesen ist sie so enorm, daß man die männlichen und die weiblichen Individuen als verschiedene Arten, ja selbst als verschiedene Gattungen klassifiziert hat. Die Geschlechtsdisposition kann also einfach als ein Spezialfall der Art- oder der Rassendisposition betrachtet werden.

Idiotypische und paratypische Geschlechtsdisposition. Auch unter den Geschlechtsdispositionen gibt es idiotypische und paratypische sowie das Heer solcher, bei denen unsere Kenntnisse zu einer Entscheidung über die erbliche Bedingtheit noch nicht ausreichen. Als idiotypische Geschlechtsdisposition kann man wohl die Erscheinung bezeichnen, daß die Weiber mehr zu Obesitas neigen als die Männer; daß sie, auch wenn sie nicht gestillt haben, häufiger an Brustdrüsenkarzinom erkranken; daß bei ihnen häufiger Schenkelhalsfrakturen eintreten, — weil nämlich die senile Osteoporose beim Weibe früher einsetzt. Auch die Besonderheiten des weiblichen Geschlechtslebens, Defloration, Menses, Gravidität, Partus, Laktation und Menopause, bedingen Verschiedenheiten in der männlichen und weiblichen Krankheitsdisposition. Als Beispiel von Geschlechtsdispositionen, für deren Zustandekommen die Bedeutung des Erbbildes unsicher ist, nennen wir die erhöhte Neigung der Weiber zu angeborener Hüftgelenksverrenkung und zu orthostatischer Albuminurie. Eigenartig ist, daß die doppelseitige Luxation der Mandibula nach vorn bei Weibern angeblich häufiger gefunden wird, während sonst Luxationen im allgemeinen bei Männern häufiger sind. Die erhöhte Neigung eines Geschlechts zu einer bestimmten Krankheit hängt aber manchmal ganz vorwiegend von äußeren Faktoren ab. Schon der Umstand, daß die Männer häufiger als die Weiber an Atherosklerose erkranken, erklärt sich wohl ganz wesentlich durch die stärkere körperliche und gemütliche Inanspruchnahme des Mannes durch seinen Beruf, vielleicht auch durch die häufigere Infektion mit Syphilis. Überhaupt können alle Berufsdispositionen, auf die wir noch später zu sprechen kommen, soweit sie rein männliche bzw. rein weibliche Berufe betreffen, gleichzeitig als paratypische Geschlechtsdispositionen aufgefaßt werden. Auch Modesitten, wie das Schnüren der Weiber oder der Alkoholismus und Nikotinismus der Männer sind nicht selten die Ursache besonderer paratypischer Geschlechtsdispositionen.

Disposition der Konstitutionssymptome. Wir können aber auch solche Gruppen auf ihre Dispositionen hin untersuchen, die nicht nach Zeichen mit systematisch-anthropologischer Bedeutung gebildet sind, sondern nach anthropologisch belanglosen Konstitutionssymptomen. Eine scharfe Grenze zwischen anthropologischen und nicht-anthropologischen Konstitutionszeichen läßt sich allerdings nicht ziehen. Die Körpergröße z. B. soll zu gewissen Leiden, z. B. zur Tuberkulose eine erhöhte Disposition schaffen, der Breitwuchs und die Brustbehaarung der Männer soll in besonders enger Korrelation zum Diabetes stehen. Derartige Symptome lassen sich aber sowohl vom systematisch-anthropologischen Standpunkt aus, als auch ohne dessen Berücksichtigung einfach vom Gesichtspunkt der Konstitutionsforschung betrachten. Schließlich gibt es Konstitutionssymptome, denen unseren augenblicklichen Kenntnissen nach keinerlei anthropologische Bedeutung zukommt. Hierher gehören z. B. zum großen Teil diejenigen Stigmen, aus denen sich die sog. Konstitutionsanomalien zusammensetzen. Wenn wir eine Gruppe aus den Leuten mit Costa decima fluctuans bilden und sie den übrigen Menschen gegenüberstellen, so werden wir auch hier vielleicht wesentliche Verschiedenheiten in bezug auf bestimmte Dispositionen beider Gruppen finden. Ebenso kann man Gruppen bilden aus Trägern von Konstitutionssymptomen, die in keinem Zusammenhang mit den bekannten anomalen Konstitutionstypen stehen. So soll z. B. nach der Ansicht verschiedener Forscher die Scapula scaphoidea oder die Biacanthie an den Dornfortsätzen der unteren Brust- und oberen Lendenwirbel in enger Korrelation zur Tuberkulose stehen, was freilich von anderer Seite energisch bestritten wird. Alle derartigen Konstitutionssymptome brauchen natürlich nicht idiotypischer Natur zu sein; der Streit um die sekundäre Entstehung des Habitus phthisikus als Folge einer frühzeitigen tuberkulösen Infektion ist ja bekannt. Aber nicht nur körperliche sondern auch psychische Eigenschaften können bestimmte Dispositionen bedingen und folglich zu den Konstitutionssymptomen gerechnet werden. Der Mutige z. B. läuft besonders große Gefahr, daß ihm Unfälle aller Art zustoßen. Selbst der Tod im Felde oder die Erwerbung der syphilitischen Infektion trifft häufiger männliche aktive Naturen als Vorsichtige, Feminine und Feiglinge. Da ein erhöhter Mut auch als männliches Geschlechtsmerkmal aufgefaßt werden kann, so kann man hier auch von bestimmten Geschlechtsdispositionen reden. Freilich entscheidet in den meisten Fällen nicht nur der Mut darüber, ob jemand eine Syphilis erwirbt oder nicht. Die erhöhte Syphilisdisposition der Männer ist vielmehr auch von anderen psychischen Komponenten (mangelndes Verantwortungsgefühl) und von äußeren Bedingungen (die größere Freiheit unserer geschlechtlichen Sitten beim Manne als Folge seiner mehr polygamen Natur und seiner geringeren physischen Abhängigkeit von den generativen Funktionen) abhängig. Nicht nur die Disposition zur Erwerbung sondern auch die zur Heilung von Krankheiten kann von psychischen Faktoren abhängen. Dies ist besonders in die Augen springend bei der Lungentuberkulose, bei welchem Leiden die phlegmatischen, ruhigen Naturen eine viel bessere Prognose bieten als die lebhaften, beweglichen, die zur Durchführung einer konsequenten Liegekur nicht fähig sind.

Disposition der Krankheitssymptome. Nicht nur Konstitutionssymptome, die ja als solche noch nicht als krankhaft bezeichnet werden können, da sie die Erhaltungswahrscheinlichkeit (= die Gesundheit) des Individuums noch nicht wesentlich beeinträchtigen, sondern auch wirkliche Krankheiten bzw. wirkliche Krankheitssymptome können wiederum Dispositionen zu bestimmten anderen Krankheiten bedingen. Der Diabetes bzw. das Symptom der Hyperglykämie ist z. B. mit einer erhöhten Disposition zu schweren Pyokokkeninfektionen der Haut verbunden. Der Astigmatismus (der wohl stets idiotypisch ist) führt gern zu Myopie. Die Taubstummheit (die paratypisch sein kann, z. B. durch Meningitis erworben) oder die Blindheit bedingen eine erhöhte Wahrscheinlichkeit, Unfällen verschiedener Art zum Opfer zu fallen. Aber auch die Gesundheit bringt spezielle Krankheitsdispositionen mit sich. Hierhin kann man schon die meisten Berufsdispositionen rechnen, da es doch eben nur einigermaßen gesunden Menschen möglich ist, ihrem Berufe nachzugehen. In höherem Maße gilt das aber für solche Dispositionen, deren Vorbedingungen nur bei der Ausübung gewisser Sportarten gegeben sind. Jeder Sport, besonders der Bergsport und die Aviatik, bringen die Gefahr ernster Unfälle mit sich. Der Sport kann aber auch zu ganz speziellen Leiden disponieren: die Luxation und Zerreißung der Semilunarknorpel z. B. ist am häufigsten in England bei den Turnspielen beobachtet, da sie durch kraftvolle Rotation des Femurendes bei gebeugtem Knie zustande kommt.

Pathologische und physiologische Disposition. Die erhöhte Disposition zu bestimmten Krankheiten braucht also nicht unbedingt etwas Pathologisches zu sein. Auch die Frau, welche gebärt, hat ja eine größere Wahrscheinlichkeit, von bestimmten Leiden befallen zu werden, als die alte Jungfer. Die Gesundheit als solche bringt also schon gewisse Krankheitsdispositionen mit sich, die man als physiologische Dispositionen den pathologischen gegenüberstellen kann.

Altersdisposition. Auch die Dispositionen solcher Gruppen, die aus Individuen gleicher Altersstufe zusammengesetzt sind, weisen oft große und gesetzmäßige Verschiedenheiten auf. Diese sog. Altersdisposition zeigt sich z. B. darin, daß junge Kaninchen weniger zu Strychninvergiftung neigen oder daß sie gegen Infektion mit Choleravibrionen viel empfindlicher sind als alte. Kleine Kinder sind für Morphin viel empfindlicher, gegen Belladonna und Kalomel viel resistenter als Erwachsene. Auch ist die Empfindlichkeit der Kinder gegen Ruhr besonders groß, während sie gegen Typhus besonders gering ist. Neugeborene sind gegen Masern, Keuchhusten und Varizellen immun, neigen aber mehr als Erwachsene zu Mesenterialdrüsentuberkulose, wohl wegen der größeren Durchgängigkeit des kindlichen Darmes für Tuberkelbazillen. Manche Pilzkrankheiten, wie Favus und Mikrosporie, heilen sogar von selbst ab, sobald die befallenen Kinder das Erwachsenenalter erreichen. Sehr bekannt ist die große Disposition des höheren Alters zu bösartigen Epitheliomen. Aber auch z. B. die Knochenbrüche und Luxationen treten in verschiedenen Altersstufen mit sehr verschiedener Häufigkeit auf. Das mittlere Lebensalter der Erwachsenen stellt das größte Kontingent; im Alter von 30—40 Jahren werden Frakturen besonders häufig angetroffen. Daß die Knochenbrüche im höheren Alter seltener sind, hat sicher zu einem großen Teile seinen Grund darin, daß sich die alten Leute weniger von Berufs wegen oder durch Sport und Vergnügen exponieren. Trotzdem aber kommen Frakturen im höheren Alter noch viel häufiger als bei Kindern vor, bei denen sie, zumal in den ersten zehn Lebensjahren, besonders selten sind. Auch die Art der Knochenbrüche ist bei jungen und alten Individuen im allgemeinen verschieden. Im jugendlichen Alter disponieren besonders die Knorpelfugen zwischen Epiphysen und Diaphyse zu Frakturen, so daß traumatische Epiphysenlösungen relativ häufig sind. Im Alter beruht die Disposition zu Knochenbrüchen dagegen wesentlich auf einer größeren Brüchigkeit der Knochen, d. h. die Frakturhäufigkeit im Alter ist wesentlich eine Folge der senilen Atrophie des Knochengewebes, die durch Rarefizierung der Knochenbälkchen und Vergrößerung der dazwischen liegenden fetthaltigen Räume zu der sog. senilen Osteoporose führt. Frakturen der unteren Extremität haben für alte Leute noch eine besondere dispositionspathologische Bedeutung dadurch, daß das längere Krankenlager, zu dem sie den Patienten zwingen, nicht selten zur Entstehung einer hypostatischen Pneumonie mit tödlichem Ausgang Veranlassung gibt.

Modaldisposition. (Berufsdisposition.) Unter denjenigen Gruppendispositionen, welche Individuen mit gleicher Lebensweise betreffen, und die ich unter dem Namen Modaldispositionen zusammenfassen will, spielen die sog. Berufsdispositionen eine praktisch besonders wichtige Rolle. Ich will auf dieses große und bekannte Kapitel nicht näher eingehen und möchte nur erwähnen, daß manche Berufe sogar zu einer typischen Art und Form der Fraktur disponieren; für Dachdecker ist z. B. der Stauchungsbruch der Wirbelsäule besonders charakteristisch, für Bergleute, Anstreicher, Maurer der Kompressionsbruch des Fersenbeins. Auch die Disposition zur Frakturheilung weist große gruppenweise Unterschiede auf, da z. B. die Rentenempfänger besonders schlechte Heilungsresultate zeigen.

Zu den Gruppen, die aus Individuen mit gleicher Lebensart gebildet sind, und die eine eigene Gruppendisposition aufweisen, kann man auch die schon erwähnte Gruppe der Sportsleute mit ihren typischen Krankheiten (Herzerweiterung, bestimmte Frakturen) rechnen.

(Sozialdisposition.) Hierher gehören ferner auch die besonders bedeutsamen Unterschiede in den Dispositionen der einzelnen sozialen Stände. Daß gewisse Krankheiten wie Noma, Prurigo, Tuberkulose bei armen, andere wie Diabetes und Gicht bei reichen Leuten wesentlich häufiger sind, hat doch eben seinen Hauptgrund in der verschiedenen Lebensweise dieser Kreise. Auch die Dispositionsunterschiede der Land- und Stadtbewohner entspringen zum großen Teil analogen Ursachen. Aber nicht nur das allgemeine Milieu, auch ganz bestimmte Standessitten haben einen Einfluß auf bestimmte Erkrankungswahrscheinlichkeiten der dem betreffenden Stande angehörenden Personen. So wie die Mitglieder der sozial führenden Kreise im Kriege als Offiziere relativ häufiger fallen bzw. verwundet werden als die kleinen Leute und das Proletariat, so sind sie im Frieden z. B. durch die Sitte des Duells bestimmten Traumen in höherem Maße exponiert.

Lokaldisposition. Auch die Gruppierung der Individuen nach dem Ort, an dem sie leben, läßt erhebliche Unterschiede der Gruppendisposition erkennen. Die genaueren Daten hierüber beizubringen, wäre Aufgabe einer geographischen Pathologie. Das bekannteste Beispiel von Lokaldisposition stellen die sog. Tropenkrankheiten dar. Aber auch innerhalb der gemäßigten Zonen gibt es Unterschiede in der örtlichen Disposition. So haben die Individuen, welche in einer Endemiegegend leben, natürlich eine größere Wahrscheinlichkeit, an dem betreffenden endemischen Leiden (z. B. endemischem Kropf) zu erkranken, als die Bewohner endemiefreier Bezirke. Auch die Lebensweise, Speisesitten, besondere Sportpflege, können Unterschiede in der geographischen Verteilung der Krankheiten bedingen. So kann vielleicht die erhöhte Häufigkeit der Gicht in England ebenso wie das schon erwähnte häufige Vorkommen besonderer Sportverletzungen als eine lokal erhöhte Disposition aufgefaßt werden, die ihre wesentlichste Ursache in den Lebenssitten des dortigen Landes (reichlicher Fleischgenuß) findet.

Temporaldisposition. Auch die Individuen, die in verschiedenen Zeitepochen leben, können verschiedene Gruppendispositionen aufweisen. Man könnte hier von Temporaldisposition sprechen. In früheren

Jahrhunderten war bei uns die Wahrscheinlichkeit, an Pocken oder Pest zu erkranken, viel größer als heutzutage, wo Impfung und allgemeine Hygiene einen weitreichenden Schutz gewähren. Zuzeiten einer Epidemie, z. B. der Influenzaepidemie 1917/1919, ist die Wahrscheinlichkeit, von der betreffenden Krankheit befallen zu werden, natürlich besonders groß. Nach der überstürzten Demobilmachung infolge der Revolution ist die Wahrscheinlichkeit, sich mit Syphilis oder Tripper zu infizieren, viel größer geworden als vor dem Kriege. Auch die Jahreszeiten bedingen unterschiedliche Dispositionen, ich erinnere nur an den sog. Frühlingsgipfel der Tetanie.

Allgemeine und lokalisierte Disposition. Man hat die Dispositionen auch noch nach einem anderen Gesichtspunkt in Allgemein- und Organdispositionen eingeteilt, oder noch schärfer: in allgemeine und lokalisierte Dispositionen, und man bedient sich dieser Unterscheidung sehr häufig. Um so notwendiger ist es, darauf hinzuweisen, daß eine derartige Einteilung geeignet erscheint, uns ganz falsche allgemeinpathologische Vorstellungen von dem Wesen der Dispositionen zu vermitteln. Denn das, was wir „Allgemeinleiden" oder „Allgemeindisposition" nennen, kann auch aufgefaßt werden als eine Lokalisation der betreffenden Veränderungen in jenem flüssigen Organ, welches wir Blut heißen, und in den übrigen Säften des Körpers (sog. biochemische Disposition) und von dort ausgehend eine Imbibition (eventuell mit sekundärer Veränderung) vieler oder gelegentlich vielleicht auch aller Organe und Zellen. Selbst die Existenz dieser Art von „Allgemeinimmunität" ist allerdings noch umstritten. Bei den Pflanzen liegen die Dinge relativ klar. Hier sind alle Krankheiten lokalisierte Affektionen, da Nervensystem und freie Zirkulation organischer Substanzen fehlen; freilich handelt es sich dabei mitunter um sehr ausgedehnte Lokalaffektionen. Bei den höheren Tieren dagegen bestehen sehr manigfaltige wechselseitige Beziehungen aller Organe zueinander. Hier gibt es keine Funktion, die unabhängig ist, kein Organ, dessen Form und Bau — theoretisch betrachtet — nicht von allen anderen Körperteilen beeinflußt wird. Die stets wirkenden physiologischen Verkettungen machen auch den menschlichen Körper zu einem Komplex, in dem alles zusammenhängt.

Zellulardispositions-Pathologie. Trotzdem aber bleibt es Aufgabe der anatomischen Forschung den lokalisierten Herd, von dem eine Krankheit oder eine Disposition ausgeht, aufzusuchen. Denn das eigentliche Wesen jeder Reaktionsfähigkeit liegt wie das Wesen jedes krankhaften Vorganges in der Organisation und Funktion bestimmter Zellen. So wie sich die Pathologie allmählich zur Zellularpathologie entwickelt hat, so muß deshalb auch aus der Konstitutionspathologie eine Zellularkonstitutions-Pathologie bzw. aus der Dispositionspathologie eine Zellulardispositions-Pathologie werden. Anatomisch betrachtet muß also jede allgemeine und jede Organdisposition letzten Endes auf eine Disposition bestimmter Zellen und Zellgruppen zurückgeführt werden. Und so wird es die Aufgabe der anatomischen

Forschung, auch in der Dispositionspathologie den alten Konstitutiona-
lismus mit fortschreitender Kenntnis immer mehr durch den Organi-
zismus und schließlich durch den Zellularismus zu überwinden.

Auch die mendelistische Erblichkeitslehre zeigt uns, wie bei näherem
Zusehen so manche „Allgemeinerkankung" und „Allgemeindisposition"
verschwindet; denn sie lehrt uns, eine ganze Anzahl solcher allgemein
erscheinender Krankheiten oder normaler Eigenschaften noch ganz
besonders streng zu lokalisieren, nämlich auf eine besondere Beschaffenheit bestimmter Erbanlagen zurückzuführen, — so daß die Vererbungspathologie noch über den Zellularismus Virchows hinausgehen und
sich den Namen einer Chromosomalpathologie zulegen könnte.
Freilich kann man auch hier umgekehrt sagen, ein erbliches Merkmal
entspräche nicht je einer einzelnen Erbanlage, sondern es sei —
theoretisch betrachtet — jedes Merkmal eine Reaktion des gesamten
Erbanlagenbestandes.   Auch hierdurch zeigt sich jedoch nur, daß die
Trennung von allgemein und lokalisiert in der Pathologie keine realen
Grundlagen hat, sondern bloß verschiedenen Anschauungsweisen ent-
springt.   Letzten Endes beeinflußt eben jeder lokalisierte Erkankungs-
prozeß auch den gesamten übrigen Körper, und von der anderen,
der anatomischen Seite aus betrachtet, kann auch die ausgedehnteste
Krankheit stets als die Folge einer Läsion bestimmter Zellen und
Zellgruppen aufgefaßt werden.

Komplexe Dispositionen. Was die genauere Erfassung einer bestimmten individuellen Disposition besonders erschwert, ist die oft ungeheuer komplexe Natur einzelner Dispositionen. Die Disposition zur Lungentuberkulose z. B. kann abhängig sein von der sog.
biochemischen Disposition, d. h. von der Eigenart des Blutes und der
übrigen Säfte (angeborene Immunität, Fähigkeit zur Erwerbung von
Immunkörpern), von dem Zustand der Blutdrüsen (besonders Thyreoidea)
und ihrer über den ganzen Körper verbreiteten, die biochemische Disposition mitbestimmenden Hormone, von besonderen autochthonen
Eigenheiten bestimmter Organe (z. B. Thoraxanomalien), von der Beschaffenheit der äußeren Schutzapparate gegen eine Infektion (Ver-
hornung, Einfettung, Pigmentierung der Haut [Leute mit grobporiger
Haut infizieren sich z. B. leichter mit Pyokokken],· Beschaffenheit der
Schleimhaut [die Haare in der Nase filtern Staub und Bazillen], der
Atmungswege, des Lymphapparates, der Darmschleimhaut, des Binde-
gewebes) und schließlich von der Beeinflussung der immunisatorischen
Kräfte durch Gifte (Alkohol setzt die Widerstandskraft gegenüber vielen
Krankheiten herab), durch Erschöpfung, vorangegangene Krankheiten,
Hunger, Abkühlung, psychische Erregung, und besonders bei Weibern
durch die generativen Funktionen (Partus und Laktation gefährden
tuberkulöse Frauen).   Andererseits ist natürlich die Disposition auch
von dem Grade und der Art der Exposition abhängig, von dem
Zeitpunkt und dem Wege der Infektion, von der Menge und Virulenz
der Erreger und von einer Reihe ganz unberechenbarer Momente.   Angesichts einer solchen ungeheuerlichen Komplexität des Dispositions-

begriffs scheint sich auch dieser beim näheren Zusehen immer unbegreiflicher zu gestalten. Dennoch steht aber das eine oder andere Moment nicht selten so ausgesprochen im Vordergrunde eines solchen dispositionellen Komplexes, daß es sehr wohl möglich ist, Einzeluntersuchungen anzustellen.

Idiotypische, idiodispositionelle und paratypische Krankheiten. Dies gilt besonders auch von der idiotypischen Disposition zu bestimmten Krankheiten. Gibt es doch Leiden, bei denen die Wahrscheinlichkeit zu erkranken geradezu gleich 1 ist, bei denen also sozusagen die idiotypische Disposition alles ausmacht, und die wir deshalb kurz idiotypische oder erbliche Krankheiten nennen. Das sind diejenigen Affektionen, bei denen die Manifestation einer krankhaften Erbanlage von äußeren oder von anderen erblichen Faktoren gar nicht oder nur in ganz unwesentlichem Grade abhängig ist. Solche erblichen Leiden sind, worauf wir noch ausführlich zu sprechen kommen werden, vor allem die Krankheiten mit regelmäßig dominanter (Brachydaktylie, Fälle von Epidermolysis bullosa), regelmäßig rezessiver (idiotypische Taubstummheit, Ichthyosis congenita) und regelmäßig geschlechtsgebundener (Farbenblindheit, Hämophilie) Vererbung; wenig von anderen Einflüssen abhängig ist die Manifestation mancher unregelmäßig dominanter (Fälle von Epidermolysis bullosa) und unregelmäßig rezessiver (vielleicht Dementia praecox) Krankheiten. Von diesen „erblichen" Krankheiten gibt es alle Übergänge zu solchen Affektionen, bei denen eine äußere Ursache augenfällig, andererseits aber auch eine bestimmte, nicht bei allen Personen vorhandene erbliche Anlage notwendig ist. Diese Krankheiten, bei denen also eine bestimmte idiotypische Disposition ein ausschlaggebendes ätiologisches Moment darstellt, und die wohl den wesentlichsten Teil der sog. Konstitutionskrankheiten ausmachen, sind also nur graduell von den Erbkrankheiten verschieden; die „konstitutionelle" Krankheit ist nur eine erbliche Krankheit mit geringerer Manifestationskraft des Erblichkeitsmoments (eine idiotypische Krankheit mit großer Paravariabilität in unserem gewöhnlichen Milieu bzw. mit großer Mixovariabilität [vgl. dazu die späteren Kapitel]). Einen Übergang von den erblichen Krankheiten zu den konstitutionellen bildet z. B. das Xeroderma pigmentosum, bei dem die Manifestation zwar, so viel wir wissen, dort wo die krankhafte Erbanlage homozygot vorhanden ist, durch kein Mittel zu verhindern geht, wo aber doch der Zeitpunkt des ersten Auftretens meist durch eine diffuse Belichtung im Frühjahr oder gar durch eine Insolation bestimmt wird. Von derartigen Leiden, bei denen die Beeinflussung durch Außenfaktoren noch so gering ist, daß wir sie getrost als „erbliche Krankheiten" bezeichnen können, führen nun alle Übergänge z. B. zur Tuberkulose, zu der, wie man vielfach annimmt, die verschiedenen Individuen eine wesentlich verschiedene erbliche Disposition besitzen, deren Manifestation aber von bestimmten Umweltfaktoren, vor allem natürlich von dem Vorhandensein der Tuberkelbazillen, ihrer Virulenz, sowie der Massigkeit und dem Zeitpunkt der Infektion abhängig ist. Diese Krankheiten, zu deren Entstehung also zwar eine Reihe äußerer Ursachen, gleichzeitig aber auch eine ganz bestimmte idiotypische Disposition (Idiodisposition) notwendig ist, können wir kurz als idiodispositionelle Krankheiten bezeichnen. Und so wie es fließende Übergänge zwischen den idiotypischen und den idiodispositionellen Krankheiten gibt, besteht auch zwischen den idiodispositionellen und den rein „exogenen" (paratypischcn), als deren Beispiel wir die Combustio anführen wollen, keine scharfe Grenze; man könnte eine Reihe darstellen, die mit den ausgesprochen und regelmäßig erblichen Krankheiten beginnt (z. B. Brachydactylie), während bei den folgenden Gliedern der Einfluß äußerer Faktoren allmählich zunimmt, um schließlich bei gleicher allmählicher Abnahme der Macht der Erbanlagen bei den groben Traumen zu enden, wo die äußere Ursache infolge gleicher Empfänglichkeit aller Menschen das allein Entscheidende ist; man könnte also eine Reihe darstellen, die von den idiotypischen zu den idiodispositionellen, und von diesen zu den paratypischen Krankheiten unmerklich überführt.

2. Die experimentellen Grundlagen der Vererbungslehre.

Vererbung bei einem mendelnden Unterschied.

Die Entdeckung des Mendelschen Gesetzes. „Die Vererbungslehre", sagt Martius, „ist zugleich Grundpfeiler und Schlußstein einer jeden wissenschaftlichen Konstitutionspathologie". Die moderne Vererbungslehre verdankt aber ihre Entstehung der im Jahre 1900 erfolgten Wiederentdeckung jenes Vererbungsgesetzes, welches Gregor — eigentlich Johann — Mendel, der Augustinerpater in Brünn war, in den sechziger Jahren gefunden hatte. Mendels grundlegende Versuche waren an einer wenig zugänglichen Stelle veröffentlicht, und so blieb das nach ihm benannte Gesetz bis zur Jahrhundertwende unbeachtet. Die Bedeutung der Mendelschen Entdeckung liegt darin, daß es durch sie gelang, ein zahlenmäßiges Gesetz bei den Vererbungserscheinungen aufzuzeigen; hierdurch wurde gleichsam die Mathematik in die Vererbungswissenschaft eingeführt und die Vererbungslehre trat damit in die Reihe der sog. exakten Naturwissenschaften ein. Sie ist nun dabei, mit Riesenschritten jenen Vorsprung einzuholen, den die Chemie und die Physik in den letzten Jahrzehnten vor den anderen Naturwissenschaften gewonnen haben.

Kreuzung bei einem mendelnden Unterschied. Die Grundzüge von Mendels Entdeckung wollen wir uns an der roten Wunderblume (Mirabilis Jalapa) vor Augen führen. Kreuzen wir zwei Individuen dieser Blume, und zwar ein rotes aus einer konstant rotblühenden Rasse, und ein weißes aus einer konstant weißblühenden Rasse, so erhalten wir in F_1 (d. h. in der 1. Filialgeneration [Nachkommen-generation]) ausschließlich rosafarbene Wunderblumen. Die Bastarde halten also in ihrem Äußeren etwa die Mitte zwischen den beiden Eltern. Kreuzen wir nun die rosafarbenen F_1-Bastarde unter sich weiter, so erhalten wir in F_2 (d. h. in der 2. Filialgeneration) jedoch nicht wieder rosablühende Pflanzen, wie man von vornherein erwarten könnte, sondern rot-, rosa- und weißblühende, und zwar in einem ganz bestimmten Zahlenverhältnis: es gleicht nämlich ein Viertel der F_2-Pflanzen dem einen Großelter, ein Viertel dem anderen Großelter, und zwei Viertel gleichen den Eltern, so daß wir also $^1/_4$ rote, $^2/_4$ rosa-farbene und $^1/_4$ weiße Blumen erhalten. (Abb. 1.)

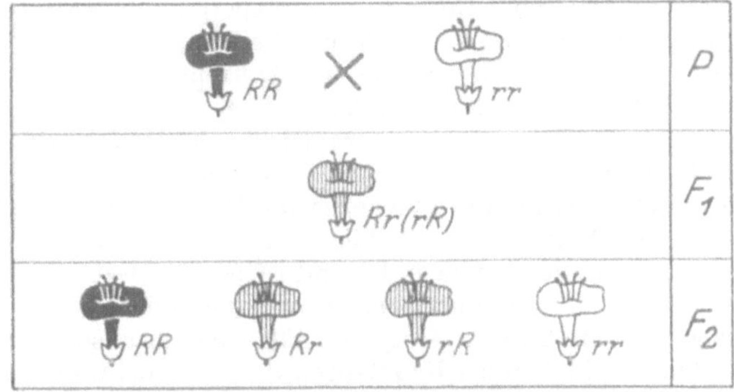

Abb. 1. Kreuzung von roter und weißer Wunderblume.
(Nach Siemens, „Biol. Grundlagen der Rassenhygiene".)

Während uns die Verschmelzung von Rot und Weiß zu Rosa, wie wir sie in F_1 beobachten konnten, ganz natürlich erscheint, muß uns das Wiederauftreten von weiß- und rotblühenden Pflanzen in F_2 über-raschen, da ja die Eltern dieser F_2-Pflanzen sämtlich rosafarbene Blüten hatten. Zur Erklärung dieses Verhaltens bedient man sich zweckmäßig einer Buchstabenbezeichnung, die schon in Abb. 1 verwendet worden ist. Jede Pflanze geht ja bekanntlich aus zwei Geschlechtszellen („Gameten") hervor, einer männlichen und einer weiblichen, durch deren Vereinigung das Samenkorn entsteht, das zur Ausgangszelle für die betreffende Pflanze (zur „Zygote") wird. Bezeichnen wir nun jede Geschlechtszelle der rotblühenden Wunderblumenrasse mit R, so müßte die rotblühende Wunderblumenpflanze die Formel RR haben, da sie ja durch die Vereinigung zweier R-Geschlechtszellen entstanden ist. Bezeichnen wir andrerseits jede Geschlechtszelle der konstant weiß-blühenden Wunderblumenrasse mit r (weil hier die Anlage zu R [Rot] fehlt), so hat die weißblühende Wunderblumenpflanze die Formel rr. Da nun eine RR-Pflanze nur R-Geschlechtszellen, eine rr-Pflanze nur r-Geschlechtszellen hervorzubringen vermag, so ist es einleuchtend, daß die aus einer rot- und einer weißblühenden Pflanze hervorgehenden

F_1-Bastarde ohne Ausnahme die Formel Rr haben müssen. Man kann sich den Vorgang in folgender Weise darstellen:

$$RR \times rr \ (\text{rot} \times \text{weiß})$$

Geschlechtszellen: 1. R

2. r

Kombinationsmöglichkeiten: Rr (rosa)

Heterozygotie und Homozygotie. Es entstehen in F_1 also Pflanzen, die aus zwei verschiedenartigen Geschlechtszellen zusammengesetzt sind. Dabei ist es ganz gleichgültig, ob die Eizelle R und die Samenzelle r enthält oder umgekehrt, ob wir also, genau genommen,. eine Rr-Pflanze oder eine rR-Pflanze erhalten. Die Kreuzungsexperimente lehren uns vielmehr die Gleichwertigkeit von Ei- und Samenzelle für die Vererbung.

Solche Organismen, die wie die Rr-Pflanzen aus Geschlechtszellen mit verschiedenen Erbanlagen gebildet sind, nennen wir heterozygot, was man wohl am besten mit „verschiedenanlagig“ verdeutschen kann. Heterozygote Pflanzen bringen nun im Gegensatz zu homozygoten, „gleichanlagigen“ (wie es die RR- oder rr-Pflanzen sind), zwei verschiedene Sorten von Geschlechtszellen zu gleichen Teilen hervor; in unserem Falle demnach R- und r-Geschlechtszellen (und zwar von jeder dieser beiden Sorten ebensoviel männliche wie weibliche).

Kreuzen wir nun zwei heterozygote Pflanzen, in unserem Falle also zwei von den rosablühenden Rr-Pflanzen der F_1-Generation, so müssen wir folgendes Kreuzungsergebnis erhalten:

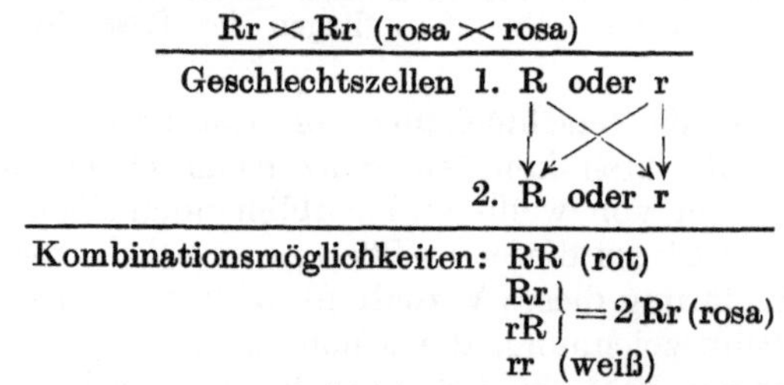

Damit aber ist alles erklärt. Wir wissen jetzt, wie es möglich ist, daß aus der Kreuzung zweier Heterozygoten wieder Homozygote, also reinrassige Individuen zum Vorschein kommen; gleichzeitig aber erkennen wir, warum die Nachkommen der F_1-Bastarde das eigentümliche konstante Zahlenverhältnis $1:2:1$ $(^1/_4 : {}^2/_4 : {}^1/_4)$ zeigen: **die Erbmasse wird eben nicht als Ganzes vererbt, sondern sie besteht aus einzelnen Elementen (Erbeinheiten, Faktoren, Genen, Iden), die voneinander trennbar und verschieden kombinierbar sind:** und zwar erfolgen die verschiedenen Kombinationen dieser Erbeinheiten bei der Befruchtung einfach in der Art, wie es der Zufall fügt, oder exakter ausgedrückt, **nach den Gesetzen der Wahrscheinlichkeit.**

Verhalten der Bastarde bei Weiterzucht. Sobald dieses klar ist, kann es keine Mühe mehr machen, vorauszusehen, wie sich die rot-, rosa- und weißblühenden Bastardnachkommen der F_1-Generation bei weiterer Vermehrung verhalten müssen. Die roten (RR) werden, unter sich gekreuzt, nur immer wieder RR-Pflanzen, also rotblühende Pflanzen hervorbringen können:

$$RR \times RR \ (\text{rot} \times \text{rot})$$

Geschlechtszellen: 1. R

2. R

Kombinationsmöglichkeiten: RR (rot)

Entsprechend müssen die weißblühenden, da sie sämtlich rr-Pflanzen sind, unter sich gekreuzt, stets wieder weißblühende (rr-)Pflanzen hervorbringen. Die rosablühenden (Rr-)Pflanzen dagegen werden immer und immer wieder aufspalten, denn sie sind ja sämtlich heterozygot. Ihre Formel Rr bleibt dieselbe, gleichgültig ob sie der F_1- oder F_2- Generation angehören. Infolgedessen müssen auch die rosablühenden F_2-Pflanzen unter sich gekreuzt genau dasselbe Ergebnis zeitigen wie die F_1-Pflanzen, also $^1/_4$ rot, $^2/_4$ rosa, $^1/_4$ weiß. Ein Schema soll das veranschaulichen:

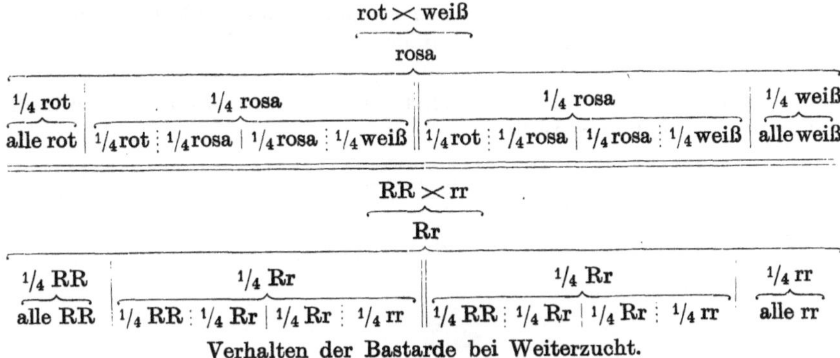

Verhalten der Bastarde bei Weiterzucht.

Rückkreuzung. Wir wollen nun noch kurz die Verhältnisse bei Rückkreuzung betrachten. Kreuzen wir eine rosablühende, also eine Rr-Pflanze, mit einer (homozygoten) rotblühenden (RR), so müssen wir zu folgendem Ergebnis gelangen:

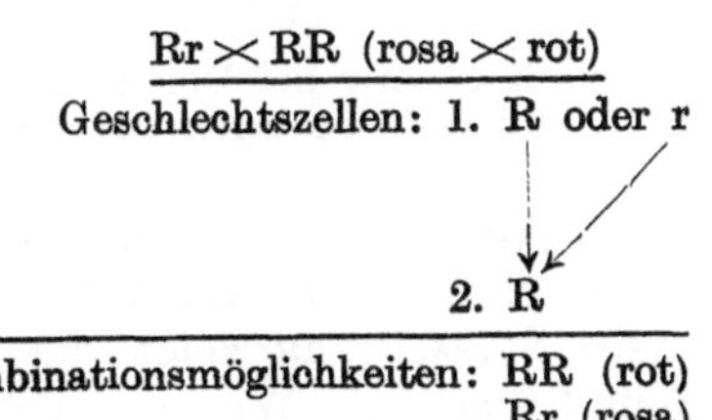

Kombinationsmöglichkeiten: RR (rot)
Rr (rosa)

Wir erhalten also ebensoviel rot- wie rosablühende Pflanzen, da die Kombinationswahrscheinlichkeit für beide Fälle gleich groß ist.

Eine Rückkreuzung mit weißblühenden Pflanzen führt zum entsprechenden Ergebnis:

$$Rr \times rr \quad (rosa \times weiß)$$

Geschlechtszellen: 1. R oder r

2. r

Kombinationsmöglichkeiten: Rr (rosa)
rr (weiß)

Also zur Hälfte rosa, zur Hälfte weiß. Die Erfahrung bestätigt diese theoretische Forderung vollauf; das Ergebnis der Rückkreuzungen beweist also die Richtigkeit der Auffassung, die sich Mendel von der Natur der Erbanlagen gemacht hatte.

Kreuzung bei Dominanz. Bei der Mirabilis Jalapa drückt sich die Heterozygotie eines Individuums, d. h. das Vorhandensein von nur einem R (neben einem r) darin aus, daß das Rot dieser heterozygoten Wunderblume eine wesentlich blassere Farbe hat, als das Rot der homozygoten, reinrassigen RR-Pflanzen. Homozygote und heterozygote Individuen sind also bei der Wunderblume schon äußerlich leicht zu unterscheiden. Dies ist nicht immer der Fall. Viel häufiger sogar findet man, daß die heterozygoten Individuen mit der einen Sorte der Homozygoten in ihrem Aussehen völlig übereinstimmen. Wir erhalten dann folgendes Bild:

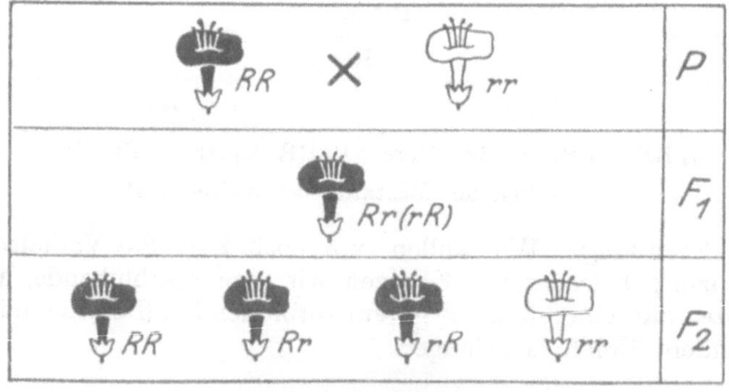

Abb. 2. Kreuzung bei Dominanz.
(Nach Siemens: „Biolog. Grundlagen der Rassenhygiene.)

Dominanz und Rezessivität. Auf den ersten Blick erscheint das Kreuzungsergebnis der Abb. 2 von dem auf Abb. 1 dargestellten völlig verschieden. Eine nähere Betrachtung zeigt uns jedoch, daß dieser Unterschied nur ein äußerlicher ist. Wie auf Abb. 1 haben wir auch hier eine Kreuzung von RR × rr vor uns; wie dort erhalten wir auch hier in F_1 lauter Heterozygoten, Rr. Wie auf Abb. 1 erhalten wir schließlich auch hier bei Kreuzung der Heterozygoten untereinander $^1/_4$ RR, $^2/_4$ Rr und $^1/_4$ rr. Doch genügt hier eben schon ein R in den Erbanlagen, um ein volles sattes Rot zu erzeugen. Die Heterozygoten halten deshalb in ihren Eigenschaften nicht ungefähr die Mitte zwischen den beiden homozygoten Ausgangsrassen, sie sind nicht „intermediär", sondern sie lassen sich von den RR-Pflanzen äußerlich garnicht unterscheiden. Dieses Phänomen, daß die Heterozygoten von der einen der beiden homozygoten Ausgangsrassen äußerlich nicht zu unterscheiden sind, nennt man Dominanz („Überdecken")[1]. Das Gegenteil von Dominanz bezeichnet man als Rezessivität („Überdeckbarkeit"). In unserem Falle ist also Rot (R) dominant über weiß (r), es überdeckt weiß; oder umgekehrt ausgedrückt: Weiß (r) wird hier von Rot (R) überdeckt, Weiß verhält sich also rezessiv (überdeckbar) gegenüber Rot.

Dominanz des Fehlens einer Eigenschaft über ihr Vorhandensein. Recht häufig wird immer noch die falsche Annahme gemacht, daß Farbig stets über Weiß dominieren müsse; es sind jedoch auch Fälle

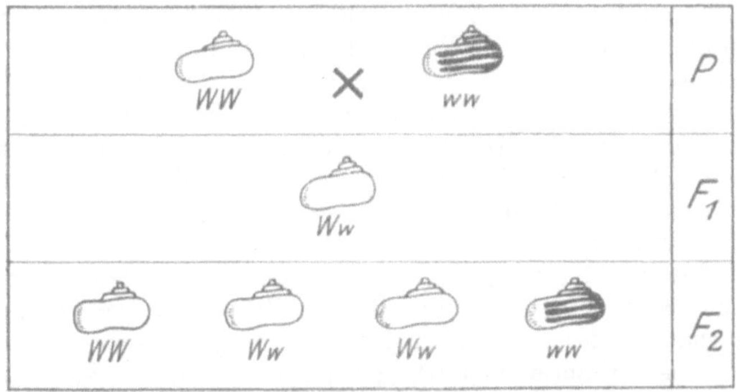

Abb. 3.   Helix hortensis nach Lang.

bekannt, in denen die verschiedensten Farben durch Weiß überdeckt werden. Diese Möglichkeit veranschaulicht Abb. 3, welche die Vererbung der Bänderung bei einer Schnecke betrifft. Wir haben hier die Geschlechtszellen mit der Anlage für Weiß W, die mit der Anlage für Farbig (gebändert) w genannt. Diese Änderung der Buchstabenbezeichnung mußte deshalb geschehen, weil es auf Grund der sog. Presence-Absence-Formulierung üblich ist, die dominante Erbanlage mit großen Buchstaben zu bezeichnen, die rezessive mit kleinen. Trotz dieser veränderten Buchstabenbezeichnung zeigt aber ein ge-

---

[1]) Die deutschen Ausdrücke entstammen zu einem wesentlichen Teil meiner Schrift: „Die biologischen Grundlagen der Rassenhygiene und der Bevölkerungspolitik". München, J. F. Lehmann. 1917.

nauerer Vergleich ohne weiteres, daß die in Abb. 2 und Abb. 3 dargestellten Vererbungsvorgänge einander vollständig entsprechen. Übrigens ist das Prävalieren hellerer Farben über dunklere keine Seltenheit. Bei Schafen z. B. dominiert die weiße Farbe über die schwarze, bei Pferden überdecken die Schimmel scheinbar alle Farben. Beim Menschen, wo der Albinismus universalis wohl immer rezessiv ist gegenüber der normalen Pigmentierung, sind schon mehrfach Fälle von Albinismus partialis beobachtet (weiße Stirnlocke, Scheckung), die sich dominant verhielten. Aber nicht nur das Fehlen von Farbe, sondern auch das Fehlen von Organen kann dominant sein über das Vorhandensein derselben. Das gilt z. B. für die Schwanzlosigkeit der Katzen der Insel Man und für die Hornlosigkeit mancher Rindviehrassen. Was äußerlich als Fehlen einer Eigenschaft imponiert, braucht also durchaus nicht auf dem Fehlen einer bestimmten Erbanlage zu beruhen.

Dominanz ein Relationsbegriff. Eine Eigenschaft, die gegenüber einer anderen dominant ist, kann einer dritten gegenüber rezessiv sein. Die sog. blaue Augenfarbe (die ja nur ein Interferenzphänomen ist) dominiert z. B. über die sog. rote (d. h. über die Pigmentlosigkeit, die nicht selten bei Albinos anzutreffen ist), wird aber von der braunen überdeckt. Eine Eigenschaft kann sich jedoch auch einer bestimmten anderen gegenüber bald so und bald so verhalten. Kreuzt man z. B. Seidenspinner der Istrianer Rasse, deren Konkons gelb sind, teils mit der chinesischen, teils mit der Bagdadrasse, die beide weiße Kokons haben, so dominiert im ersten Falle die gelbe Kokonfarbe über die weiße, im anderen die weiße über die gelbe. Wir schließen daraus, daß die gleiche äußere Eigenschaft bei verschiedenen Rassen bzw. bei verschiedenen Erbstämmen durch Erbanlagen verschiedener Art hervorgerufen werden kann. Bei einer Rasse könnte z. B. die weiße Farbe dadurch entstehen, daß im Erbbilde etwas fehlt, nämlich die Anlage zur Färbung, bei einer anderen Rasse hingegen dadurch, daß zuviel vorhanden ist, nämlich z. B. eine Anlage, welche die Entfaltung der gleichfalls vorhandenen Färbungsanlage hemmt. So kann die gleiche phänotypische Eigenschaft hier rezessiv, dort dominant erscheinen. Wie wir noch sehen werden, gilt ganz das Gleiche für gewisse erbliche Krankheiten (Epidermolysis bullosa, Ectopia pupillae et lentis, Hemeralopie), die in manchen Familien dominant, in anderen rezessiv gefunden werden. Die Dominanz eines Merkmals bezieht sich also immer nur auf ein ganz bestimmtes anderes Merkmal, und auch auf dieses nur insoweit, als ihm immer wieder der gleiche Rassencharakter, die gleiche Erbanlage zugrunde liegt.

Das sog. klassische Zahlenverhältnis. Nach dem Gesagten könnte man gewissermaßen drei Möglichkeiten bei der Mendelschen Vererbung unterscheiden; dies zeigt uns in einem Schema Abb. 4. Links sehen wir das sog. intermediäre Verhalten der Heterozygoten, in der Mitte das dominante; das rechte Schema zeigt, daß je nach dem besonderen Falle bald die eine Eigenschaft über die andere, bald die andere über die eine dominieren kann. Das in der Mitte stehende Schema ist das eigentliche Grundschema für die Mendelsche Vererbung: die F_1-Bastarde gleichen einem der beiden Eltern, die F_2-Bastarde geben zum größten Teil das gleiche Bild, nur ein Viertel von ihnen schlägt auf die andere (rezessive) Ausgangsrasse zurück. Wir haben hier in F_2 also nicht das Verhältnis $1:2:1$, sondern infolge der Dominanz des

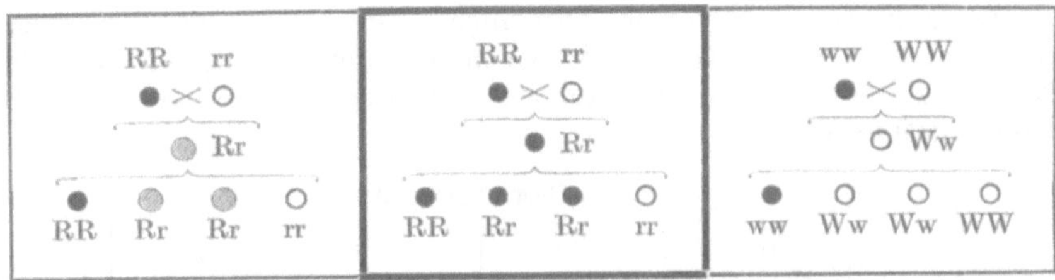

Abb. 4. Schema der Mendelschen Vererbung.

einen Merkmales entsteht das Verhältnis $3:1$, das sog. klassische Zahlenverhältnis bei der mono-iden (von einer Erbanlage, von einem Id abhängigen) Mendelschen Vererbung.

Vererbung bei mehreren mendelnden Unterschieden.

Kreuzung bei zwei mendelnden Unterschieden. Wir haben bisher Lebewesen betrachtet, die sich nur in einem Merkmal unterscheiden. Ganz die gleichen Gesetze gelten aber auch bei der Kreuzung von Individuen, die in mehreren Merkmalen verschieden sind. Unsere Rr-Bastarde bildeten, wie wir gesehen haben, zwei Sorten von Geschlechtszellen (R- und r-Geschlechtszellen). Dementsprechend existierten bei der Entstehung der F_1-Generation folgende vier Kombinationsmöglichkeiten (dominantes Verhalten wie in Abb. 1 vorausgesetzt) (vgl. Abb. 5).

Kreuzen wir nun aber Pflanzen, die in zwei Erbeinheiten verschieden sind, so wird die Zahl der möglichen Kombinationen sehr viel größer. Mendel z. B. kreuzte zwei Erbsenrassen, von denen die eine runde gelbe, die andere kantige grüne Samen hat. In F_1 erhielt er nur runde gelbe Samen; rund und gelb sind also hier dominant, kantig und grün dagegen rezessiv. Bezeichnen wir nun eine Geschlechtszelle der rund- und gelbsamigen Erbsenrasse mit RG, da diese Merkmale ja dominant sind, und die rezessiven Anlagen für kantig und grün mit rg (dem Fehlen von Rund und Gelb), so können wir uns die Kreuzung der beiden Erbsenrassen durch die folgende Formel verständlich machen:

	1. Geschlechtszelle	
2. Geschlechtszelle	R	r
R	RR rot	Rr rot
r	Rr rot	rr weiß

Abb. 5. Kombinationsmöglichkeiten bei einem mendelnden Unterschied.

$$\text{RRGG} \times \text{rrgg (rund-gelb} \times \text{kantig-grün)}$$

Geschlechtszellen: 1. RG
↓
2. rg

Kombinationsmöglichkeiten: RrGg (rund-gelb)

Diese F_1-Bastarde bilden aber nicht nur zwei, sondern vier verschiedene Sorten von Geschlechtszellen, nämlich RG, Rg, rG, rg. Bei Kreuzung dieser Bastarde unter sich erhalten wir deshalb folgende Kombinationsmöglichkeiten:

		1. Geschlechtszelle			
		RG	Rg	rG	rg
	RG	RRGG rund-gelb	RRGg rund-gelb	RrGG rund-gelb	RrGg× rund-gelb
2. Geschlechtszelle	Rg	RRGg rund-gelb	RRgg rund-grün	RrGg× rund-gelb	Rrgg rund-grün
	rG	RrGG rund-gelb	RrGg× rund-gelb	rrGG kantig-gelb	rrGg kantig-gelb
	rg	RrGg× rund-gelb	Rrgg rund-grün	rrGg kantig-gelb	rrgg kantig-grün

Abb. 6. Kombinationsmöglichkeiten bei zwei mendelnden Unterschieden.

Selbständigkeit der Erbeinheiten. Wir erhalten also in der F_2-Generation aus 16 verschiedenen Kombinationsmöglichkeiten ein buntes Gemisch verschiedener Formen. Dies erklärt sich dadurch, daß die einzelnen Erbeinheiten bei der Vererbung sich ganz selbständig voneinander vererben. Auch diese Regel von der Selbständigkeit der Erbeinheiten wurde schon von Mendel erkannt, und schon er kam zu dem Schluß, daß solche Erbeinheiten bei der wiederholten Befruchtung „in alle Verbindungen treten können, die nach den Regeln der Kombination möglich sind". Auf Grund dieser Regel erhalten wir, wie uns Abb. 6 zeigt, bei der Kreuzung von zwei Rassen, die in zwei erblichen Merkmalen differieren, in F_2 9 Individuen (unter 16), die die dominanten Eigenschaften aufweisen (rund-gelb), 3, die eine dominante und eine rezessive Eigenschaft zeigen (rund-grün), ferner 3, für die dasselbe in umgekehrter Weise gilt (kantig-gelb) und schließlich 1 Individuum, das beide rezessive Merkmale hat (kantig-grün). In zweifacher Weise heterozygot, wie die F_1-Pflanzen, sind in der F_2-Generation nur 4 unter 16 (mit × bezeichnet), also nur ein Viertel aller F_2-Pflanzen. Zwei weitere Viertel sind in bezug auf Farbe homozygot, in bezug auf Form heterozygot, oder umgekehrt. Das letzte Viertel, in Abb. 6 durch die stärkere Umrandung kenntlich gemacht, besteht aus völlig homozygoten Individuen. Von diesen vier homozygoten Pflanzen

gleicht eine völlig dem einen Ausgangsindividuum (rund-gelb), eine
zweite dem anderen (kantig-grün); die übrigen beiden lassen erkennen,
daß infolge der Selbständigkeit der Erbeinheiten zwei völlig neue „reine
Rassen" entstanden sind: RRgg (rund-grün) und rrGG (kantig-gelb) sind
Homozygoten; jede dieser Pflanzen bildet nur eine Sorte von Geschlechtszellen (Rg bzw. rG) und züchtet daher mit sich selbst gekreuzt rein
weiter. Wir haben also als neue konstant-vererbende Rassen runde-
grüne und kantige-gelbe Erbsen „gezüchtet".

Kreuzung bei drei und mehr mendelnden Unterschieden. Noch
komplizierter werden die Verhältnisse, wenn wir es mit Kreuzungen
zwischen Rassen zu tun haben, die sich in noch mehr selbständigen
Erbeinheiten unterscheiden. Erhielten wir in Abb. 6 in der F_2-Gene-
ration 16 verschiedene Kombinationsmöglichkeiten, so würden wir,
wenn die Ausgangsrassen in 3 Erbeinheiten verschieden sind, in F_2
schon 64 verschiedene Kombinationsmöglichkeiten der Geschlechtszellen erhalten, bei einer Verschiedenheit der Ausgangsindividuen in
bezug auf 4 selbständige Erbeinheiten würden in F_2 256 verschiedene
Kombinationsmöglichkeiten gegeben sein, und bei 12 selbständig sich
vererbenden Unterschieden entstehen schon rund 16,8 Millionen Kombinationsmöglichkeiten. Da nun bei zwei selbständig mendelnden Erbeinheiten in F_2 je $^1/_{16}$ der F_2-Individuen völlig dem einen bzw. dem
anderen Stammelter gleicht, bei 3 Erbeinheiten nur je $^1/_{64}$, bei 4
aber nur noch je $^1/_{256}$, so kann man ermessen, was es mit dem „Aufspalten" in die Ursprungsrassen auf sich hat, das, wie viele Laien
glauben, durch den Mendelismus bewiesen sei. Bei Rassen, die sich
durch viele verschiedene Merkmale unterscheiden, kann man das
„Herausmendeln" der reinen Ursprungsrassen in F_2 oder in einer späteren Kreuzungsgeneration nur in einem so minimalen Bruchteil der
Fälle erwarten, daß mit der Kreuzung zweier derartiger, in vielen
selbständigen Erbeinheiten verschiedener Rassen die Ursprungsrassen
in praxi auf ewig für verschwunden gelten dürfen.

**Abhängigkeit einer Eigenschaft von mehreren Erbanlagen
(polyide Vererbung).** Anders liegen die Dinge, wenn man nur ein
einzelnes Merkmal ins Auge faßt. Aber auch hier wird es nicht selten
passieren, daß man eine schöne Aufspaltung vergeblich erwartet. Das
hat seinen Grund darin, daß ein Merkmal, welches uns äußerlich als einheitlich erscheint, in der Erbanlage sehr kompliziert zusammengesetzt
und durch das Zusammenwirken einer größeren Zahl von Erbeinheiten
(Iden) entstanden sein kann. Ich bezeichne das als poly-ide Vererbung. Eine solche Vererbung liegt z. B. vor bei der schwarzen
Hautfarbe des Negers. Nach Davenports Forschungen müssen wir
annehmen, daß dieses Negerpigment nicht nur durch eine Erbeinheit
(z. B. PP) bedingt wird, sondern durch eine ganze Reihe von Erbeinheiten, die in gleicher Richtung wirken, so daß die Erbformel für
das Pigment der Negerhaut $P_1 P_1 \, P_2 P_2 \, P_3 P_3 \, P_4 P_4 \ldots P_x P_x$ sein würde.
Hierdurch wird bei der Kreuzung von Negern mit Europäern in F_2
der Anschein erweckt, als ob eine konstante Bastardbevölkerung ent-

standen sei. Bei genauerem Zusehen läßt sich aber zeigen, daß die einzelnen Mulatten der F_2-Generation und der späteren Generationen eine sehr verschiedene Intensität der Hautfärbung aufweisen, und daß man gar nicht so selten Individuen antrifft, die wesentlich heller sind als ihr hellerer bzw. wesentlich dunkler als ihr dunklerer Elter. Diese Verschiedenheit der Hautfärbung bei Mulattenkindern findet eben darin ihre Erklärung, daß bei einzelnen F_2-Personen P_1 oder $P_1 P_2$ oder noch mehr und noch andere Pigment-Erbeinheiten fehlen, so daß wir z. B. Erbformeln erhalten würden, wie die folgende: $p_1 p_1\ P_2 P_2\ P_3 p_3\ P_4 p_4 \ldots p_x p_x$ oder $P_1 P_1\ p_2 p_2\ P_3 p_3\ p_4 p_4 \ldots P_x P_x$.

Wir sehen also, daß eine äußere Eigenschaft von mehreren Erbeinheiten zugleich abhängig sein kann. Dies brauchen nicht immer gleichsinnige Erbeinheiten zu sein, wie es an dem von uns gewählten Beispiel der Negerfärbung der Fall ist. Ein bestimmtes Farbmuster kann z. B. erstens abhängig sein von einer Erbeinheit, welche die Art der Farbe bestimmt, zweitens von einer Erbeinheit, welche die im gegebenen Falle vorliegende Verteilung des Farbstoffes reguliert, dr ttens von einer Erbeinheit, die überhaupt erst das Auftreten von ii gend einer Färbung möglich macht, und deren Fehlen trotz des Vorhandenseins einer Anlage für eine bestimmte Farbe und deren bestimmte Verteilung Albinismus bedingt. Aus der experimentellen Vererbungsforschung sind zahlreiche derartige Fälle bekannt geworden.

Komplexe Eigenschaften. Bei manchen Erscheinungen, die von uns als „Eigenschaften" bezeichnet werden, versteht es sich von selbst, daß viele verschiedenartige Erbanlagen bei ihrem Zustandekommen mitwirken, weil es sich nicht um einheitliche Eigenschaften, sondern um Folgezustände sehr viel verschiedener anderer Eigenschaften handelt, die sich bald summieren, bald gegenseitig aufheben können. So ist z. B. die Körperlänge in vielen Fällen sicher abhängig von einer großen Reihe von Erbfaktoren, die sich auf die Zahl der Zellen in den Beinknochen, Wirbeln und Knorpeln beziehen, auf die Größe dieser Zellen, die Krümmung des Rückgrates (die sog. Haltung), die Neigung des Femurhalses und viele andere Umstände. Trotz der Erblichkeit dieser einzelnen Komponenten und trotz der infolgedessen bestehenden Möglichkeit, die resultierende Eigenschaft durch Selektion zu züchten, wird man doch eindeutige Mendelsche Spaltung mit den charakteristischen Zahlenverhältnissen in solchen Fällen vergeblich suchen, wenn nicht eine bestimmte Komponente praktisch so stark überwiegt, daß das Resultat im wesentlichen von ihr allein abhängt.

Abhängigkeit mehrerer Eigenschaften von einer Erbanlage (polyphäne Vererbung). Es kann aber nicht nur eine einheitlich erscheinende Eigenschaft von mehreren Erbeinheiten abhängig sein, sondern es kann auch eine Erbanlage gleichzeitig eine ganze Reihe verschiedener phänotypischer Eigenschaften bedingen. Ich bezeichne das als polyphäne Vererbung. Diejenige Erbeinheit z. B., die über das Geschlecht entscheidet, bewirkt nicht nur die Ausbildung der sog. primären Geschlechtsmerkmale (Testes bzw. Ovarien), sondern sie be-

wirkt hierdurch gleichzeitig indirekt die verschiedensten geschlechts-
unterscheidenden Eigenschaften bezüglich Körpergröße, Behaarung,
Stimme, seelischen Verhaltens usw. Bei Seidenhühnern hat man eine
Erbeinheit für schwarzes Pigment gefunden, die diesen Farbstoff in
allen mesodermalen Geweben (Unterhaut, Muskeln, Peritoneum, Pia
mater) gleichzeitig hervorruft. Auch die tierische und menschliche
Pathologie kennt zahlreiche derartige Beispiele: Albinismus ist beim
Menschen meist mit Nystagmus und Sehschwäche verbunden, bei
Katzen oft mit Taubheit; orangegelbe Mäuse leiden oft an Aszites
und Fettsucht; die rezessiv-geschlechtsgebunden sich vererbende Hemeralopie pflegt mit Myopie einherzugehen. Merkmale, die von einer
Erbeinheit abhängig sind, kommen natürlich im allgemeinen stets zusammen vor: sie stehen in fester Korrelation zueinander.

Einfaches Mendeln. Wenn demnach also eine Parallelität
zwischen je einer äußeren Eigenschaft und einer erblichen
Anlage nicht notwendig zu bestehen braucht, so wird sie in Wirklichkeit doch häufig angetroffen. Das zeigt nicht nur die Vererbung
der Farbe bei der Wunderblume (Abb. 1) und bei der Gartenschnecke
(Abb. 3), sondern auch in der menschlichen Pathologie finden sich,
wie wir noch sehen werden, zahlreiche Beispiele dafür, daß eine äußere
(pathologische) Eigenschaft einer selbständigen Erbeinheit entspricht.
Wo dieser einfachste Fall der Beziehung zwischen Erbbild (Idiotypus)
und Erscheinungsbild (Phänotypus) besteht, spricht man von einem
Mendeln nach dem Einfaktor-Schema (weil also ein Merkmal von
einem Faktor, d. h. von einer Erbeinheit abhängig ist, vgl. Abb. 4)
oder von mono-ider (ein-anlagiger) Vererbung oder kurz von einem
einfachen Mendeln. Die in dieser Weise erblichen Charaktere bezeichnet man als einfach dominante, bzw. einfach rezessive Charaktere.
Gerade diese einfache Form des Mendelns ist nun für die menschliche
Pathologie von allergrößter Wichtigkeit, nicht nur deshalb, weil bei
der Unmöglichkeit, mit dem Menschen Vererbungsexperimente zu
machen, die Erforschung wirklich komplizierter Erblichkeitsverhältnisse hier bis auf weiteres doch auf unüberwindliche Schwierigkeiten
stoßen muß, sondern auch aus dem anderen Grunde, weil wir unseren
experimentellen Erfahrungen nach wohl annehmen dürfen, daß die
meisten erblichen Leiden diesem Einfaktor-Schema folgen.

3. Die zytologischen Grundlagen der Vererbungslehre.

Die Morphologie des Idioplasmas.

Das Idioplasma. Diejenige körperliche Substanz, die dem Idiotypus, dem Erbbilde, zugrunde liegt, nennen wir Idioplasma. Das
Idioplasma setzt sich also aus jenen Bestandteilen der Zelle zusammen,
welche ihre erbliche Eigenart bedingen; die Verschiedenheiten in dem
feineren Bau und im Chemismus des Idioplasmas rufen die idiotypi-

schen Unterschiede verschiedener Individuen, verschiedener Rassen, verschiedener Arten hervor.

Idioplasma und Zellkern. Man hat sich nun schon lange die Frage vorgelegt, wo innerhalb der Zelle das Idioplasma lokalisiert ist, und in welchen Formbestandteilen der Zelle es uns entgegentritt; dies ist die Frage nach der Morphologie des Idioplasmas. Man kam hierbei sehr bald zu dem Schluß, daß das Idioplasma im wesentlichen in dem Zellkern sich befinden müsse, denn der sehr komplizierte Vorgang der Kernteilung (Karyokinese, besser Karyomitose) weist ja deutlich darauf hin, daß eine genau gleiche Verteilung gerade der Kernbestandteile auf die beiden Tochterzellen von besonderer Wichtigkeit ist. Recht überzeugend spricht auch für das „Vererbungsmonopol des Zellkernes", daß die männlichen Geschlechtszellen so vieler Organismen und auch des Menschen fast ausschließlich aus dem Zellkern bestehen und trotzdem ihre Funktion der Vererbung mit gleicher Vollständigkeit besorgen wie die weiblichen Eizellen, in denen der winzige Kern unter der Masse des Zellprotoplasmas ganz zu verschwinden scheint. In dem gleichen Sinne sprechen auch eine Reihe von Versuchen, besonders solche, die die Befruchtung kernlos gemachter Eier mit Samenzellen einer anderen Rasse betrafen; denn die resultierenden Bastarde stimmten in ihrer Beschaffenheit fast völlig mit der väterlichen Rasse überein.

Wenn es auch noch keineswegs sicher erwiesen ist, daß sämtliche idiotypischen Eigenheiten ausschließlich von den Substanzen des Kernes getragen werden, so ist doch nach allem, was wir wissen, soviel gewiß, daß das Idioplasma im wesentlichen im Kern und nicht im Protoplasma der Zelle lokalisiert ist.

Idioplasma und Chromosomen. Aber wir können als Träger der Erbmasse auch noch speziellere Bestandteile des Kernes namhaft machen, nämlich die sogenannten Chromosomen (Kernstäbchen) Die Chromosomen sind stäbchen-, bändchen- oder schleifenförmige, stark lichtbrechende Gebilde, die Anilinfarbstoffe begierig anziehen und daher ihren Namen haben. Jede Zelle eines lebenden Organismus enthält genau die gleiche Anzahl Chromosomen; die Chromosomenzahl von Individuen verschiedener Rassen oder verschiedener Arten kann aber sehr erheblich differieren. Bei den meisten Arten beträgt die Chromosomenzahl 2, 4, 6, 8, 12, 16, 18, 24 oder 32, sie kann sich aber auch bis auf mehrere Hunderte belaufen. Beim Menschen ist es infolge der Kleinheit seiner Chromosomen bisher noch nicht gelungen, volle Sicherheit über deren Anzahl zu erhalten. Wahrscheinlich enthält jede Zelle des menschlichen Körpers 24 Chromosomen.

Die sog. Reifung der Geschlechtszellen. Im Gegensatz zu den Körperzellen enthalten aber die reifen Geschlechtszellen aller Organismenarten nur die halbe Anzahl Chromosomen. Dies ist eine Folge der sogenannten Reifung der Geschlechtszellen. Bei jeder gewöhnlichen Zellteilung erhalten beide Tochterzellen die gleiche Anzahl

Chromosomen, welche die Mutterzelle besaß, indem aus jedem Chromosom der Mutterzelle durch Längsteilung zwei Chromosomen werden. Auch bei den ersten Teilungen der Urgeschlechtszellen ist das noch so. Die Urgeschlechtszelle, aus der schließlich die reifen Geschlechtszellen hervorgehen, hat die Hälfte ihrer Chromosomen aus dem Eikern, also von der Mutter, die andere Hälfte aus dem Kern der Samenzelle, also vom Vater, empfangen. Je ein väterliches und ein mütterliches Chromosom bilden ein zusammengehöriges („homologes“) Paar, was sich darin zeigt, daß sie sich je zwei und zwei aneinander legen und vorübergehend miteinander verschmelzen. Man nimmt an, daß dieser Vorgang, den man als Syndese bezeichnet, einen Austausch bzw. eine Umgruppierung der mütterlichen und väterlichen Erbeinheiten zum Zweck hat. Die Syndese endet damit, daß sich die Chromosomen wieder voneinander trennen; wir haben dann wieder die gewöhnliche („diploide“, paarige) Chromosomenzahl. Nunmehr spaltet sich jedes Chromosom der Länge nach, und die entstandenen Kernstäbchen gruppieren sich vorübergehend in Form von Vierergruppen (Tetraden). Hierauf erfolgen die beiden sogenannten Reduktionsteilungen. Durch die erste Teilung erhält jede Tochterzelle die Hälfte der augenblicklich vorhanden gewesenen Chromosomen, und da die Chromosomenzahl durch die kurz vorher erfolgte Längsspaltung der Chromosomen verdoppelt war, so entstehen durch die erste Teilung zwei Tochterzellen mit wiederum der gewöhnlichen (diploiden) Chromosomenzahl. Die Tochterzellen verfallen aber sofort einer zweiten Teilung, ohne daß vorher auch die Chromosomen wiederum eine Teilung hätten vornehmen können. Durch diese zweite Teilung entstehen also insgesamt vier Zellen, von denen jede nur die Hälfte der gewöhnlichen Chromosomenzahl (die „haploide“, unpaare Chromosomenzahl) enthält. Die Reduktionsteilungen unterscheiden sich also, wie schon ihr Name sagt, von den gewöhnlichen Kernteilungen dadurch, daß bei ihnen die Chromosomenzahl der entstehenden Zellen auf die Hälfte der gewöhnlichen Zahl reduziert wird, und diese Reduktion kommt dadurch zustande, daß vor der letzten von zwei rasch hintereinander erfolgenden Teilungen die sonst jeder Zellteilung vorhergehende Verdoppelung der Chromosomenzahl durch Längsspaltung ausbleibt. Aus der einen Urgeschlechtszelle mit paariger Chromosomenzahl entstehen also vier „reife“ Geschlechtszellen mit unpaarer Chromosomenzahl.

Reifung der Samen- und der Eizelle. Zwischen Samenzellen und Eizellen besteht in bezug auf diese Reifungsvorgänge kein wesentlicher Unterschied. Aus der Ursamenzelle entstehen durch die beiden Reduktionsteilungen vier reife Samenzellen. Aus der Ureizelle entstehen durch die erste Reduktionsteilung zwei Tochterzellen mit gleicher, paariger Chromosomenzahl, aber von sehr verschiedener Größe, da die eine der beiden Tochterzellen das ganze dotterreiche Protoplasma behält; die andere, fast nur aus den Kernelementen bestehende Tochterzelle wird als Richtungskörper bezeichnet. Während

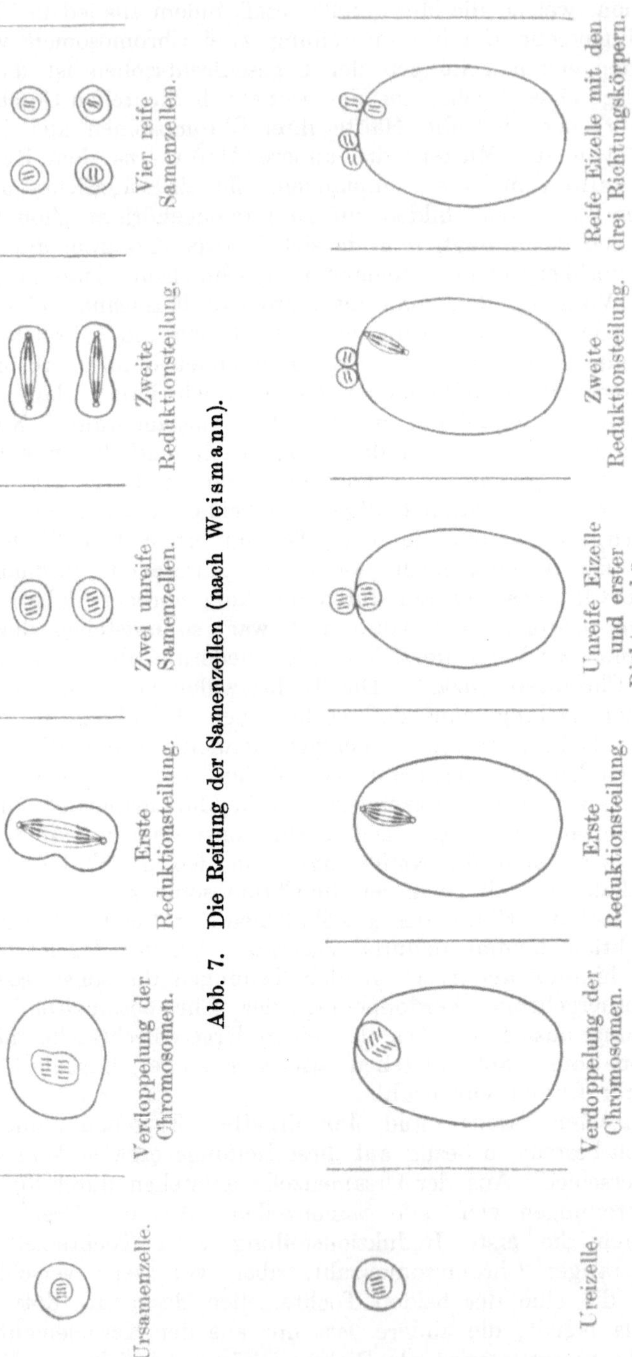

Abb. 7. Die Reifung der Samenzellen (nach Weismann).

Abb. 8. Die Reifung der Eizelle (nach Weismann).

sie sich wiederum teilt, stößt die protoplasmareiche Zelle nochmals einen Richtungskörper ab, so daß das Resultat der beiden Reduktionsteilungen aus einer Eizelle und drei Richtungskörpern besteht. Die Richtungskörper gehen zugrunde. Während sich aus einer Ursamenzelle vier reife Samenzellen entwickeln, entsteht also aus einer Ureizelle nur eine reife Eizelle (Abb. 7 u. 8).

Geschlechtszellenreifung und Vererbungsbiologie. Wir wollen uns nun ganz schematisch ein Bild von der vererbungsbiologischen Bedeutung dieser cytologischen Vorgängen machen. Nehmen wir der Einfachheit halber an, daß die väterliche und mütterliche Geschlechtszelle nur je 6 Chromosomen besäßen, und daß vier dieser Chromosomen bei Samen- und Eizelle verschieden, die andern beiden gleich seien, so könnten wir uns diese beiden Geschlechtszellen folgendermaßen veranschaulichen (Abb. 9).

Wir haben hier die weitere Annahme gemacht, daß die Verschiedenheit der vier ersten Chromosomen durch Krankhaftigkeit der betreffenden Chromosomen der Eizelle bedingt ist, und haben diese Krankhaftigkeit durch Schwärzung der

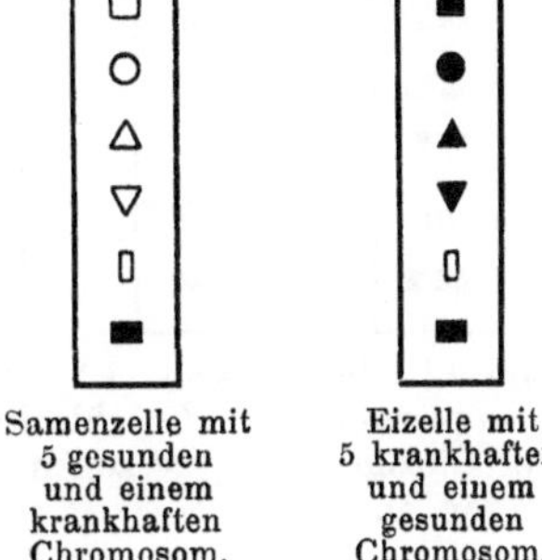

Samenzelle mit 5 gesunden und einem krankhaften Chromosom.

Eizelle mit 5 krankhaften und einem gesunden Chromosom.

Abb. 9. Samen- und Eizelle mit je 6 Chromosomen.

Figuren kenntlich gemacht. Ferner haben wir angenommen, daß das fünfte Chromosom in beiden Geschlechtszellen übereinstimmend gesund, das sechste übereinstimmend krank ist. Durch die Befruchtung, d. h. durch die Vereinigung der beiden Geschlechtszellen entsteht nun eine Zelle mit wiederum paariger Chromosomenzahl, in unserem Falle mit 12 Chromosomen (beim Menschen 24 Chromosomen), welche 6 zusammengehörige Paare bilden (Abb. 10).

Diese Zelle, Zygote genannt, wird zur Ausgangszelle eines neuen Individuums, dessen unzählige Zellen mit der gleichen Chromosomenzahl wie die Zygote ausgestattet sind. Auch die Urgeschlechtszelle enthält diese doppelte Chromosomenzahl. Bevor aber durch die Reduk-

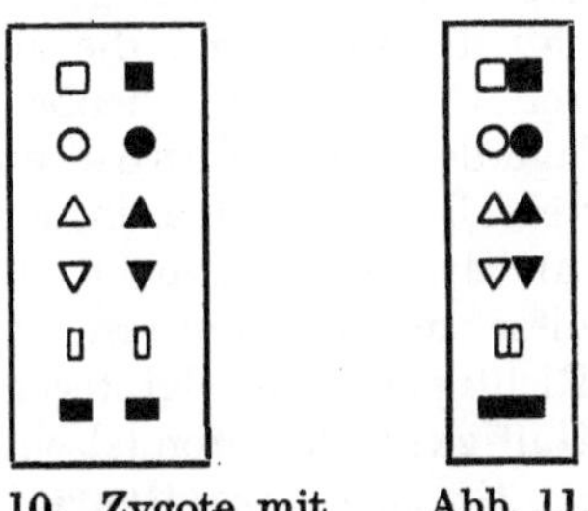

Abb. 10. Zygote mit 6 Chromosomen-Paaren.

Abb. 11. Syndese.

tionsteilungen aus ihr die reifen Geschlechtszellen entstehen, die von jedem Paar nur ein Chromosom enthalten, erfolgt die „Syndese", d. h. die Aneinanderlagerung der zu einem Paar gehörigen Chromosomen (Abb. 11).

Mit der Syndese geht, wie man annimmt, eine Umgruppierung der Chromosomen bzw. der in ihnen enthaltenen Erbanlagen Hand in Hand. Das kleinste austauschbare Teilchen eines Chromosoms bezeichnet man als Chromomer. Die Umgruppierung könnte z. B. so erfolgen (Abb. 12).

Die daraus resultierenden reifen Geschlechtszellen würden dann folgendermaßen aussehen (Abb. 13).

Natürlich könnte die Umgruppierung auch in anderer Weise als wie in unserem Beispiel erfolgen, wodurch dann auch die Verteilung der gesunden und der krankhaften Anlagen in den reifen Geschlechtszellen eine andere würde. Die Umkombinierung der Chromosomen bzw. der Chromomeren erfolgt, wie wir auf Grund unserer Erfahrungen bei der experimentellen Vererbungsforschung annehmen müssen, nach den Gesetzen der Wahrscheinlichkeit. Ein bestimmtes Chromosom eines Paares hat daher eine ebensogroße Wahrscheinlichkeit, in eine zu bildende Geschlechtszelle hineinzugelangen als aus ihr wegzubleiben. Diese morphologischen Vorstellungen würden also genau mit denjenigen Annahmen übereinstimmen, die wir uns auf Grund des Mendelschen Gesetzes von der Verteilung der „Erbeinheiten“ auf die einzelnen Geschlechtszellen machen mußten.

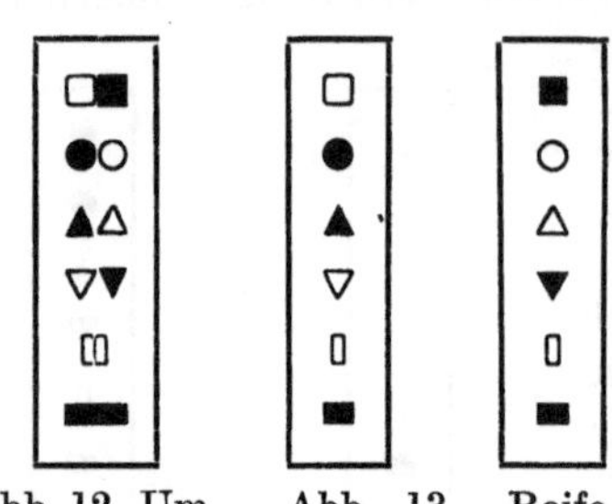

Abb. 12. Umgruppierung der Chromosomen.

Abb. 13. Reife Geschlechtszellen.

Zytologie und Mendelismus. Abgesehen von der Umgruppierung der Chromosomen sind alle die hier schematisch aufgezeichneten Vorgänge im Mikroskop deutlich zu sehen. Anders aber könnten wir uns im Prinzip das, was den sog. Mendelschen Spaltungen zugrunde liegt, morphologisch gar nicht vorstellen. Das spricht doch sehr dafür, daß die Vorgänge, die man gelegentlich der Reduktionsteilungen an den Chromosomen beobachten kann, tatsächlich die körperliche Grundlage der durch Mendel entdeckten Vererbungsvorgänge bilden. Außerdem liegt natürlich in der Übereinstimmung der zytologischen Befunde mit den Vorstellungen, die wir uns auf Grund der Kreuzungsergebnisse machen müssen, auch gleichzeitig ein gewisser Beweis für die Richtigkeit der letzteren, also für die Richtigkeit und allgemeine Gültigkeit des Mendelschen Vererbungsgesetzes.

Geschlechtszellenreifung und Befruchtung als Ursache der Mixovariationen. Wir können nunmehr annehmen, daß jede Erbeinheit, d. h. jeder idiotypische Unterschied zwischen zwei Individuen oder zwischen zwei Rassen, bedingt ist durch eine Verschiedenheit im feineren Bau oder im Chemismus zweier zu einem Paar gehörender („homologer“) Chromosomen. Die große Zahl der Rassenunterschiede, die wir bei den verschiedensten Lebewesen beobachten, wäre demnach nur auf eine relativ geringe Anzahl selbständig sich vererbender Verschiedenheiten der Erbmasse zurückzuführen. Allerdings wäre es möglich, daß jedes Chromosom mehrere selbständige Erbeinheiten (Chromomeren) umfaßt; es ist aber noch fraglich, ob eine derartige Hypothese notwendig ist. Die Zahl der zu gleicher Zeit selbständig mendelnden Unterschiede ist bisher noch nie größer gefunden worden als der Chromosomenzahl der betreffenden Art entsprach, und die alleinige Berücksichtigung der Chromosomenzahl würde schon außerordentlich viele verschiedene Kombinationen für die erbliche Zusammensetzung der Kinder eines Elternpaares möglich erscheinen lassen. Beim Menschen mit seinen 12 Chromosomenpaaren würde man schon 4096 mögliche Chromosomenkombinationen für eine reife Geschlechtszelle erhalten und rund 16,8 Millionen für das Befruchtungsprodukt, die Zygote. Die erbbildlichen Verschiedenheiten der einzelnen Individuen, die lediglich durch eine verschiedene Kombination der Erbeinheiten bedingt werden, sind also schon so außerordentlich zahlreich, daß man sagen kann, die Vorgänge bei der Reifung der Geschlechtszellen und bei der Befruchtung seien die Hauptquellen die idiotypischen Variabilität der Lebewesen, weil durch diese Vorgänge eine fortwährende Mischung der Erbeinheiten bedingt wird. Die idiotypische Variabilität im weiteren Sinne beruht also zum größten Teile auf solchen Abweichungen, die wir nach dem Vorschlage Baurs als Mixovariationen (Mischvariationen) bezeichnen.

Die Chromosomenzahl bei der zweigeschlechtlichen Fortpflanzung. Die Reduktionsteilungen machen uns auch die experimentell gefundene Tatsache verständlich, daß ein Elter nur die Hälfte seiner Erbanlagen auf je eins seiner Kinder vererben kann, denn der Einzelne überliefert ja auf jedes seiner Kinder nur die Hälfte seiner Chromosomenzahl, während die dazugehörige Hälfte entweder mit anderen gleichzeitig ausgestoßenen und nicht zur Befruchtung gelangenden Samenzellen oder mit den Richtungskörpern der Eizelle verloren geht. Eine solche Halbierung der Chromosomenzahl und somit der Erbeinheiten jedes der Eltern ist übrigens eine notwendige Voraussetzung für die Möglichkeit der zweigeschlechtlichen Fortpflanzung. Denn wenn die Geschlechtszellen, bevor sie sich zur Ausgangszelle eines neuentstehenden Individuums vereinigen, den Bestand ihrer Erbanlagen nicht jedesmal um die Hälfte vermindern würden, dann müßte das Kind in jeder seiner Zellen mit doppelt so viel Erbanlagen als jedes seiner Eltern ausgestattet sein. Mit der Erzeugung jeder neuen Generation würde sich aber diese Verdoppelung des Erbanlagenbestandes wiederholen, so daß im Laufe der Zeit der Umfang einer Zelle sehr bald gar nicht mehr ausreichen würde, um die gewaltig anschwellende Masse der Chromosomen in sich aufzunehmen.

Die Bestimmung des Geschlechts.

Das Problem der Geschlechtsbestimmung. Die Annahme, daß die Chromosomen die eigentlichen Träger der Vererbung sind, lag, wie schon erwähnt, besonders auch deshalb nahe, weil die Chromosomen mit so außerordentlicher Genauigkeit auf alle Geschlechtszellen gleich verteilt werden; denn eine genau gleiche Verteilung der Erbmasse auf alle Ei- und Samenzellen müssen wir doch nach dem, was uns die experimentelle Erblichkeitsforschung gelehrt hat, auf alle Fälle annehmen. Hiermit scheint aber nicht im Einklang zu stehen, daß Henking schon vor Jahrzehnten bei der Feuerwanze zweierlei verschiedene Samenzellen fand, da ein Teil der Samenzellen ein Chromosom mehr hatte als die übrigen. Solche und ähnliche Befunde sind in neuerer Zeit sehr oft und an den verschiedensten Lebewesen, ja sogar am Menschen, bestätigt worden, und es wirft sich deshalb die Frage auf, wie diese Beobachtungen mit der Annahme vereinbar sind, daß die Chromosomen das morphologische Substrat des Idiotypus darstellen.

Nun stehen aber die Verschiedenheiten in der Chromosomenzahl in fester Korrelation zu den Geschlechtern. Die Abweichung in der Chromosomenzahl ist also als ein dem betreffenden Geschlecht zukommendes Geschlechtsmerkmal aufzufassen. Die Beobachtungen über die Abweichung der Chromosomenzahl bei einem Teil der Geschlechtszellen vertragen sich also mit der Annahme, daß die Chromosomen die Träger der Erbmasse seien, sehr gut, wenn man die weitere Annahme macht, daß die Verschiedenheit der beiden Geschlechter sich auf Unterschiede in ihrer Chromosomenzahl zurückführen läßt. Diese letztere Annahme scheint aber durch zahlreiche Beobachtungen — wenigstens für den größten Teil aller Organismen und besonders für die höheren Lebewesen — bewiesen zu sein. Damit ist das Problem der Geschlechtsbestimmung seiner Lösung zugeführt, wenn auch nur in jenem negativen Sinne, in dem wir das Problem der Goldmachung, der Alchemie, als gelöst betrachten müssen: eine willkürliche Bestimmung des Geschlechtes beim Menschen erscheint wohl für ewig unmöglich, da das Geschlecht durch Vorhandensein oder Fehlen besonderer Chromosomen entschieden wird. Die Geschlechtsbestimmung ist damit — wenigstens bei den höheren Lebewesen — zu einem vererbungsbiologischen und vererbungszytologischen Phänomen geworden.

Die Geschlechtschromosomen. Bei manchen Lebewesen konnten die Chromosomenverhältnisse in ihren Beziehungen zum Geschlecht schon sehr genau erforscht werden. Oft beobachtet man, daß ein Paar der Chromosomen von den übrigen in bezug auf Größe, Form und Färbbarkeit abweicht. Die beiden Chromosomen dieses Paares bezeichnet man dann als Heterochromosomen (X- und Y-Chromosom), und da man, wie gesagt, fand, daß von ihnen die Entscheidung über das Geschlecht abhängt, auch direkt als Geschlechtschromosomen. Bei einer Wanze (Lygaeus turcicus) z. B. hat jede Körperzelle 14 Chromosomen, d. h. also 7 Chromosomenpaare. Die Chromosomen verschiedener Paare sind ungleich groß. Diese 7, sich völlig entsprechenden Chromosomenpaare finden wir aber nur in den Zellen der Weibchen; bei den Männchen ist das eine der 7 Paare gewissermaßen nicht komplett, denn von den beiden Paarlingen hat hier nur eins die normale (d. h. bei den Weibchen anzutreffende) Größe

(X-Chromosom), während das andere sehr viel kleiner ist (Y-Chromosom). Genau wie die Körperzellen haben natürlich auch die Urgeschlechtszellen bei den Weibchen 7 vollständige Chromosomenpaare, bei den Männchen dagegen nur 6 vollständige und ein siebentes mit dem gleichsam verkümmerten Chromosom. Bei der Reifung der Geschlechtszellen, durch die aus jeder Ureizelle eine reife Eizelle und drei Richtungskörper entstehen, erhält auf Grund der geschilderten Chromosomenverhältnisse jede reife Eizelle (und jeder Richtungskörper) 7 vollständige Chromosomen; aus der Ursamenzelle entwickeln sich aber bei der Reifung vier Samenzellen, von denen nur zwei die 7 vollständigen Chromosomen haben, während die anderen beiden 6 vollständige und als siebentes das verkümmerte Y-Chromosom enthalten. Wir haben also bei Lygaeus zytologisch einerlei Eizellen, aber zweierlei Samenzellen, und zwar 50% Samenzellen mit 7 vollständigen Chromosomen und 50%, bei denen das siebente Chromosom verkümmert ist.

Geschlechtsbestimmung bei Lygaeus. Wir wollen uns nun diese Verhältnisse in einem Schema darstellen. Dabei wollen wir jedoch die Verschiedenheit sämtlicher Chromosomenpaare nicht berücksichtigen und unseren obigen Schematas entsprechend nicht 7, sondern nur 6 Chromosomenpaare annehmen. Dann erhalten wir folgendes Bild:

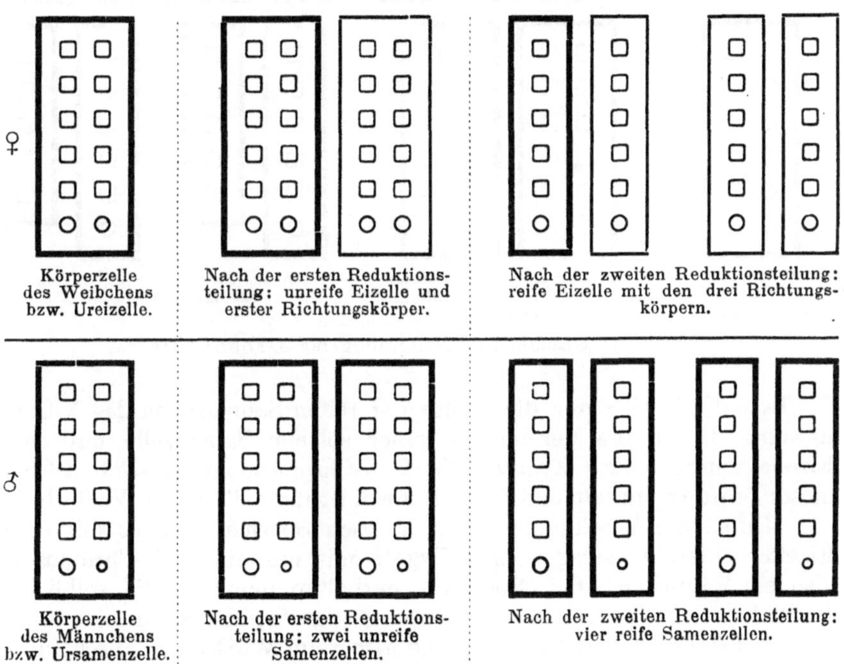

Abb. 14. Geschlechtsbestimmung bei Lygaeus.

Geschlechtsbestimmung bei Drosophila. Bei anderen Organismenarten kommt es vor, daß das kleine Chromosom in den Körperzellen der Männchen überhaupt völlig fehlt. Dann haben wir bei den Männchen gewissermaßen n-Chromosomenpaare und ein unpaares „überzähliges" Chromosom (X-Chromosom), während die Zellen der Weibchen $n + 1$ Chromosomenpaare enthalten. In dieser Weise liegen die Verhältnisse z. B. bei der Feuerwanze (Pyrrhocoris) und bei der Taufliege (Drosophila). Ein Schema würde bei der Annahme, daß 6 Chromosomenpaare bzw. 5 Chromosomenpaare $+ 1$ X-Chromosom vorhanden sind, folgendermaßen aussehen:

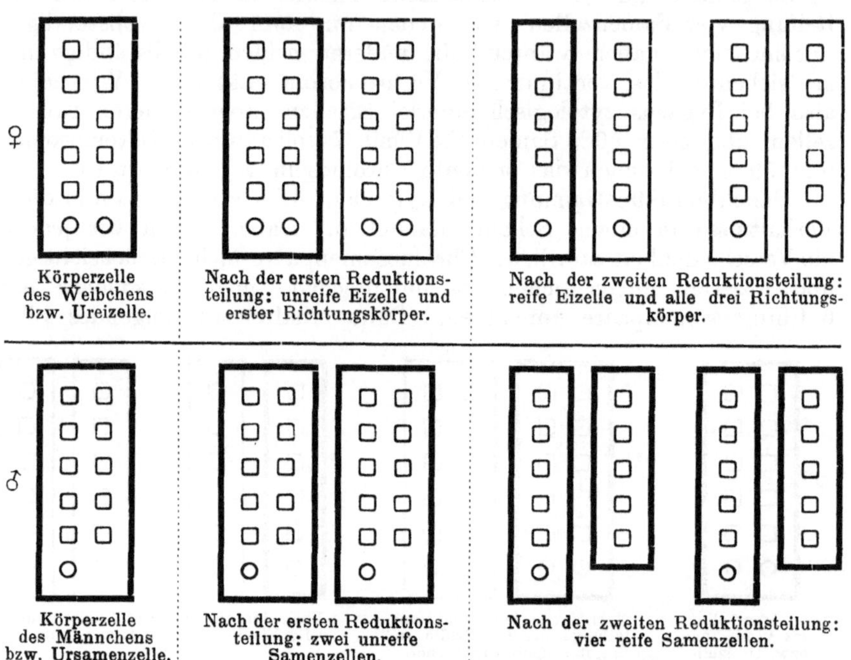

Abb. 15. Geschlechtsbestimmung bei Drosophila.

Es enthält also nur die Hälfte der reifen Samenzellen das X-Chromosom. Durch die Vereinigung einer solchen Samenzelle mit einer Eizelle entsteht eine Zygote, die 2 X-Chromosomen, also 1 X-Chromosomenpaar enthält und folglich die Ausgangszelle eines Weibchens ist. Durch die Vereinigung eines X-losen Spermatosomens mit einer Eizelle, entsteht dagegen eine Zygote mit nur einem X-Chromosom, also ein Männchen. Bei Drosophila enthalten demnach die weiblichen Individuen ein bestimmtes Chromosom paarig; die in diesem Chromosom lokalisierten Erbanlagen sind also beim Weibchen anscheinend homozygot vorhanden. Bei den männlichen Individuen dagegen sind die betreffenden beiden Paarlinge stets verschieden, da ja der eine Paarling überhaupt fehlt, und so kann man sagen, daß bei diesen Arten — und hierzu gehören scheinbar auch alle Säugetiere — das

männliche Geschlecht heterozygot ist in bezug auf die geschlechtsentscheidende Einheit.

Geschlechtsbestimmung bei Abraxas. Es gibt aber auch Lebewesen, bei denen die Verhältnisse zwar ganz analog, aber gerade umgekehrt liegen. Hier, z. B. bei dem Stachelbeerspanner (Abraxas), ist
also das männliche Geschlecht das homozygote, das weibliche dagegen
heterozygot. Auch dies soll noch an einem Schema gezeigt werden:

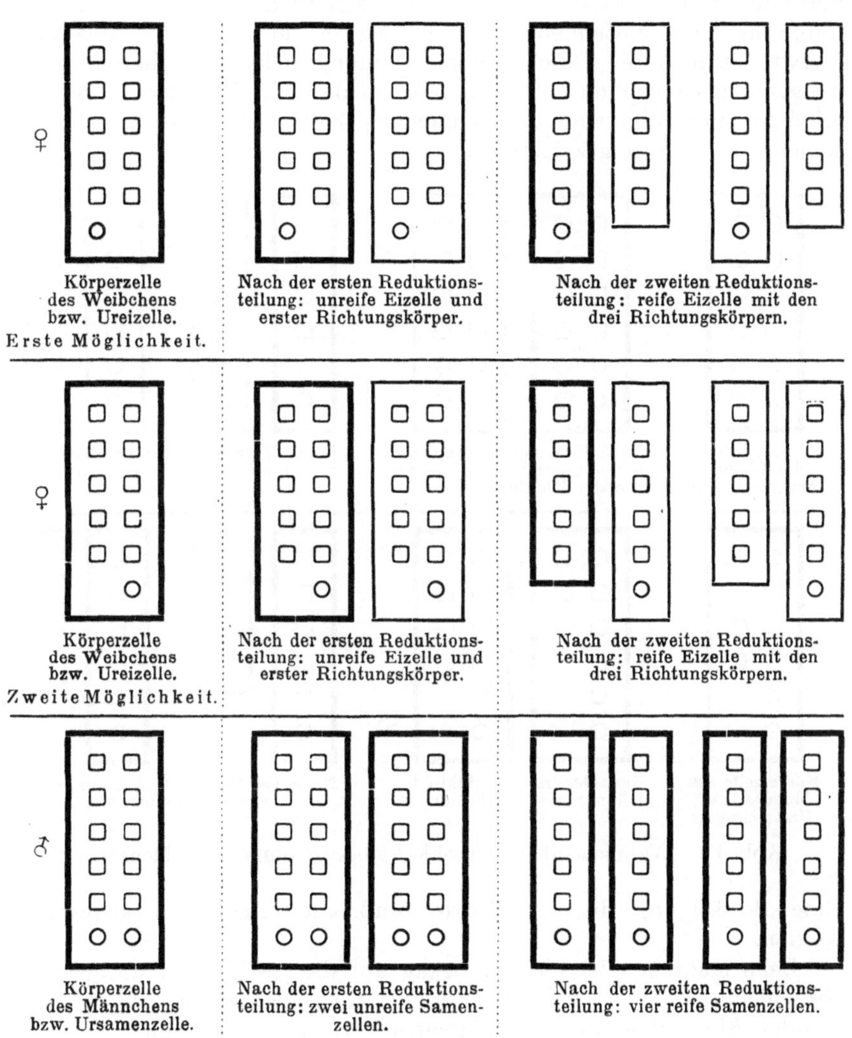

Abb. 16.   Geschlechtsbestimmung bei Abraxas.

In diesen Fällen haben wir also umgekehrt wie bei Drosophila
zweierlei Ei- und nur einerlei Samenzellen.

Geschlechtsbestimmung beim Menschen. Schließlich gibt es noch
Fälle, bei denen das X-Element, d. h. also das geschlechtsentscheidende
Element aus zwei und mehr Chromosomen besteht, die alle zusammen
in eine Samenzelle gehen, also eine physiologische Einheit bilden.
Hierbei können als Paarlinge Y-Chromosomen vorhanden sein, oder
dieselben können fehlen. Das letztere ist nach den Beobachtungen,
die Guyer an den Testikeln eines Negers machte, beim Menschen
der Fall. Guyer fand zweierlei Samenzellen; das diese beiden Arten
unterscheidende X-Element bestand aus zwei Chromosomen. Abgesehen
hiervon stimmt die Geschlechtsbestimmung beim Menschen mit derjenigen bei Drosophila völlig überein, so daß wir das folgende Schema
erhalten (auch hier sind der Einfachheit halber statt der 12 Chromosomenpaare nur 6 gezeichnet!):

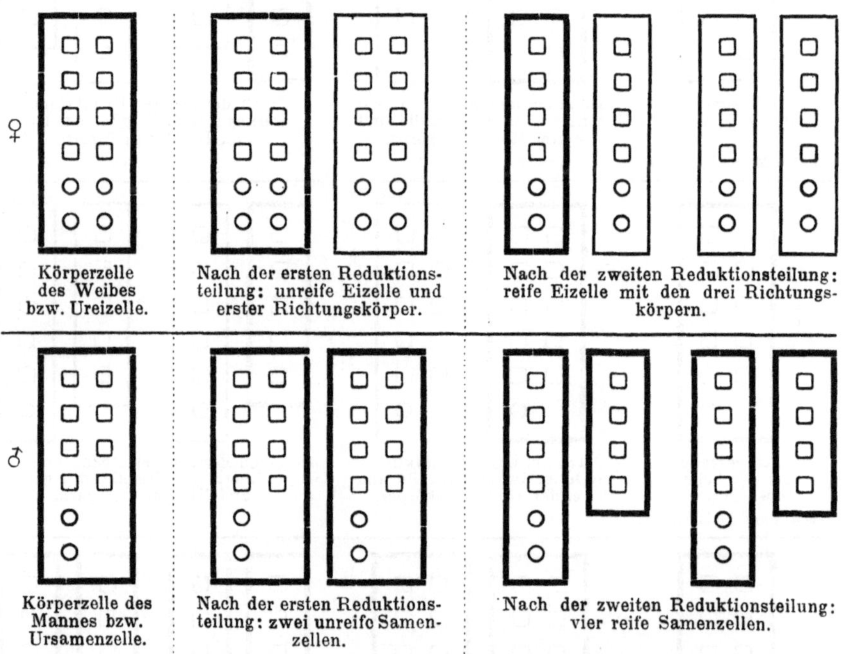

Abb. 17.   Wahrscheinliche Geschlechtsbestimmung beim Menschen.

Eine Bestätigung dieser Befunde muß allerdings noch abgewartet
werden.

Beim Menschen ist also in bezug auf die geschlechtsentscheidende
Erbeinheit das Weib homozygot, der Mann heterozygot. Es gibt nur
einerlei Eier, aber zweierlei Samenzellen, männliche und weibliche.
Die geschlechtsbestimmende Erbeinheit ist nicht nur an ein, sondern
an zwei Chromosomen gebunden.

Geschlecht und Idiotypus. Wie wir sehen, ist die spezielle Art
der Geschlechtsbestimmung bei den einzelnen Arten recht verschieden.

Das Eine aber ist trotz des Wechsels der Einzelheiten aus den bisherigen Beobachtungen mit Sicherheit zu erkennen, daß — wenigstens bei allen höheren Lebewesen — die Geschlechtsbestimmung eine Angelegenheit ist, die mit den Chromosomenverhältnissen in engster gesetzmäßiger Beziehung steht. Es ist also wohl nicht mehr zu bezweifeln, daß der Unterschied der menschlichen Geschlechter letzten Endes darauf zurückzuführen ist, daß die Männer zwei Chromosomen, die bei den Weibern paarig (homozygot) vorhanden sind, nur in einfacher, unpaariger Ausfertigung besitzen. Der Unterschied der beiden Geschlechter läßt sich also zurückführen auf eine bestimmte Differenz in den Erbanlagen. Verwandte Individuengruppen, die sich durch eine bestimmte idiotypische Verschiedenheit voneinander unterscheiden, bezeichnen wir aber als Rassen. Die beiden Geschlechter können also biologisch als zwei verschiedene Rassen oder, da sie noch stärker als anerkannte Rassen differieren, als zwei verschiedene erbliche Organismenformen aufgefaßt werden, nur daß diese beide Organismenformen im Unterschied zu gewöhnlichen Rassen in einer obligaten Sexualsymbiose leben, da jede für sich allein nicht fortpflanzungsfähig ist.

Die Sexualproportion.

Nach der Theorie von der idiotypischen Bestimmung des Geschlechts müßten genau so viel Knaben wie Mädchen erzeugt werden, da ja genau die Hälfte der Samenzellen die X-Chromosomen enthalten muß. Die Theorie scheint deshalb im Widerspruch zu stehen mit der Tatsache, daß auf 100 Mädchengeburten durchschnittlich etwa 106 Knabengeburten kommen, zumal man gute Gründe für die Annahme hat, daß unter den Erzeugten die „Sexualproportion" eine noch größere ist als unter den Geborenen; denn unter den Aborten und anscheinend auch unter den Extrauteringraviditäten ist die Knabenziffer ganz besonders hoch, so daß man allgemein annimmt, auf 100 Mädchenzeugungen kämen etwa 120 bis 125 Knabenzeugungen.

Dieser scheinbare Widerspruch erklärt sich aber, wie Fritz Lenz dargelegt hat, zwanglos durch die Annahme, daß die männlich bestimmten Spermatosomen leichter zur Befruchtung gelangen als die weiblich bestimmten; man könnte sich z. B. vorstellen, daß sie, weil sie mit zwei Chromosomen weniger belastet sind, eine größere Beweglichkeit besitzen. Durch diese Annahme würde sich auch das besonders starke Überwiegen der Knaben bei den Erstgeburten erklären, denn es leuchtet ein, daß für die weiblich bestimmten Samenzellen, die ohnehin schon schwerer zur Befruchtung gelangen, die Verhältnisse bei noch uneröffneten Geburtswegen eben besonders ungünstig liegen.

Die Erklärung für die Entstehung bzw. die Erhaltung der Sexualproportion hat man darin zu suchen, daß dieses ungleiche Geschlechtsverhältnis für die betreffende Art von Vorteil ist im Kampfe ums Dasein, weil dadurch ihre Fortpflanzungsmöglichkeiten erhöht werden.

Denn da von den Knaben schon vor der Geburt, wie auch nach der Geburt viel mehr sterben als von den Mädchen (die Knaben sind eben eigentlich das „schwache Geschlecht"), so wird gerade durch die hohe Sexualproportion im fortpflanzungsfähigen Alter ein günstiges Geschlechtsverhältnis erzielt. Die Sexualproportion kann also wie die meisten anderen Eigenschaften der lebenden Wesen als eine durch Selektion entstandene Anpassungserscheinung aufgefaßt werden.

Hiedurch gewinnt man auch ein gewisses Verständnis für die Tatsache, daß in den Geburtenrückgangsländern, trotzdem hier die Erstgeborenen einen relativ großen Teil aller Kinder ausmachen, die Knabenziffer gering ist. Es kann das dadurch erklärt werden, daß in diesen Ländern die Männer, die eine ausgesprochene Anlage zu weiblichen Zeugungen haben, sich im Durchschnitt stärker vermehren als die übrigen. Bei solchen Männern werden nämlich besonders häufig auch die ersten Kinder weiblichen Geschlechts sein, und da fast in jeder Familie der Wunsch nach einem „Stammhalter" besteht, so wird in den Familien, in denen die ersten Kinder sämtlich Mädchen sind, eine energische Empfängnisverhütung erst viel später einsetzen als bei Familien, die schon mit dem ersten oder zweiten Kinde einen „Stammhalter" erworben haben. So führt der Wunsch nach männlichen Erben, wenn er in einer Bevölkerung durch mehrere Generationen wirkt, paradoxerweise zu Ausleseprozessen, die ein dauerndes langsames Sinken der Knabenziffer zur Folge haben. Auf diese Weise lassen sich das Sinken der Knabenziffern in den Ländern des Geburtenrückgangs, das Ansteigen der Knabenziffer nach einem Kriege, die niedrigen Knabenziffern der Ostasiaten, die angebliche Knabenarmut in Adelsgeschlechtern, bei Majoratsinhabern, und die geringen Knabenziffern der höheren Stände und der städtischen Bevölkerung einheitlich erklären. Und die „Sexualproportion" kann deshalb nicht mehr als Argument gegen die Lehre von der idiotypischen Bestimmung des Geschlechts verwendet werden.

Die Kontinuität des Idioplasmas.

Die Zytologie hat uns nicht nur in den Chromosomen die morphologischen Grundlagen der Erbanlagen erschlossen, sie hat uns nicht nur die idiotypische Bestimmung des Geschlechtes bestätigt, sondern sie hat auch die alte Weismannsche Lehre von der Kontinuität des Erbplasmas von neuem befestigt. Wie zuerst Boveri am Pferdespulwurm beobachtet hat, haben die zwei Tochterzellen, die aus der ersten Teilung der Zygote (Ausgangszelle eines neuen Individuums, befruchtete Eizelle) entstehen, ungleichen Chromatinbestand; bei der einen dieser Zellen ist er vermindert, während die andere den vollen Chromatinbestand besitzt „wie einen Rest der Erstgeburt". Die Nachkommen von der Zelle mit dem verminderten Chromatinbestand zeigen eine weitere Verminderung des Chromatins, ein Prozeß, der jedoch nach einer gewissen Anzahl von Zellgenerationen aufhört. Während sodann die chromatinarmen Zellen den Körper des Individuums bilden, wird aus der jüngsten der Zellen mit dem vollen Chromatinbestand die Urgeschlechtszelle, aus der sich durch die Reduktionsteilungen die reifen Ei- bzw. Samenzellen bilden:

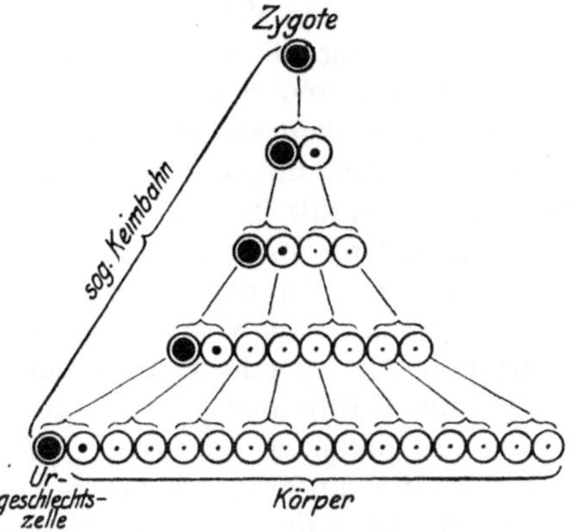

Abb. 18. Kontinuität des Idioplasmas bei Ascaris.

So läßt sich bei manchen Organismen die Kontinuität des Erbplasmas, die aus den Beobachtungen bei Kreuzungsexperimenten gefolgert werden muß, auch zytologisch nachweisen.

4. Die theoretischen Grundlagen der Vererbungslehre.

Das Mendelsche Gesetz.

Paarigkeit der Erbanlagen. Die experimentellen und zytologischen Tatsachen, die die moderne Vererbungsforschung zutage gefördert hat, geben uns in vielfacher Beziehung ganz neue theoretische Vorstellungen von dem Problem der Erblichkeit. Vor allem ist es uns jetzt nicht mehr erlaubt, uns angesichts eines erblichen Merkmals die Vorstellung zu machen, daß ihm in der Erbmasse des betreffenden Individuums einfach eine Erbanlage entsprechen müßte. Wir denken uns vielmehr jede erbliche Eigenschaft von zwei Erbanlagen abhängig, die zu einem Paar zusammengekoppelt sind; und zwar bilden sie deshalb ein Paar, weil sie sich beide in analoger Weise auf dieselbe Eigenheit desselben Organs beziehen, z. B. auf die Farbe der Augen.

Die Erbmasse eines Individuums setzt sich nun aus zahlreichen solchen Erbanlagepaaren zusammen. Von jedem Paar aber stammt der eine Paarling vom Vater, der andere von der Mutter. Das Neue und Unerwartete der Mendelschen Entdeckung liegt jedoch weniger hierin als vielmehr in der Tatsache, daß diese beiden Paarlinge niemals miteinander verschmelzen, sondern daß sie so, wie sie von den

Eltern empfangen sind, an die Kinder weitergegeben werden. Jedes Kind empfängt dabei von einem Erbanlagenpaar immer nur einen Paarling, da ja bei der Bildung der reifen Geschlechtszelle die Hälfte der elterlichen Erbmasse verloren geht, und da diese Halbierung des Erbanlagenbestandes stets in der Weise erfolgt, daß von sämtlichen Erbanlagepaaren je ein Paarling abgestoßen wird. Infolgedessen setzt sich die Erbmasse der Enkel aus den unveränderten einzelnen Erbanlagen der Großeltern, Urgroßeltern usw. zusammen, nur daß dieselben bei den verschiedenen Zeugungen durcheinandergewürfelt wurden, und vor jeder Zeugung die Hälfte von ihnen verloren ging.

Wir haben also mit jedem unserer Eltern genau die Hälfte der Erbanlagen gemein. Und zwar ist das nicht so zu verstehen, daß wir die Anlage für dieses Organ vom Vater und die Anlage für jenes Organ von der Mutter haben, sondern jedes einzelne Organ, jedes einzelne Merkmal, ist zur Hälfte durch den Vater, zur Hälfte durch die Mutter bedingt. Entsprechend vererben wir auf jedes unserer Kinder wiederum die Hälfte unserer gesamten Erbanlagen. Und es erhält dabei jedes Kind für jedes erbliche Merkmal entweder den Anlagenpaarling, den wir für dieses selbe Merkmal von unserem Vater empfangen hatten, oder jenen anderen Paarling, der von unserer Mutter stammt.

Der biologische Vererbungsbegriff. Demnach ist es auch klar, daß es in gewissem Sinne mißverständlich ist zu sagen, man habe diese oder jene Eigenschaft, z. B. die Form der Nase oder die Farbe der Augen, vom Vater geerbt. Denn jeder derartigen Eigenschaft liegt ja, wie allen erblichen Eigenschaften, im Erbbilde stets ein Anlagepaar zugrunde, dessen einer Paarling vom Vater und dessen anderer Paarling von der Mutter stammt. In jedem Falle hat man also die idiotypische Grundlage z. B. seiner Augenfarbe ebensowohl vom Vater wie von der Mutter empfangen. Wenn trotzdem die Augenfarbe mit der Augenfarbe des Vaters in auffälliger Weise übereinstimmt (und mit der Augenfarbe der Mutter in ebenso auffälliger Weise kontrastiert), so ist das weniger ein Ausdruck der Vererbung, sondern vielmehr ein Ausdruck der Dominanz oder der Homozygotie. Bei einem braunäugigen Vater hat man gegebenenfalls eben deshalb die braunen Augen des Vaters, weil der vom Vater stammende Erbanlagenpaarling für Braun den von der Mutter stammenden Paarling für Blau überdeckt; oder in einem anderen Falle: man hat die blauen Augen der Mutter, weil man auch vom Vater eine, bei ihm rezessive, d. h. also überdeckte Anlage für Blau geerbt hat, so daß man inbezug auf die Augenfarbe rezessiv homozygot ist, wie die Mutter. Der Vererbungsbegriff der Nichtbiologen deckt sich also auch in diesem Bezuge nicht völlig mit dem biologisch-wissenschaftlichen Vererbungsbegriff. Denn der Nichtbiologe betrachtet im allgemeinen nur die Vererbung von Merkmalen und spricht deshalb von einer Vererbung nur da, wo infolge von Dominanz oder infolge von fortlaufender Homozygotie bei Eltern und Kindern die Gleichheit körperlicher und geistiger Eigenheiten äußerlich in die Erscheinung tritt. Der Biologe dagegen spricht überall da von Vererbung, wo **idiotypische Anlagen bei Vorfahren und Nachkommen übereinstimmen**, gleichgültig, ob sie sich am Individuum phänotypisch manifestieren, oder ob sie verborgen bleiben.

Bestätigung von Weismanns Lehren. So führt uns die Mendelistische Vererbungslehre zu den gleichen Vorstellungen von der Vererbung, die schon August Weismann gelehrt hat. Weismann stellte sich die Erbmasse vor als aus zahlreichen materiellen Teilchen bestehend, welche wir jetzt als Erbanlagen, Faktoren, Gene oder Ide bezeichnen. Diese Erbmasse, das Idioplasma (unschön als „Keimplasma" bezeichnet), trennte Weismann scharf von den übrigen Zellen des Körpers. Er lehrte, daß nicht das Individuum mit seinen Körperzellen neue Idioplasmazellen („Keimzellen") produziert, sondern daß die Zellen des Idioplasmas (die Geschlechtszellen) jedesmal direkt aus den Idioplasmazellen der vorhergehenden Generation entstehen. So gleicht das Idioplasma einer unter der Erde fortkriechenden Wurzel, von der in regelmäßigen Abständen Sprosse emportreiben und zu Pflänzchen werden, die den einzelnen Individuen der aufeinanderfolgenden Generationen entsprechen.

Ewigkeit des Idioplasmas. Und wenn die Pflänzchen auch eins nach dem anderen wieder dahinsterben: die unter dem Boden hinkriechende Wurzel wächst unsichtbar fort, um wieder und wieder

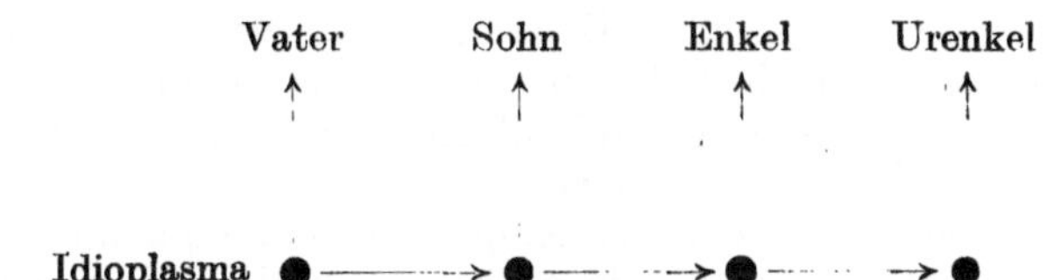

Abb. 19. Kontinuität des Idioplasmas (Schema bei Selbstbefruchtung).

neuen Individuen das Leben zu geben (Abb. 19). Wenn die Deszendenztheorie richtig ist, so stammen die Erbsubstanzen der heute lebenden Pflanzen, Tiere und Menschen in gerader Linie von den ersten Vertretern organischen Lebens auf der Erde ab; unsere Erbmasse hat also unausdenkliche Zeitspannen zurückgelegt und zahllose Artumwandlungen durchgemacht und ihr Leben von jener Urzeit bis heute erhalten. Wir haben deshalb gar keinen Grund zu der Annahme, daß der Untergang so zahlreicher Völker, den uns die Geschichte zeigt, durch irgendeine biologische Notwendigkeit diktiert gewesen wäre. Eine Rasse, ein Volk, altert und stirbt nicht wie ein Individuum, da das Erbplasma nicht zu altern vermag. Wenn nicht äußere Gewalten das Lebendige töten, dann kennt die Lebensdauer der Erbsubstanzen keine Grenzen; **potential hat also das Idioplasma ein ewiges Leben.** In der Übereinstimmung mit der Weismannschen Lehre von der „Kontinuität des Idioplasmas" zeigen uns denn auch die modernen Vererbungsexperimente, wie die einzelnen

Erbeinheiten, wenn auch durch die zweigeschlechtliche Zeugung durcheinander gemischt, so doch in ihrem Wesen unberührt und unverändert im ewigen Spiel durch die Kette der Generationen wandern.

Homozygotie und Heterozygotie. Wir sahen, daß diese Erbeinheiten zu Paaren geordnet sind, von deren jedem stets nur ein Paarling auf jeden einzelnen Nachkommen übergeht. Beide Paarlinge können gleich sein. Bei einem Menschen z. B. mit blauen Augen denken wir uns die Blauäugigkeit bedingt durch zwei solcher zu einem Paar verkoppelter Anlagen für blaue Augenfarbe. Wir bezeichnen dann den Menschen als homozygot (gleichanlagig) in bezug auf seine Augenfarbe. Die beiden zu einem Paar gehörigen Anlagen können aber auch verschieden sein. Das Individuum ist dann in bezug auf die Eigenschaft, welche die Anlagen bedingen, heterozygot (verschiedenanlagig). Es könnte z. B. jemand die Anlage zu brauner Augenfarbe von seinem Vater, die zu blauer Augenfarbe von seiner Mutter geerbt haben. Da nun, wie Hurst und Davenport gezeigt haben, in diesem Falle die Anlage für Braun über ihren Paarling, die Anlage für Blau, im allgemeinen dominiert, so wird ein solcher Heterozygot braune Augen haben, so daß er von einer Person, die zwei gleiche Erbanlagenpaarlinge für braune Augenfarbe hat, äußerlich gar nicht zu unterscheiden ist. Wir sprechen dann von Dominanz.

Unvollständige Dominanz. Bei Heterozygoten ist die Dominanz des einen Paarlings die Regel. Doch gibt es, wie wir schon auf Abb. 1 sehen konnten, auch Fälle, in denen die Dominanz unvollständig ist. Die heterozygoten Individuen können dann in bezug auf die betreffende Eigenschaft „intermediär" sein, also eine Mittelstellung zwischen den beiden homozygoten Ausgangsrassen einnehmen. Die unvollständige Dominanz kann gelegentlich auch den Eindruck einer völlig neuen Eigenschaft machen. Die Heterozygoten, welche bei der Kreuzung gewisser weißer und schwarzer Hühnerrassen entstehen, erscheinen z. B. nicht grau, sondern blau (Andalusier).

Unregelmäßige Dominanz. Sehr häufig ist die Dominanz unregelmäßig, d. h. sie ist bei einem Teil der Heterozygoten vorhanden und fehlt bei einem anderen Teil. Oder sie ist nur bei einem Teil der Heterozygoten vollständig und bei einem anderen Teil unvollständig. Nicht selten ist die Manifestation der dominanten Charaktere von Milieufaktoren abhängig. Beispiele für ein solches Verhalten wird ein späteres Kapitel bringen.

Epistase und Hypostase. Selbst jedoch, wenn ein Merkmal homozygot angelegt ist, braucht es nicht immer manifest zu werden. Denn einerseits ist auch die Manifestation homozygoter Charaktere oft von Außeneinflüssen (parakinetischen Faktoren) abhängig, andererseits aber kann die Manifestation einer Erbanlage ja auch durch die Wirkung anderer Erbanlagen, die nicht zu dem gleichen Paar gehören, beeinflußt werden. Der Idiotypus besteht ja aus einer ganzen Anzahl solcher Erbeinheitspaare. Als Beispiel für die gegenseitige Beeinflussung verschiedener Erbanlagenpaare weisen wir darauf hin, daß bei schwarzen Mäusen, die ein Erbanlagenpaar für gelbe Färbung haben, dieses nicht in die Erscheinung tritt, weil es eben durch die schwarze Färbung, die von einem anderen Anlagenpaar ausgeht, überdeckt wird. Ein hierhergehöriges Beispiel aus der menschlichen Pathologie bildet wahrscheinlich die Hypospadie. Zu ihrem Auftreten ist nicht nur die spezifische Erbanlage nötig, die eben die Hypospadie entstehen läßt, sondern die Manifestation dieses Leidens verlangt auch die Anwesenheit derjenigen Erbeinheit, die das männliche Geschlecht bedingt, d. h. also die beiden X-Chromosomen in unpaarer heterozygoter Ausfertigung. Sind nun in einem Idiotypus die Anlage für Hypospadie und die Anlage für weibliches Geschlecht gleichzeitig vorhanden, so ist eine Manifestation der Hypospadie nicht möglich: das Erbanlagenpaar für Hypospadie wird durch das Erbanlagenpaar für weibliches Geschlecht überdeckt. Wenn dergestalt ein Erbanlagenpaar ein anderes, auf eine andere Eigenschaft bezügliches überdeckt, spricht man nicht von Dominanz (worunter man nur das Überdecken einer Erbanlage durch ihren auf das gleiche Merkmal bezüglichen Paarling versteht), sondern man spricht dann von Epistase. Das weibliche Geschlecht ist also wahrscheinlich epistatisch gegenüber der Hypospadie. Das Gegenteil von Epistase ist Hypostase. Es ist also die Anlage zu Hypospadie hypostatisch gegenüber der Anlage zum weiblichen Geschlecht, infolgedessen wird sie von ihr überdeckt.

Infolge der Epistase und Hypostase können auch dominante Krankheiten gelegentlich latent vererbt werden. Die Hypospadie z. B. ist beim männlichen Geschlecht in den Fällen, die wir hier im Auge haben, offenbar dominant: die hypospadischen Männer sind heterozygot in bezug auf das krankhafte Merkmal (denn sie vererben es auf die Hälfte ihrer Söhne) und trotzdem manifest krank. Die heterozygoten Weiber aber wirken als „Konduktoren", und sind hier folglich äußerlich gesunde Überträger eines dominanten Leidens.

Idiotypische Verschiedenheit gleich aussehender Individuen. Schon die alten Züchter wußten, daß es oft unmöglich ist, die Erbwerte eines Individuums nach seiner äußeren Erscheinung zu beurteilen. Dem französischen Gärtner de Vilmorin war es z. B. aufgefallen, daß Zuckerrüben von gleichem Zuckergehalt eine sehr verschiedenwertige Nachkommenschaft erzeugen können, da oft die eine Rübe lauter mehr oder weniger zuckerreiche, die andere ausschließlich zuckerarme Pflanzen hervorbringt. Die moderne Vererbungsforschung läßt uns nun nach verschiedenen Richtungen hin verstehen, worin diese Tatsache, daß der Wert des Individuums als solchen von seinem Wert als Zeuger verschieden ist, ihren Grund hat.

Einerseits können Individuen, die äußerlich gleich erscheinen, erblich verschieden sein. Dies ist bei allen heterozygoten Lebewesen der Fall, die eine dominante Eigenschaft besitzen, wenn man sie mit den betreffenden Homozygoten vergleicht. Bei epistatischen Eigenschaften ist es natürlich nicht anders. Aber nicht nur die Phänomene der Dominanz und der Epistase lassen zwei Individuen als gleich erscheinen, die erblich verschieden sind, auch Außeneinflüsse können gelegentlich die erblichen Verschiedenheiten, die zwischen zwei Individuen bestehen, verdecken. Die rote Primel (Primula sinensis rubra) z. B. bildet, wenn man sie im Warmhaus aufwachsen läßt, in ihren Blüten keine rote Farbe und gleicht deshalb unter diesen Bedingungen völlig der weißen Rasse (Primula s. alba), die doch erblich von ihr verschieden ist.

Idiotypische Gleichheit verschieden aussehender Individuen. Andererseits können aber auch Individuen, die erblich übereinstimmen, äußerlich verschieden aussehen. Die rote Primel im Freien unterscheidet sich z. B. von der im Warmhaus aufblühenden so sehr, wie sie sich sonst nur von einer anderen Rasse (nämlich der weißen Primel) unterscheidet. Auch Menschen, welche idiotypisch übereinstimmen, weisen meist Verschiedenheiten, wenn auch nur in geringem Umfang auf. Allerdings kommen Menschen mit völlig übereinstimmendem Idiotypus im allgemeinen nicht vor, weil die menschliche Erbmasse aus so viel individuell verschiedenen Erbanlagen zusammengesetzt ist, daß stets eine sehr vielspältige Heterozygotie daraus resultiert.

Eineiige Zwillinge. Individuen, die in allen Erbeinheitspaaren homozygot sind, kommen beim Menschen deshalb ebensowenig vor, wie bei irgend einer anderen zweigeschlechtlichen Spezies. Jeder Mensch ist infolgedessen im Sinne des Mendelismus ein Bastard und jede menschliche Fortpflanzung eine Bastardierung. Wenn es aber auch keine totale Homozygotie beim Menschen gibt, so lassen sich dennoch gelegentlich Individuen finden, die völlig übereinstimmende Erbmassen haben. Das ist bei den eineiigen oder homologen Zwillingen der Fall, weil hier beide Individuen aus der gleichen Zygote (befruchtete Eizelle) hervorgegangen sind. Die Unterschiede zwischen solchen Zwillingen müssen deshalb als Folge einer Wirkung äußerer Faktoren angesehen werden, wenn es auch nicht immer möglich ist, diese Faktoren nachzuweisen. Wie groß diese paratypischen Unterschiede idiotypisch übereinstimmender Personen sein können, lehrt uns die Tatsache, daß unter eineiigen Zwillingen nicht allzu selten Acardiaci gefunden werden: hier hat also ein Individuum durch die Gunst äußerer Verhältnisse über ein anderes, das ihm bezüglich der Erbwerte völlig ebenbürtig war, bis zu dessen Vernichtung triumphieren können.

Idiophorie. Die äußere Erscheinung eines Lebewesens ist also vielfach verwandt, aber durchaus nicht identisch mit seinen Erbanlagen. Nur einen kleinen Teil der Erbanlagen kann man aus der tatsächlichen Erscheinung, dem Phänotypus eines Individuums, erschließen; ein wirkliches Bild dieser Erbanlagen erhält man jedoch erst durch die Analyse der Nachkommenschaft, vornehmlich der Enkelgeneration. So kann es gelingen, eine, wenn auch nicht vollständige **Erbformel** eines Individuums aufzustellen, d. h. seinen Erbanlagenbestand, seinen Idiotypus, wenigstens bezüglich seiner wichtigsten Komponenten zu erforschen. Gerade deshalb aber, weil der Idiotypus oft von dem Phänotypus erheblich abweicht, ist für den Biologen die Erforschung des Idiotypus nötig. Denn, wie wir gesehen hatten, sind es ja nicht die Eigenschaften des Individuums, die auf die nächste Generation vererbt werden, sondern die Anlagen seines Idiotypus. Ein heterozygoter Mann mit braunen Augen vererbt trotz seiner braunen Augenfarbe auf die Hälfte seiner Kinder die Anlage zu blauer Augenfarbe. **Das Wesen der Vererbung besteht also überhaupt nicht in einer Übertragung von Eigenschaften, sondern allein in dem Weitertragen der idiotypischen Anlagen von Generation zu Generation (Idiophorie).**

Das Mendelsche Gesetz. Überblicken wir das Gesagte noch einmal im Zusammenhang, um so den Kern der Mendelschen Entdeckung herauszuschälen und zu einer Formulierung des Mendelschen Gesetzes zu kommen, so können wir sagen: Das Individuum vererbt von jedem Erbanlagenpaar, das in seinem Erbbild vorhanden ist, auf jedes seiner Kinder nur je einen Paarling. Den anderen, dazugehörigen Paarling empfängt das neuentstehende Lebewesen von seinem anderen Elter: so daß also jedes Kind die eine Hälfte seiner Erbanlagen vom Vater, die andere von der Mutter erhält. **Das Mendelsche Gesetz läßt sich demnach folgendermaßen fassen: Alle Vererbung beruht auf dem Weitertragen von Erbanlagepaaren; dabei geht von jedem Paar stets ein Paarling durch die sog. Reifungsteilungen der Geschlechtszellen verloren. Jede Erbanlage (nicht Eigenschaft!) hat daher bei jeder Zeugung die Wahrscheinlichkeit** $^1/_2$**, auf das Kind überzugehen.**

Der Begriff der Erblichkeit.

Angeboren und idiotypisch. Früher hat man zwischen angeborenen („kongenitalen") und erworbenen Krankheiten unterschieden, und noch heute erfreut sich der Ausdruck kongenital allgemeiner Beliebtheit in der medizinischen Literatur. Es wird hier aber mit „angeboren" gewohnheitsmäßig ein Begriff bezeichnet, der sich zum Teil mit dem Begriffe „erblich" deckt. So bezeichnet man z. B. die Nävi als eine besondere Form „kongenitaler" Mißbildungen der Haut, trotzdem ja die meisten Nävi erst im Laufe des Lebens manifest werden, manche sogar erst im höheren Alter (tardive Nävi). Man hat sich also schließlich daran gewöhnt, unter „kongenital" nicht einfach das Angeborene zu verstehen, sondern alles, was das Kind mit auf die Welt bringt „und zwar sowohl manifest wie in der Anlage" (Martius). Es leuchtet aber ein, daß es mißlich ist, einen Ausdruck, der seinem Wortsinne nach „angeboren" bedeutet in diesem ganz anderen Sinne, zu gebrauchen. Der Ausdruck kongenital ist aber noch aus einem anderen Grunde bedenklich, nämlich weil er genau genommen „anerzeugt" (im Momente der Vereinigung von Ei und Samenzelle vorhanden) bedeutet, während man für „angeboren" eigentlich konnatal sagen müßte (im Augenblick der Geburt vorhanden). Ein Ausdruck wie „kongenitale Syphi-

lis" ist deshalb nach zwei Richtungen hin mißverständlich: erstens
könnte man sich durch diesen Ausdruck zu der Annahme verleiten
lassen, daß die Syphilis, wenigstens in einem Teil der Fälle, schon
„in der Anlage" vorhanden, also idiotypisch sei; zweitens kann man
zu der Meinung verführt werden, daß die Lues kongenital sei im
strengsten Sinne dieses Wortes, d. h. also schon im Moment der
Zeugung vorhanden; auch das ist aber nicht richtig, da sie ja erst
während der intrauterinen Entwicklung durch Infektion erworben
wird. Als korrekt darf deshalb nur der Ausdruck „konnatale Syphilis" gelten.

Erworben und paratypisch. Ebensowenig wie der Ausdruck „kongenital" mit „erblich" (idiotypisch) kann der Ausdruck „erworben"
mit „nichterblich" (paratypisch), identifiziert werden, denn es wäre
grundfalsch, wenn man annehmen wollte, die der Erbmasse entstam-
menden Krankheiten müßten bei der Geburt vorhanden sein, und die
im Laufe des Lebens entstehenden müßten in jedem Falle irgendwelchen äußeren Bedingungen ihr Dasein verdanken. Kennen wir
doch zahlreiche angeborene Leiden, die mit Erblichkeit nichts zu tun
haben (z. B. konnatale Syphilis, amniogene Mißbildungen), und auf der
anderen Seite gibt es Krankheiten genug, an deren Erblichkeit, trotzdem sie erst im späteren Leben auftreten, nicht zu zweifeln ist; ich
nenne nur die Dementia praecox, die Porokeratose, die Otosklerose,
die Myopie, den Alterstar. Auch viele Rassenmerkmale kommen erst
während des postnatalen Lebens zur Manifestation; von denjenigen
Eigenschaften, deren Entwicklung von den Geschlechtsdrüsen abhängig
ist, und von denen auch viele selbständig erblich sind (z. B. Farbe,
Länge und Form der Barthaare, der Schamhaare) versteht sich das
ja von selbst. Vom Standpunkt der Vererbungslehre haben wir also
keinerlei Anlaß, mit besonderer Schärfe die Eigenschaften, die schon
bei der Geburt vorhanden sind, von denen zu trennen, die erst im
späteren Leben entstehen. Der Ablauf der Ontogenese wird ja durch
den Akt der Geburt in seinem Wesen gar nicht irgendwie berührt;
die Manifestation erblicher Charaktere, die mit der Vereinigung der
beiden Geschlechtszellen beginnt, erfolgt kontinuierlich das ganze Leben
hindurch bis zur senilen Involution (die ja bekanntlich auch noch
mancher erblichen Anlage zum Durchbruch verhilft) und bis zum Tode
des Individuums.

Erblichkeit von Zuständen und Vorgängen. Manche Autoren
machen eine Trennung in krankhafte Zustände (Anomalien) und krankhafte Vorgänge (Krankheiten), und meinen, daß nur Anomalien, niemals aber Krankheiten vererbt werden könnten. Diese Lehre ist
jedoch angreifbar, weil man den Krankheitsbegriff sehr wohl auch auf
krankhafte Zustände ausdehnen kann, wenn man will, und wir hatten
im ersten Kapitel gezeigt, daß eine naturwissenschaftlich exakte Krankheitsdefinition zu einer solchen Auffassung des Krankheitsbegriffes
kommen muß. Die besagte Lehre ist aber außerdem unrichtig, weil
eben nicht wenige erbliche Leiden erst während des extrauterinen

Lebens manifest werden, und infolgedessen nicht selten als ein am Individuum rascher oder langsamer ablaufender Vorgang imponieren. Auch mehr oder weniger normale Vorgänge am Individuum, wie das Längen- und Breitenwachstum, zeigen oft deutliche Vererbung, und ich denke, daß es ungefähr auf dasselbe herauskommt, ob ich von einer Vererbung des Riesenwachstums rede und dabei an den Vorgang des übermäßigen Wachsens denke, oder ob ich von einer Vererbung des Riesenwuchses spreche und dabei jenen Zustand im Auge habe, der das Resultat dieses Wachstums ist.

Erblichkeit von Eigenschaften und Reaktionsweisen. Die Betrachtung des Angeborenen und des erst später Erworbenen und die Betrachtung nach der längeren oder der kürzeren Dauer eines Leidens gibt uns also keine neuen Gesichtspunkte für das Verständnis des Erblichkeitsbegriffs. In weit höherem Grade förderten unsere Einsichten in diesen Begriff die Darlegungen von Erwin Baur, der uns zeigte, daß im Grunde nicht Eigenschaften (gleichgültig ob angeboren oder erworben, ob Zustände oder Vorgänge), sondern nur Reaktionsweisen vererbt werden. Es gehört zu den Verdiensten Baurs, zur Erläuterung dieser Verhältnisse in der weißen und roten Primel (Primula sinensis alba und Pr. sin. rubra) ein besonders lehrreiches Beispiel gefunden zu haben.

Die weiße und die rote Primel unterscheiden sich, was schon der Name sagt, durch ihre weiße bzw. rote Blütenfarbe. Diese Blütenfarbe vererbt sich unter der gewöhnlichen Umwelt völlig konstant. Bringen wir aber eine Pflanze der roten Primel in ein Warmhaus, wo wir sie bei 30—35⁰ C aufwachsen lassen, so blüht sie hier rein weiß, so daß im Warmhaus die Primula sinensis rubra von der Primula sinensis alba überhaupt nicht zu unterscheiden ist. Diese weiße Blütenfarbe der im Warmhaus gehaltenen Primula sinensis rubra ist, wie zu erwarten steht, keine erbliche Eigenschaft; bringen wir die „rote Primel" wieder unter normale Temperatur zurück, so zeigen die später aufbrechenden Blüten wieder in unveränderter Weise ihre normale rote Farbe.

Eigentlich, sagt Baur, entspricht es deshalb einer ganz naiven Auffassungsweise zu sagen, die „weiße" und die „rote" Primel unterscheiden sich durch die Blütenfarbe. Die Primula rubra zeigt ja, wenn sie in wärmerer Umgebung aufwächst, genau so weiße Blüten wie die „weiße" Primel! Was die beiden Primeln voneinander unterscheidet, ist deshalb eigentlich nicht die Farbe ihrer Blüten, sondern nur die charakteristische Art und Weise, auf bestimmte Temperaturen mit Vermehrung oder Verminderung der Produktion eines gewissen Farbstoffes zu reagieren. Die Blütenfarbe und alle die übrigen „Eigenschaften" bestehen demnach nur relativ, je nach den gerade wirkenden Außenverhältnissen.

Baur vergleicht deshalb diese beiden Primeln mit dem Paraffinum durum und dem Paraffinum liquidum. Diese beiden Paraffine unterscheiden sich gemeinhin dadurch, daß das eine fest, das andere flüssig ist. Wenn wir aber Paraffinum durum erhitzen, so wird es flüssig und ist dann nicht mehr von dem Paraffinum liquidum zu unterscheiden. Es ist deshalb eine sehr mißverständliche Ausdrucksweise, wenn man sagt, die beiden Paraffine seien dadurch unterschieden, daß das eine fest, das andere flüssig ist. Was die beiden Paraffine unterscheidet, ist vielmehr die verschiedene Lage ihres Schmelzpunktes, d. h. die charakteristische Art und Weise, in der sie auf Temperatureinflüsse mit Änderung ihres Aggregatzustandes reagieren. Und so wenig durch Erwärmen des Paraffinum durum auf seinen Schmelzpunkt dieser Schmelzpunkt selbst verändert, etwa erniedrigt wird, ebensowenig wird die charakteristische Art der Primula rubra, bei relativ niedriger Temperatur rote Blütenfarbe zu erzeugen, durch die Zucht im Warmhause verändert. Auch diejenigen „roten" Primeln, die Generationen lang im Warmhause weiß geblüht haben, bringen wieder ihre normal roten Blüten hervor, sobald sie ins Freie zurückversetzt werden.

Erblichkeit von Krankheitsdispositionen. Es sind also eigentlich nicht bestimmte Eigenschaften, sondern nur die Reaktionsfähigkeiten oder die Reaktionsmöglichkeiten der Rasse, die „vererbt" werden. Der Neger vererbt auf seine Nachkommen nicht die schwarze Hautfarbe, sondern nur die Fähigkeit, auf bestimmte äußere Einflüsse hin — teils auf Belichtung, teils schon auf die gewöhnlichen Reize des ontogenetischen Wachstums hin — große Mengen von Pigment in Epidermis und Cutis anzuhäufen. Gaben die ärztlichen Autoren der Ansicht Ausdruck, daß nicht die Krankheit sondern nur die Disposition dazu vererbbar sei, so muß man im Lichte der Baurschen Betrachtungsweise auch die Erblichkeit der Disposition kritisch ansehen; denn auch die Disposition zu einer bestimmten Krankheit besteht ja ihrerseits wieder auf Grund bestimmter morphologischer oder physiologischer Eigenschaften der Zellen, und streng genommen wird eben nur die Fähigkeit dieser Zellen vererbt, in dem gewöhnlichen Milieu solche, die Disposition ausmachenden Eigenschaften hervorzubringen d. h. also solche Eigenschaften, welche die Wahrscheinlichkeit, an einem bestimmten Leiden zu erkranken, erhöhen. Es wird also eigentlich auch nur die erbliche Anlage zur Krankheitsdisposition vererbt, nicht die Krankheitsdisposition selbst. In einem Beispiel ausgedrückt: der Habitus phthisicus wird nicht als solcher vererbt, sondern vererbt wird nur die Fähigkeit des wachsenden Organismus, besonders seiner Muskel- und Stützgewebe, auf ungünstige äußere Lebensbedingungen oder sogar schon auf günstige äußere Bedingungen hin mit der Ausbildung eines paralytischen Thorax, einer Myohypotonie, einer Enteroptose usw. zu reagieren.

Erblichkeit von Merkmalen. Denkt man nun die Baurschen Vorstellungen konsequent zu Ende, so kommt man noch zu einigen weiteren Schlüssen. Gibt es keine Vererbung von Eigenschaften, dann kann es natürlich auch keine Vererbung von Merkmalen geben, da man mit „Merkmalen" hauptsächlich diejenigen Eigenschaften zu bezeichnen pflegt, an denen man Gattungen, Arten, Rassen usw. unterscheiden kann. Das Mendelsche Gesetz sagt also demnach eigentlich gar nichts über die Zahlenverhältnisse von Merkmalen aus, sondern nur über die Zahlenverhältnisse von Erbanlagen. Daraus folgt aber, daß ein Merkmal (und eine Krankheit), das nicht die exakten Mendel-Zahlen zeigt, dennoch in hohem Grade auf Erblichkeit beruhen kann. Dort wenigstens, wo die Manifestation eines Merkmals von einer räumlich und zeitlich wechselnden, bald in dieser, bald in jener Richtung zielenden Umwelt (Paravariabilität) oder infolge komplexer Bedingtheit von anderen Erbeinheiten (Mixovariabilität) abhängig ist, werden wir deshalb auch bei sicher erblichen, auf ganz bestimmte Familien beschränkten Leiden klare Mendelzahlen vergeblich suchen.

Verschiedene Reaktionsweisen idiotypisch gleicher Individuen. Aber auch die Baursche Ausdrucksweise, daß nur Reaktionsmöglichkeiten erblich seien, kann, wenn man will, noch einer Kritik unterzogen werden. Denn da die Ausnützung einer Reaktionsfähigkeit oft auch für die späteren Reaktionsfähigkeiten des Individuums von Einfluß ist, so kann die Reaktionsfähigkeit von zwei idiotypisch gleichen Individuen, wenn sie vorher unter verschiedenen Außenbedingungen gestanden haben, auch verschieden sein. Nehmen wir beispielsweise an, daß von eineiigen Zwillingen der eine mit einem Antigen gespritzt wurde, der andere nicht. Trotzdem beide erbgleich sind, reagieren sie nunmehr völlig verschieden gegenüber den betreffenden Infektionserregern. Es ist deshalb im Ausdruck entschieden richtiger, wenn man sagt, daß nicht diese oder jene Reaktionsmöglichkeiten vererbt werden können, sondern daß eine bestimmte Summe von Reaktionsmöglichkeiten vererbt wird. Denn die gesamte Summe der Reaktionsmöglichkeiten muß bei idiotypisch übereinstimmenden Individuen natürlich immer die gleiche sein.

Erblichkeitsbegriff ein Relationsbegriff. Aus all diesen Betrachtungen ergibt sich nunmehr die Erkenntnis, daß der Erblichkeitsbegriff (soweit es sich um Erblichkeit von Merkmalen, Eigenschaften, Krankheiten usw. handelt) ein Relationsbegriff ist. Dies kann man sich besonders schön an jenem Primelbeispiel klarmachen, daß wir schon oben besprochen hatten.

Es wurde bereits dargelegt, daß die rote bzw. die weiße Blütenfarbe, durch die sich die Primula rubra und die Primula alba unter normalen Verhältnissen unterscheiden, als ein idiotypisches Merkmal oder als eine Idiovariation (Erbvariation) bezeichnet werden müssen. Die weiße Blütenfarbe, durch die sich die Primula rubra im Warmhaus von der im Freien wachsenden Primula rubra unterscheidet, mußten wir dagegen als eine Paravariation (Nebenvariation) ansprechen, da sie ihre Ursache nicht in einer Verschiedenheit des Idiotypus der beiden Pflanzen hat, sondern nur in einer Verschiedenheit der Aufwuchsbedingungen idiotypisch übereinstimmender Individuen. Man kann sich nun aber leicht einen Fall denken, in dem uns die weiße

Blütenfarbe der Primula rubra im Warmhaus nicht als Para-, sondern als Idiovariation entgegentritt.

Nehmen wir z. B. an, daß es eine zweite Rasse der Primula rubra gäbe, die ihre rote Blütenfarbe nicht bei 30°, sondern erst bei 50° — oder auch durch die höchsten möglichen Hitzegrade überhaupt nicht — verliert, so würden wir, wenn wir zwei Pflanzen der beiden Rassen nebeneinander in dem gewöhnlichen Warmhaus halten, die weiße Blüte der Primula rubra als eine Idiovariation bezeichnen müssen, gegenüber der roten Blüte der Primula rubra hypothetica, da sich der Unterschied beider Pflanzen nicht durch die Verschiedenheit der Umwelt (beide befinden sich ja in dem gleichen Warmhause), sondern durch eine erbliche, idiotypische Verschiedenheit der Reaktion auf Temperatureinflüsse erklären würde. Eine Eigenschaft bzw. eine Variation ist also bald erblich (idiotypisch), bald nichterblich (paratypisch), je nachdem ob wir sie mit der entsprechenden Eigenschaft dieses oder jenes anderen Individuums vergleichen. Es ist deshalb eigentlich nicht ganz korrekt, überhaupt von einem erblichen bzw. nichterblichen Merkmal zu reden, da es strenggenommen nicht idiotypische bzw. paratypische Merkmale, sondern nur idiotypische bzw. paratypische Verschiedenheiten, Veränderungen, Variationen, Abweichungen, Unterschiede gibt. In dem Ausdrucke der Idio-„Variation" liegt ja schon die Beziehung auf andere Individuen eingeschlossen, denn wenn etwas idiotypisch „variiert", idiotypisch „abweicht", dann muß es eben andere Individuen geben, von denen es abweicht.

Es gibt aber eigentlich nicht nur keine idiotypischen Merkmale, sondern es gibt, absolut genommen, auch gar keine Idiovariationen. Die weiße Primula rubra im Warmhause ist, wie gesagt, der auch im Warmhaus befindlichen roten Primula rubra hypothetica gegenüber eine Idiovariation, der roten Primula rubra im Freien gegenüber eine Paravariation. — In einer Population, in der alle Menschen die gleiche (z. B. rituelle) Schnittwunde haben, würde ein Keloid, das sich aus dieser Wunde nur bei den Individuen einer bestimmten Familie entwickelt, offenbar eine Idiovariation darstellen. Wenn wir dagegen bei einigen Negern, bei denen ja die Neigung zu Keloiden allgemein sehr groß ist, ein Keloid im Anschluß an eine Verwundung sich entwickeln sähen, so wäre dieses gleiche Keloid nur als Paravariation zu bezeichnen, weil man erfahrungsgemäß annehmen kann, daß die Stammesgenossen, wenn sie das gleiche Trauma erlitten hätten, d. h. also, wenn die äußeren Bedingungen dieselben gewesen wären, bei der großen Disposition der Neger zur Keloidbildung gewiß auch entsprechende Keloide bekommen hätten. Die Tetanusantitoxine, die ein mit Tetanustoxin behandelter Patient in seinem Blute birgt, sind eine paratypische Abweichung, denn die anderen Menschen würden in der gleichen Umwelt, d. h. nach der gleichen Vorbehandlung mit Tetanustoxin, die gleichen Tetanusantitoxine besitzen. Zwischen einer in gleicher Weise vorbehandelten Schildkröte und dem genannten Patienten ist aber der Unterschied ein idiotypischer; denn das Blut der Schildkröte ist, trotz der gleichen Vorbehandlung, also trotz der gleichen äußeren Bedingungen, frei von Tetanusantitoxinen.

Es war nötig, auf diese Dinge näher einzugehen, weil die Erkenntnis der ausgesprochenen Relativität der Begriffe des Erblichen und des Nichterblichen für das Verständnis vererbungsbiologischer Probleme von Wichtigkeit ist. Allerdings kann auch die Erkenntnis dieser Relativität der Begriffe zu übertriebenen Schlußfolgerungen führen, vor denen man sich hüten muß. Vor allen Dingen muß man es vermeiden, die Baursche Darstellungsweise, daß Eigenschaften niemals erblich sein könnten, sondern nur Reaktionsweisen, zu einem philologischen Dogma zu stempeln. So wird z. B. neuerdings gefordert, daß der Ausdruck „idiotypisches Merkmal" oder „erbliches Merkmal" überhaupt grundsätzlich vermieden werden müsse, weil jedes Merkmal sowohl idiotypisch als auch paratypisch, sowohl durch die Erbmasse als auch durch die Umwelt bedingt sei. Diese Forderung schießt aber doch wohl über das Ziel hinaus. Wenn man sich auch die Entstehung keines Merkmals, keiner Eigenschaft unter völliger Ausschaltung der erblichen Anlage oder unter völliger Ausschaltung aller Umwelteinflüsse (wozu ja z. B. auch alle Nährstoffe gehören) vorstellen kann, wenn auch jede Eigenschaft ein Reaktionsprodukt der erblichen Anlagen auf die Umwelteinflüsse darstellt, so ist doch bei vielen Merkmalen der Einfluß eines dieser beiden Faktoren derartig gering, daß es nicht einzusehen ist, warum man den Sprachgebrauch verdammen soll, der in solchen Fällen kurzerhand von „erblichen Merkmalen", „paratypischen Eigenschaften" u. dgl, spricht. Was sollte es für einen Zweck haben, wenn jemand es peinlich vermeiden würde, z. B. von erblicher Hämophilie zu reden, und wie geradezu irreführend müßte es wirken, wenn jemand ostentativ behaupten würde, die Hämophilie sei kein erbliches Leiden, weil ja nicht sie selbst, sondern nur die hämophile Erbanlage vererbt werde. Etwas anderes ist die Forderung, daß man auch bei solcher vereinfachten Ausdrucksweise die Relativität der Begriffe nie aus dem Auge verlieren darf; das aber ist eine Forderung, die auch auf zahllose andere Begriffe angewendet werden muß, die deshalb ein Fundament der naturwissenschaftlichen Geistesschulung darstellt, und folglich dem Naturwissenschaftler nicht schwer fallen sollte.

Natürlich gibt es von den Merkmalen, die, wie die von Mendel zu seinen Versuchen ausgewählten, gefahrlos als „erbliche Merkmale" angesprochen werden können, bis zu den Eigenschaften, die wir direkt als paratypische Eigenschaften bezeichnen können, eine ununterbrochene Reihe von Übergängen, bei deren Zustandekommen bald der Einfluß des Erbbildes, bald der der Umwelt überwiegt, wo also die Verschiedenheit einer bestimmten Eigenschaft eines Individuums von der entsprechenden Eigenschaft eines anderen nur zum Teil durch eine erbliche Verschiedenheit beider Individuen zum anderen, bald größeren, bald geringeren Teil durch die Verschiedenheit ihrer Aufwuchsbedingungen zustande gekommen ist. Wenn z. B. ein brünetter Mensch energisch Sonnenbäder genommen hat, so unterscheidet er sich von einem blonden, der die Sonne gemieden hat, durch eine viel dunklere Hautfarbe. Dieser Unterschied ist aber — wie wir nicht näher zu erläutern brauchen — gleichzeitig sowohl ein idiotypischer, erbbildlicher als auch ein durch Außenfaktoren entstandener. Daß es in solchen und ähnlichen Fällen (trotzdem auch hier eine richtige Abschätzung des idiotypischen Anteils große praktische Bedeutung haben kann) oft mißlich, ja selbst direkt irreführend ist, ein Merkmal kurzerhand als idiotypisch oder paratypisch zu bezeichnen, leuchtet ohne weiteres ein. Bei der großen Zahl von Eigenschaften aber, deren Paravariationsbreite gering ist, kann man getrost von idiotypischen Eigenschaften reden, ohne logisch oder biologisch unsinnig zu handeln. Die braune Augenfarbe oder die Brachydaktylie kann ich ruhig als „erbliche Eigenschaften" bezeichnen, und aus demselben Grunde erscheint auch die Ausdrucksweise, die von der Zystinurie, der Schizophrenie, der Hämophilie usw. als von „erblichen Krankheiten" spricht, durchaus berechtigt und sinngemäß.

Erblichkeit und Variabilität. Es gibt also Idiovariationen und Paravariationen, trotz der Relativität dieser Begriffe, genau so wie es warme und kalte Temperaturen, schwere und leichte Gewichte gibt, und es entbehrt nicht des Sinnes, wenn wir von idiotypischen und paratypischen Eigenschaften, Merkmalen, Krankheiten, Dispositionen usw. sprechen, trotzdem man über die Berechtigung dieser Ausdrücke in manchem einzelnen Falle wird streiten können, weil diese Berechtigung von dem Grade der Manifestationssicherheit (also von der Konstanz des Milieus) und von der Paravariabilität (d. h. der Beeinflußbarkeit des betreffenden Merkmals durch Außenfaktoren) abhängig ist. Nur bei geringer Paravariabilität in dem gegebenen Milieu können wir deshalb ein Merkmal „erblich" nennen; und wenn wir ein Leiden als erblich bezeichnen, so behaupten wir damit eigentlich weniger, daß zu seinem Zustandekommen eine bestimmte Erbanlage notwendig ist (denn das ist schließlich bei jedem Leiden der Fall), sondern vielmehr daß seine Paravariationsbreite in dem gegebenen Milieu eine geringe ist. Genau das gleiche gilt für die Mixovariabilität, d. h. für die Größe der Beeinflußbarkeit eines bestimmten Mermals durch andere Erbfaktoren.

Erblichkeit von Eigenschaften, Krankheiten usw. Man kann also getrost auch weiterhin an der richtigen Stelle von erblichen Merkmalen, erblichen Krankheiten, idiotypischen und paratypischen Eigenschaften usw. sprechen, wenn man sich nur des wahren Sinnes derartiger Ausdrücke genügend bewußt bleibt. Wir müssen uns damit abfinden, daß unsere Sprache ein sehr unvollkommenes Ding ist, die niemals die Vorgänge bei der Vererbung rein so wiederzugeben vermag, wie sie wirklich gedacht und aufgefaßt werden müssen.

Von der Vererbung einer Krankheit an, über die Vererbung einer Krankheitsdisposition, die Vererbung einer Eigenschaft und die Vererbung eines Merkmals bis zur Vererbung einer Reaktionsweise haben wir also eine Reihe von Begriffsbenennungen vor uns, über die es möglich ist, unzufrieden zu sein und zu kritisieren. Sind wir uns aber klar darüber, was der Begriff der Erblichkeit in seinem letzten Sinne besagt, dann ist dieser Streit um Worte müßig, und wir können ruhig eine Krankheit erblich nennen, ohne dadurch jenem Glauben an absolute Begriffe zu verfallen, vor dem sich der Naturwissenschaftler hüten soll.

Erblichkeitsbegriff ein absoluter Begriff. Die Erkenntnis der Relativität des Erblichen und des Nichterblichen kann aber noch nach einer anderen Richtung hin zu Übertreibungen führen. Diese Relativität besteht nämlich nur dann, wenn man, wie so oft, von der Erblichkeit von Merkmalen, Eigenschaften und dgl. spricht, kurz, wenn man die Erblichkeit bzw. Nichterblichkeit phänotypischer Erscheinungen betrachtet. Die Vererbung als Vorgang, die Idiophorie, bedeutet nun aber ihrem Wesen nach das Weitertragen des Idiotypus von Generation zu Generation und bezieht sich deshalb primär nur auf die idiotypischen Anlagen. Die Idiophorie als solche ist deshalb sehr wohl ein absoluter Begriff, der prinzipiell besonders von dem Begriff der Paraphorie (der Nachwirkung paratypischer Eigenschaften) verschieden ist. Die Idiophorie bedeutet den Übergang elterlicher Erbsubstanz auf die Kinder. Mit den Erbsubstanzen hat aber das, was wir Paraphorie nennen, nicht das Geringste zu tun. Die Erkenntnis, daß der Erblichkeitsbegriff, soweit er auf phänotypische Erscheinungen angewandt wird, ein Relationsbegriff ist, schlägt also keine Brücke zwischen Idiophorie und Paraphorie und ist infolgedessen nicht imstande, dem Streit um die sog. Vererbung erworbener Eigenschaften seine prinzipielle Bedeutung zu nehmen. Denn daß es eine Idiophorie gibt, d. h. einen Vorgang, der im Gegensatz zu den flüchtigen paratypischen und paraphorischen Erscheinungen eine stabile Grundlage im Wechsel der Gestalten bildet, ist durch die Selektion innerhalb reiner Erbstämme und durch die tausendfältigen Erfahrungen des Mendelismus auf induktivem Wege einwandfrei erwiesen. Die Erörterung der sog. Vererbung erworbener Eigenschaften wird uns mit dem diesbezüglichen Tatsachenmaterial noch im einzelnen bekannt machen.

Die sog. Vererbung erworbener Eigenschaften.

I. Der Ausdruck. Falsche Auffassungen über die Natur des Erblichkeitsbegriffs haben besonders in dem Streit, der über die sog. Vererbung erworbener Eigenschaften geführt worden ist, eine Rolle gespielt. Bei der großen allgemeinen Bedeutung, die der Frage nach der Vererbung erworbener Eigenschaften zweifellos zukommt, müssen wir näher auf sie eingehen.

So manche Erörterung über diese Frage würde wohl unterblieben sein, wenn wir nicht mit dem unseligen Ausdruck „Vererbung erworbener Eigenschaften" belastet wären. Wie wir gesehen hatten,

ist der Ausdruck „erbliche Eigenschaft" nicht immer gut zu ent-
behren, man darf aber bei seiner Anwendung nie vergessen, daß
eigentlich nicht eine Eigenschaft, sondern nur eine Reaktionsmöglich-
keit oder vielmehr die Summe aller Reaktionsmöglichkeiten vererbt
wird. In einer theoretischen Erörterung, zu der ganz klare Begriffe
notwendig sind, ist es deshalb doch entschieden mißlich, von einer
„Vererbung von Eigenschaften" zu sprechen. Nur die Erbanlagen
wandern ja durch die Kette der Generationen, und es ist für die
Weitervererbung dieser Anlagen erfahrungsgemäß ganz gleichgültig,
ob die Eigenschaften, die aus den betreffenden Anlagen hervorgehen
können, manifest geworden oder latent geblieben sind. Die experimentelle Vererbungsforschung zeigt uns ja alle Tage, daß Eigenschaften,
die viele Generationen lang durch andere dominante Anlagen überdeckt waren (z. B. die Bänderung der Gartenschnecke oder die weiße
Blütenfarbe der Wunderblume), trotzdem bei allen Heterozygotenkreuzungen wieder in ihrer ursprünglichen Reinheit herausspalten.
Das gleiche gilt für hypostatische Merkmale. Schon Darwin wußte,
daß bei der Kreuzung verschiedener Taubenrassen, z. B. schwarzer
Barben, roter Bläulinge, weißer Pfauentauben miteinander, die eigentümliche Färbung der wilden Stammform, der sog. Felsentaube (Columba
livia) wieder zum Vorschein kommt, trotzdem die Taube seit mindestens
3000 Jahren von den Menschen gezüchtet wird. Die Weitergabe einer
Erbanlage findet also auch dann noch mit gleicher Treue statt, wenn
sie sich in tausenden hintereinanderfolgenden Generationen niemals als
Eigenschaft manifestieren konnte.

Noch bedenklicher ist es, daß von der Vererbung „erworbener"
Eigenschaften geredet wird. Denn unter einer „erworbenen" Eigenschaft versteht man heutzutage allgemein den Gegensatz einer in der
Anlage vorhandenen, also einer erblichen Eigenschaft; und zwar pflegt
man unter dem Begriff des Erworbenen nicht nur das Nichtererbte,
sondern auch das Nichtvererbbare, das Nichterbliche zu subsumieren.
Wenn aber „erworben" ganz allgemein für „nichterblich" gebraucht
wird, so ist es ohne weiteres klar, daß die „Vererbung erworbener
Eigenschaften" dem allgemeinen Sprachgebrauche nach nichts anderes
bedeutet, als eine „Vererbung nichterblicher Eigenschaften". Die Vererbung erworbener Eigenschaften ist also schon terminologisch eine
contradictio in adjecto.

II. Die deduktiven Beweise. Schon auf Grund theoretischer Überlegungen muß die Vererbung erworbener Eigenschaften abgelehnt werden, denn sie ist theoretisch schlechthin nicht vorstellbar, wenn man
nicht den Boden der Naturwissenschaften verlassen und teleologischen
Phantasien nachhängen will. Daß sich eine Muskelgruppe durch Übung
vergrößert, und daß diese erworbene Eigenschaft, die Muskelhypertrophie, auf die Zellen des Idioplasmas (etwa auf dem Wege der inneren Sekretion) einwirkt, macht der Vorstellung keine Schwierigkeit;
daß aber diese Einwirkung auf die Erbzellen an dem Individuum der

nächsten Generation gesetzmäßig wieder gerade das hervorbringen soll, was ihre eigene Ursache war (nämlich die bestimmte Muskelhypertrophie), das ist eine Vorstellung, die abseits der Bahnen naturwissenschaftlicher Logik wandelt, die vielmehr eine transzendente Zweckmäßigkeit voraussetzt. Neuere Autoren suchten über solche Schwierigkeiten durch die Annahme hinwegzukommen, daß die Außeneinflüsse eine „Allgemeinveränderung“ des Körpers erzeugen, und daß diese Allgemeinveränderung einerseits den Körper und andererseits die Erbzellen abändert. Und da die Existenz einer „Allgemeinveränderung“ in diesem Sinne bestritten werden kann, zumal sie uns mit den Lehren der von Virchow begründeten Zellularpathologie in Konflikt bringen würde, so halfen sich wieder andere Autoren dadurch, daß sie an die innere Sekretion appellierten. Aber wenn wir auch annehmen würden, daß ein Hormon, eine Antitoxin oder ein sonstiger Stoff, der durch äußere Einflüsse hervorgerufen ist, im Körper kreist und auch bis zu den Geschlechtszellen gelangt, so wären wir damit keinen Schritt weiter. Der Alkohol z. B. ruft in der Leber eine Zirrhose hervor. Der gleiche Alkohol kann freilich auch auf die Erbzellen wirken; aber wie soll man sich vorstellen, daß er die Erbzellen gesetzmäßig gerade in der Weise beeinflußt, daß sie bei ihrer späteren Entwicklung ein Kind mit einer Leber produzieren, die so beschaffen ist, als ob der Alkohol auf sie eingewirkt hätte? Bei den Hormonen würden die Verhältnisse ganz analog liegen; auch die Lehre von der inneren Sekretion gibt uns deshalb nicht im geringsten die Möglichkeit, uns in einer von teleologischen Spekulationen freien Weise eine Vererbung erworbener Eigenschaften vorzustellen.

Die Paraphorie. Nun gibt es allerdings eine biologische Erscheinung, die bei oberflächlicher Betrachtung einer Vererbung erworbener Eigenschaften ähnlich sieht. Wenn man z. B. Bohnenpflanzen nahezu verhungern und vertrocknen läßt, so daß sie nur geringe Größe erreichen und nur ganz kleine, nährstoffarme Samen hervorbringen, und wenn man dann diese Samen auf gutem Boden bei guter Pflege aufwachsen läßt, dann bleiben die daraus entstehenden Pflanzen an Größe deutlich hinter den übrigen Bohnenpflanzen zurück, die von besser ernährten und besser gepflegten Eltern abstammen. Es handelt sich hier aber keineswegs um Vererbung. Denn wenn wir die Samen dieser trotz guter Ernährung klein bleibenden Pflanzen wiederum unter guten Verhältnissen aussäen, erhalten wir in der nunmehr entstehenden Enkelgeneration wieder völlig normal große Bohnenpflanzen. Die Erscheinung erklärt sich sehr einfach dadurch, daß die Bohnensamen neben dem Erbplasma auch noch Nahrungsstoffe für die junge keimende Pflanze enthalten; sind nun diese Nahrungsstoffe infolge Hungerns der Elterpflanze sehr spärlich, so leiden darunter die jungen Bohnenpflänzchen in der ersten Zeit ihrer Entwicklung, in der sie auf diese mitgebrachten Nährstoffe angewiesen sind, und die Folgen dieser frühen Hungerperiode können auch durch spätere sorgsamste Pflege nicht wieder völlig ausgeglichen werden. Durch das Hungern der Elternpflanzen ist aber nur das Ernährungsplasma (Stereoplasma) der Nachkommen angegriffen worden, keineswegs ihr Erbplasma (Idioplasma). Denn wenn dieses eine Änderung erfahren hätte, wenn also der Kümmerwuchs der Tochterpflanzen erblich bedingt gewesen wäre, dann könnten die Enkelpflanzen unter den gleichen Außenbedingungen, unter denen ihre Eltern kümmerten, nicht ohne weiteres wieder normales Wachstum zeigen.

Es handelt sich also bei diesem Kümmerwuchs der Bohnenpflanzen, die von hungernden Eltern abstammten, keineswegs um einen Ausdruck davon, daß die idiotypische Konstitution durch das Hungern der Elternpflanzen eine ungünstige Änderung erfahren hätte, sondern es handelt sich einfach um die flüchtige Nachwirkung einer bloß paratypischen Eigenschaft auf die nächste Generation. Solche Nachwirkung paratypischer Variationen kann sich nun aber auch über mehrere Generationen erstrecken. Dies ist wenigstens bei niederen Lebewesen gelegentlich beobachtet worden. Der Bacillus prodigiosus z. B. bildet auf stärkehaltigen Nährboden, z. B. auf Kartoffelscheiben, unter gewöhnlicher Temperatur einen blutroten Farbstoff. Hält man ihn dagegen bei einer Temperatur von 30—35° C, so bleibt die Farbstoffbildung aus; die Kulturen wachsen weiß. Bringt man nun eine solche weiße Wärmezucht wieder in die kühlere normale Temperatur zurück, so beginnen die Bazillen nicht sofort nach der Abkühlung wieder mit der Bildung von roter Farbe, sondern es vergehen darüber Stunden, oft sogar Tage, während welcher Zeit die Kulturen immer noch weiß bleiben. Unterdessen sind aber bereits zahlreiche Zellteilungen erfolgt, zahlreiche Geschlechterfolgen sind vorübergegangen, bis endlich die normale blutrote Färbung wieder auftritt.

Aber auch wenn, wie in diesem Beispiel, die Nachwirkung einer Paravariation, die wir als Paraphorie bezeichnen, sich über mehrere Generationen erstreckt, kann man sie bei einiger Aufmerksamkeit doch nicht mit der Vererbung, der Idiophorie, verwechseln. Denn das Charakteristikum des paraphorierten Merkmals besteht darin, daß es nach einer mehr oder weniger großen Anzahl von Generationen in jedem Falle automatisch wieder verschwindet, und so der ursprüngliche Zustand wiederhergestellt wird. Wenn dagegen ein idiotypisches Merkmal erst einmal irgendwo entstanden ist, wird es bei gleichbleibenden Außeneinflüssen infolge der Kontinuität des Idioplasmas unvermindert von Generation auf Generation weiter vererbt.

Die Idiokinese. Allerdings sind auch die idiotypischen Anlagen nicht schlechthin ewig. Wollte man diese Annahme machen, so wäre ja gar keine Stammesentwicklung der Lebewesen möglich gewesen; denn daß sich höhere Lebewesen aus niederen entwickeln können, hat zur Voraussetzung, daß an diesen niederen Lebewesen eben gelegentlich völlig neue Erbanlagen auftreten. Eine solche Änderung des Idiotypus durch Verschwinden vorhandener Anlagen oder durch das Entstehen neuer kann natürlich nicht einfach ursachlos sein; es muß vielmehr veranlaßt sein durch irgendwelche direkt oder indirekt in der Umwelt liegende Faktoren. Diese uns bisher größtenteils noch unbekannten, ja rätselhaften Umwelteinflüsse bezeichnen wir heute nach dem Vorschlage von Fritz Lenz als idiokinetische Faktoren. Wir bezeichnen also die transitive Ursache aller Änderungen des Idioplasmas als Idiokinese.

Die Anpassung. Vielfach ist nun geglaubt worden, daß die Idiokinese ein Begriff sei, der dem Begriff der Vererbung erworbener Eigenschaften sehr verwandt ist. In Wirklichkeit besteht aber zwischen beiden Begriffen ein tiefgreifender Unterschied, eben jene alte Kluft, die die Darwinisten von den Lamarckisten trennt. Die Darwinisten rechnen mit der Tatsache, daß aus bislang noch unbekannten („idiokinetischen") Ursachen heraus irgendwelche Veränderungen des Idiotypus entstehen, die, wie schon Darwin sagte, richtungslos sind. Von diesen neuentstandenen Idiovarianten gehen nun alle unangepaßten zugrunde, während die wenigen, welche die Anpassung vermehren, eben durch diesen Umstand erhalten bleiben und reichliche Nachkommenschaft mit zum Teil denselben Vorzügen erzeugen. So wird durch die Auslese richtungslos entstandener Idiovariationen das Zustandekommen der Anpassung mechanistisch erklärt. Die Lamarckisten dagegen rechnen mit von vornherein erhaltungsgemäßen Variationen, die immer dann entstehen sollen, wenn die Eltern gezwungen sind, sich neuen Umweltverhältnissen anzupassen; die Fähigkeit dieser Eltern, bzw. ihrer Erbsubstanzen, zur Anpassung auch an außergewöhnliche Verhältnisse setzen sie also ohne weiteres voraus, so wie es Lamarck schon getan hat; sie versuchen also gar nicht, die Anpassung zu erklären. Während aber das richtungslose Neuentstehen idiotypischer Anlagen durch zahlreiche Beobachtungen und Experimente bewiesen werden konnte (worauf noch im Kapitel über die Ätiologie erblicher Krankheiten eingegangen werden muß), ist die Vorstellung einer unbegrenzten Anpassungsfähigkeit aller Lebewesen eine mystische Spekulation, die mit Naturwissenschaft nichts mehr zu tun hat und die der Vorstellung einer „Selbstentstehung von Energie" (Lenz) gleichkommt. Denn wenn auch jede Art auf mannigfache häufiger vorkommende Änderungen der Umwelt anpassungsgemäß zu reagieren vermag, so muß doch diese beschränkte Reaktionsfähigkeit selbst erst irgendwie in der Erbmasse entstanden sein. Die Tatsache, daß die lebenden Wesen die Fähigkeit zur Anpassung innerhalb einer bestimmten Breite besitzen, gibt nicht eine Erklärung der Anpassung, sondern sie bedarf selbst einer Erklärung. Während aber diese Erklärung vom Darwinismus durch die wohlbewiesene Idiokinese und die darauffolgende Selektion der Passendsten in leichtverständlicher Weise gegeben wird, endet der Lamarckismus unentrinnbar bei einer transzendenten Teleologie, nach der die Lebewesen von vornherein die Fähigkeit zur Höherentwicklung immanent in sich tragen sollen.

III. Die induktiven Beweise. Allein auf Grund kritischer theoretischer Erwägungen muß man also zu dem Schluß kommen, daß die

„Vererbung erworbener Eigenschaften“ schon terminologisch höchst
unglücklich ist und auch tatsächlich gar nicht existieren kann. Trotzdem haben verschiedene Experimentatoren geglaubt, eine solche Vererbung induktiv nachgewiesen zu haben. Von den meisten von ihnen
ist es allerdings rasch wieder still geworden. So von Brown-Séquard,
der gemeint hatte, daß traumatisch erzeugte Meerschweinchenepilepsie
bei den Nachkommen wieder auftrat, — bis sich herausstellte, daß
viele Meerschweinchenstämme zu epileptiformen Anfällen neigen, und
daß Brown-Séquards Material in dieser Beziehung durchaus nicht
einwandfrei war; und von Guthrie, der angab, bei schwarzen Hühnern,
auf die er die Eierstöcke von weißen Hühnern transplantierte, nach
Belegung durch einen weißen Hahn schwarze (bzw. gescheckte) Kücken
erhalten zu haben, — bis Nachprüfungen ergaben, daß die Ovarien
von Hühnern überhaupt nicht in dieser Weise transplantiert werden
können, da sie nicht eine Form haben, wie wir sie vom menschlichen
Weibe her kennen, sondern baumartig verzweigt sind. Nur Paul
Kammerer hat sich als einziger bis in die jüngste Literatur hinein
den Ruf zu erhalten vermocht, daß es ihm in einigen, mit Salamandern
und Kröten gemachten Experimenten gelungen sei, die ersehnte Vererbung erworbener Eigenschaften nun endlich doch aufzufinden. Freilich
lohnt es sich nicht, auf die Versuche Kammerers näher einzugehen,
da sie auch einer ganz anderen Auslegung als der lamarckistischen
fähig sind. Zudem sind sie bisher noch von keiner Seite nachgeprüft
worden. Versuchsergebnisse eines Forschers, die den Versuchsergeb-
nissen hunderter anderer Forscher (die alle von einer Vererbung erworbenen Eigenschaften nichts gefunden haben!) widersprechen, müssen
aber nachgeprüft werden, bevor man ihnen irgendwelche Beweiskraft
zumißt. Dies gilt auch gerade für die Arbeiten Kammerers in be-
sonderem Maße; denn Kammerer ist nicht nur ein Forscher, für den
es nach Johannsen sehr charakteristisch sein soll, „daß er immer
soviel Positives findet, wo nähere Prüfung nichts ergibt“, sondern es
wurden über eine seiner Arbeiten auch von Erwin Baur Mitteilungen
gemacht, die uns eine vorsichtige Beurteilung seiner Versuche zur Pflicht
machen (Arch. f. Entwicklungsmechanik, Bd. 36. 1913).

**Die Beweise für die Nichtvererbbarkeit erworbener Eigen-
schaften.** Man braucht deshalb kein Prophet zu sein, wenn man vorher-
sagt, daß Kammerer wohl recht bald Brown-Séquard, Guthrie
und den anderen in die Vergessenheit nachfolgen wird. Es war nur
nötig, seine Arbeiten zu erwähnen, da sie in der Literatur noch überall
zitiert und nicht selten zu den weitreichendsten Folgerungen benutzt
werden. Die Vererbung erworbener Eigenschaften kann jedoch überhaupt nicht durch Versuche eines vereinzelten Forschers gerettet
werden; denn sie „wird viel leichter durch ihr ständiges Ausbleiben
widerlegt, als durch einen angeblich positiven Einzelfall bewiesen“
(Sternfeld). Man denke nur an die Nichtvererbbarkeit der Sprache
wie aller Übungsresultate und Dressurergebnisse, der Masernimmunität,
der Kupierung und rituellen Verstümmelungen (Beschneidung, Ver-

krüppelung der Füße bei den Chinesinnen). Die Frage ist deshalb
gar nicht die, ob die Vererbung erworbener Eigenschaften, sondern
ob die Nichtvererbbarkeit erworbener Eigenschaften bewiesen ist.
Die Beweise für die Nichtvererbbarkeit erworbener Eigenschaften sind aber so umfangreich, daß sie keinen Zweifel
mehr zulassen.

Die Versuche mit reinen Erbstämmen. Der erste Beweis für die
Nichtvererbbarkeit erworbener Eigenschaften liegt in den Erfahrungen,
die die Vererbungsforscher mit der Selektion innerhalb eines Erbstammes gemacht haben. Unter einem Erbstamm (dem Biotypus
Johannsens) versteht man eine idiotypisch völlig einheitliche Gruppe
von Lebewesen; die Individuen eines Erbstammes enthalten demnach
sämtlich genau den gleichen Komplex von Erbeinheiten. Einen solchen
Erbstamm erhält man durch länger fortgesetzte strengste Inzucht
(möglichst Selbstbefruchtung) aus Individuen, die schon an sich wenig
kompliziert und in den meisten Eigenschaften homozygot waren.
Durch die Inzucht wird die Homozygotie vermehrt, und wir erhalten
schließlich Individuen, die in sämtlichen Anlagen homozygot sind und
die alle genau dieselben Anlagen haben. An den Individuen eines
solchen Erbstammes kann man deshalb besonders gut die Wirkungen
der Erbmasse von den Wirkungen der Außenbedingungen unterscheiden; denn alle Verschiedenheiten, die sich zwischen den Individuen
eines Erbstammes finden, müssen durch die Verschiedenheit der Umwelteinflüsse bedingt sein.

Als erster hat Johannsen mit solchen reinen Erbstämmen ge-
arbeitet, und die bemerkenswerten Ergebnisse, die er erhielt, wurden
seither von vielen anderen Forschern nachgeprüft und bestätigt.
Johannsen experimentierte mit Prinzeßbohnen. An den einzelnen
Bohnen des von ihm isolierten Erbstammes fand er natürlich bezüglich
Größe und Gewicht beträchtliche Verschiedenheiten, die sich bei der
idiotypischen Gleichheit aller Pflanzen allein durch die verschiedenen
Umwelteinflüsse erklärten, also durch die Ungleichheiten der Boden-
beschaffenheit, der Feuchtigkeit, der Düngung, der Belichtung, der
Konkurrenz durch Unkraut oder durch zu nahe Geschwisterpflanzen
und ähnliche Faktoren mehr. Die Selektion innerhalb des Erbstammes
sollte nun zeigen, ob diese paratypischen Verschiedenheiten wirklich
ohne Einfluß auf die idiotypische Beschaffenheit der betreffenden
Pflanzen blieben. Darum wählte Johannsen aus der Ernte eines Erbstammes die schwersten und leichtesten Bohnen aus und pflanzte diese
beiden Gruppen gesondert, unter möglichst gleichen Außenbedingungen.
Im nächsten Jahre wählte er von den Nachkommen der schweren
Gruppe wieder nur die schwersten, von denen der leichten Gruppe wieder nur die leichtesten zur Nachzucht und pflanzte beide Gruppen
wieder voneinander gesondert an. Nach diesem Prinzip verfuhr er sechs
Jahre hintereinander. Es fand sich aber, wie nachstehende Tabelle zeigt,
in keinem einzigen Jahrgang ein wesentlicher Gewichtsunterschied
zwischen den Nachkommen der schweren und denen der leichten

Jahrgang	Gesamtzahl der Bohnen	Durchschnittsgewicht der Mutterbohnen in cg		Durchschnittsgewicht der Tochterbohnen in cg	
		der schweren Gruppe	der leichten Gruppe	von den schweren Mutterbohnen	von den leichten Mutterbohnen
1902	145	70	60	64,9	63,2
1903	252	80	55	70,9	75,2
1904	711	87	50	56,7	54,6
1905	654	73	43	63,6	63,6
1906	384	84	46	73,0	74,4
1907	379	81	56	67,7	69,1

Selektion innerhalb eines Erbstammes.

Bohnen, trotzdem die Unterschiede zwischen den zwei Gruppen der Mutterbohnen recht erheblich waren; im Jahre 1906 z. B. wogen die schweren Bohnen im Durchschnitt fast doppelt so viel wie die leichten. Relativ am größten war der Gewichtsunterschied zwischen den Nachkommen der schweren und denen der leichten Gruppe im Jahre 1903, aber hier stammten die durchschnittlich schwereren von der leichten Gruppe ab, und die leichteren von der schweren. Von einer Vererbung der Umweltwirkungen finden wir also keine Spur, und die zahlreichen Bestätigungen, die Johannsens Versuche durch andere Forscher an Erbsen, Infusorien usw. fanden, müssen deshalb als ein exakter Beweis für die Nichtvererbbarkeit erworbener Eigenschaften angesehen werden.

Der Mendelismus. Aber nicht nur die Selektionsversuche innerhalb eines Erbstammes beweisen die Unbeeinflußbarkeit des Idiotypus durch die paratypischen Änderungen, sondern der gesamte Mendelismus verträgt sich nicht mit der Annahme einer Vererbung erworbener Eigenschaften. Die mendelistischen Erfahrungen zeigen ja alle Tage, daß es für die Vererbung der Anlagen gleichgültig ist, ob die Reaktionsmöglichkeiten, die diese Anlagen gewähren, ausgenutzt werden oder nicht. Denn alle rezessiven und alle hypostatischen Merkmale kommen doch in ihrer alten Reinheit auch dann wieder zum Vorschein, wenn sie viele Generationen lang aus der äußeren Erscheinung der Individuen verschwunden gewesen waren; wir erwähnten das schon an den Beispielen der Gartenschnecke und der Felsentaube (S. 86). Auch die intermediäre Vererbung, wie sie auf Abb. 1 dargestellt ist, zeigt uns die Unbeeinflußbarkeit der Erbanlagen durch die realisierten individuellen Eigenschaften. Denn die Pflanzen dieser Abb., welche die Erbformel Rr haben, besitzen rosa Blüten, und dennoch erhält von ihren Nachkommen wieder ein Viertel das reine Rot und ein anderes Viertel das reine Weiß der Ausgangspflanzen. Würde eine Beeinflussung der Erbanlagen durch die realisierten Eigenschaften stattfinden, so müßten die später aus den Heterozygotenkreuzungen herausmendelnden RR- und rr-Pflanzen nach der Richtung auf Rosa zu verändert sein, d. h. die RR-Pflanzen müßten ein blasseres Rot aufweisen, und die rr-Pflanzen würden nicht rein weiß, sondern rosa angehaucht sein. Dann aber wäre also die RR-Pflanze der F_2-Generation unter gleichen Außenbedingungen anders als die RR-Pflanze der P-Generation, und damit hätte die mendelistische Formelsprache ihren Sinn und ihre praktische Brauchbarkeit verloren. Wir könnten also, wenn es eine wirksame Vererbung erworbener Eigenschaften gäbe, von Rechts wegen keine einzige Erbformel schreiben! In Wirklichkeit gebrauchen aber alle Vererbungsforscher diese Formeln, und tausendfältige Erfahrung zeigt, wie berechtigt das ist. Der Umstand, daß die mendelistische experimentelle Vererbungsforschung überhaupt existiert und Ergebnisse zeitigt, ist deshalb ein weiterer eindringlicher Beweis für die Nichtvererbbarkeit erworbener Eigenschaften.

Die neuauftretenden Idiovariationen. In gewisser Hinsicht kann schließlich auch die Entdeckung der neuauftretenden Idiovariationen (Neo-Idiovariationen), auf die wir in dem Kapitel über die Ätiologie erblicher Krankheiten noch näher eingehen werden, als ein Beweis für die Nichtvererbbarkeit erworbener Eigenschaften aufgefaßt werden. Denn diese Beobachtungen haben gezeigt, daß neue erbliche Anlagen ohne jede Beziehung zur Anpassung entstehen können. Dadurch aber ist die Vererbung erworbener Eigenschaften zur Erklärung der Phylogenese überflüssig geworden; denn man kann sich nunmehr mit gutem Recht vorstellen, daß die Stammesentwicklung der Lebewesen durch die Auslese der angepaßten unter den zufällig und richtungslos aufgetretenen Neo-Idiovariationen zustande gekommen sei. Nach der Lamarckistischen Auffassung könnten außerdem neue Idiovariationen nur ganz allmählich entstehen; hiergegen sprechen aber schon seit Darwins Zeiten zahlreiche Erfahrungen, die uns lehrten, daß durch die Idiokinese auch sehr umfangreiche erbliche Abweichungen plötzlich, „sprungartig" auftreten können.

IV. Die gefühlsmäßigen Gründe. Angesichts des Fehlens jeder gesicherten Tatsache, die für eine Vererbung erworbener Eigenschaften sprechen würde, angesichts der täglichen Erfahrungen, die die Nichtvererbbarkeit der erworbenen Eigenschaften beweisen, und angesichts der Notwendigkeit, sich teleologischen Phantasien in die Arme zu werfen, um sich eine solche Vererbung überhaupt nur vorstellen zu können, muß es doch gewiß wundernehmen, daß es immer noch Autoren gibt, die von dem Glauben an die Vererbung erworbener Eigenschaften nicht lassen können. Da die Gründe hierzu also weder in den Tatsachen noch in den theoretischen Vorstellungen gefunden werden können, bleibt uns nichts anderes übrig, als gefühlsmäßige Gründe zu vermuten und nach ihnen zu fahnden. Lassen wir unsere Überlegungen nach dieser Richtung schweifen, so fällt uns zunächst auf, daß der Glaube an die Vererbung erworbener Eigenschaften schon aus Gründen der Bequemlichkeit verführerisch ist; bei oberflächlicher Betrachtungsweise wenigstens, wie sie Lamarck vor 100 Jahren erlaubt war, uns aber eigentlich nicht mehr erlaubt sein sollte, erklären sich viele schwierige Probleme der Phylogenese höchst einfach, wenn man mit der Vererbung erworbener Eigenschaften eine teleologische, unbegrenzte Anpassung der Lebewesen voraussetzt. Außerdem schmeichelt aber die Vererbung erworbener Eigenschaften der Eitelkeit des Menschen in hohem Grade; gleichgültig, ob Philosoph, Theologe, Mediziner, Politiker oder Pädagoge, jedermann kann nur ein Gefühl stolzer Befriedigung empfinden bei dem Bewußtsein, mit der Führung, Belehrung, Erziehung und Ertüchtigung der gegenwärtigen Generation gleichzeitig auch auf die Geschlechter der Zukunft verbessernd einzuwirken. Auch dem Arzt kann es nur angenehm sein, wenn er hoffen darf, durch die Pflege, die er seinen Patienten angedeihen läßt, besonders auch durch die hygienische Lebensführung und Körperkultur, zu denen er sie anhält, gleichzeitig ihre Kinder und Kindeskinder stark und widerstandsfähig zu machen. Wankt aber der Glaube an die Vererbung erworbener Eigenschaften, so schwinden alle diese schönen Illusionen dahin. Die Bequemlichkeit und Annehmlichkeit der Lamarckistischen Hypothese ist also in der Tat groß genug, um die Vorliebe, die so viele Menschen für sie zeigen, verständlich zu machen.

Manche Autoren wiederum mögen sich wohl zu ihr hingezogen fühlen, weil es ihnen widerstrebt, die Natur rein naturwissenschaftlich zu betrachten und demgemäß die Entwicklung der gesamten Lebewelt mit Darwin einfach mechanistisch, als Folge von Ursache und Wirkung aufzufassen. Das metaphysische Bedürfnis, das sich in solchem Widerstreben kundtut, soll gewiß nicht gering eingeschätzt werden, am wenigsten in der Gegenwart, wo man vielfach selbst eine pseudonaturwissenschaftliche „Lösung der Welträtsel" ernst nimmt; bei der Lösung rein naturwissenschaftlicher Probleme, wie es das Problem der Entstehung neuer Erbanlagen ist, ist aber die Metaphysik nicht am Platze.

Oft wird behauptet, man müsse durch die Erkenntnis, daß es eine Vererbung erworbener Eigenschaften nicht gibt, zum Pessimisten werden. Diejenigen Personen aber, welche sich durch die Nichtvererbbarkeit erworbener Eigenschaften deprimieren lassen, pflegen in dem (allerdings verbreiteten) Irrtum befangen zu sein, daß wir kein Mittel hätten, unsere Rasse zu erhalten und zu veredeln, wenn es keine Vererbung erworbener Eigenschaften gäbe. Ein solches Mittel ist jedoch die Selektion, denn in der Sorge um eine möglichst reichliche Fortpflanzung aller Tüchtigen und Gesunden, und um eine möglichst geringe Fruchtbarkeit aller Untüchtigen und Kranken liegt eine Möglichkeit, die viel raschere praktische Erfolge verspricht, als es irgendeine Vererbung erworbener Eigenschaften je tun könnte. Die niederdrückende Wirkung der antilamarckistischen Lehre beruht also dort, wo sie vorhanden ist, meist auf nichts anderem als auf Unkenntnis über die Tragweite und die Anwendungsmöglichkeiten der Selektion.

V. Die Bedeutung des Lamarckismus. Es kann wunderbar erscheinen, daß die Frage nach der Vererbung erworbener Eigen-

schaften in einem Lehrbuch der Vererbungspathologie ausführlich ab-
gehandelt wird, da sie doch, besonders nach dem nunmehr vorliegenden mendelistischen Tatsachenmaterial, wissenschaftlich als erledigt
betrachtet werden muß. Noch aber gilt diese durch Experimente
tausendfach widerlegte Hypothese in Ärztekreisen vielfach als eine
ausgemachte Tatsache, so wie sie ja überhaupt ganz allgemein einen
integrierenden Bestandteil in der Ideenwelt des modernen Menschen
bildet. Die modernen Ideen, welche dem Individuum schmeicheln,
leben überhaupt zum großen Teil von ihr; denn die Vererbung erworbener Eigenschaften lehrt das Individuum, daß es nicht nur selbst
besser werden kann, als es von Natur aus ist, sondern daß es sogar
die — man könnte sagen: göttliche — Fähigkeit besitzt, seine eigene
Erbmasse und damit die Beschaffenheit seiner Nachkommenschaft von
Grund aus zu verbessern. So bildet die Vererbung erworbener Eigenschaften eine imposante Erweiterung der sozialistischen Ideen, da nunmehr nicht nur die Individuen durch äußere Institutionen grundlegend
verändert, sondern hierdurch auch ihre Kinder und Kindeskinder in
ihren innersten Werten gesteigert werden können. Wegen dieser Ver-
knüpfung unseres Problems mit den modernen Ideen, die tief in die
Massenpsyche eingedrungen sind, tritt einem der alleinseligmachende
Glaube an die Vererbung erworbener Eigenschaften überall entgegen,
und es ist deshalb nicht möglich, über die Frage des Lamarckismus
mit wenigen Worten hinwegzugehen. Das Problem der Vererbung
erworbener Eigenschaften ist aber noch aus einem anderen Grunde
für ein Lehrbuch der Vererbungspathologie wichtig; gerade an den
Erörterungen dieses Problems lassen sich nämlich lehrreiche Einblicke in die der Vererbungsbiologie zugrunde liegenden Begriffe
geben, und dieses Problem ist deshalb ein Prüfstein für den Grad
der Klarheit, der über die vererbungsbiologischen Grundbegriffe erreicht worden ist.

**Bedeutung des Lamarckismus für Züchter, Pädagogen, Politiker,
Ärzte usw.** Auch praktisch ist die Bedeutung der Frage recht groß.
Einmal für den Züchter, weil hier natürlich die Prinzipien der Züchtung
sehr verschieden sein müssen, je nachdem, ob man seine Zuchtrassen
durch Vererbung erworbener Eigenschaften oder durch Selektion veredeln will; sodann für den Politiker und Pädagogen, überhaupt für
jeden „Weltverbesserer", aus den Gründen, die wir oben bereits angedeutet hatten; und schließlich auch für den Arzt, den Individual-
und Rassenhygieniker, für den z. B. die Kenntnis der Tatsache, daß
die Kriegsverletzungen (auch die des Nervensystems) die idiotypische
Beschaffenheit des Nachwuchses nicht beeinträchtigen können, doch
entschieden wichtig ist, und der, sobald er die Nichtvererbbarkeit erworbener Eigenschaften erkannt hat, das Bedürfnis fühlen wird, sich
mit der Selektionslehre näher vertraut zu machen, weil die Selektion
sodann der einzige Weg bleibt, auf dem eine erbliche Verbesserung
des Menschengeschlechts und eine kausale Heilung seiner idiotypischen
Schäden erstrebt werden kann.

Der Lamarckismus in der Medizin. In der medizinischen Literatur herrscht, soweit sie noch lamarckistisch ist, die Auffassung von Semon vor, nach welcher die Vererbung erworbener Eigenschaften zu ihrer Realisierung zahlreiche Generationen nötig hat. Hiernach würde sie wohl in geologischen Zeiträumen zu einem entscheidenden Resultat führen können, nicht aber in jener kurzen, wenige Menschengenerationen umfassenden Zeitspanne, auf die sich menschliche Vorsorge und menschlicher Gestaltungswille höchstenfalls ausdehnt. Durch diese Form des Lamarckismus wird die Vererbung erworbener Eigenschaften zwar als Entwicklungsprinzig anerkannt, ihr aber jede wirkliche Bedeutung für den historischen Menschen bestritten. Man kann deshalb sagen, daß von diesem Standpunkt aus den Arzt und Rassenhygieniker die Vererbung erworbener Eigenschaften nichts anginge, selbst wenn es sie gäbe. Denn mit der Annahme, daß sie zu ihrer Realisierung viele Generationen braucht, wäre ihre **praktische Bedeutungslosigkeit** für Medizin und Rassenhygiene (als einem Teil der Medizin) anerkannt. Wie rasch und gründlich dahingegen die Selektion eine Verbesserung oder den Verfall einer Rasse bewirken kann, wird das Kapitel über die Ätiologie erblicher Krankheiten noch zeigen.

5. Die vererbungsbiologischen Grundbegriffe.

Trennung von Erblichem und Nichterblichem. Wenn man die theoretischen Grundbegriffe betrachtet, wie sie sich als Ergebnis der experimentellen und zytologischen Vererbungsforschung vor unseren Augen entwickelt haben, so muß einem vor allem die Tatsache auffallen, daß die Trennung der Begriffe Erbanlage und Eigenschaft oder, noch schärfer ausgedrückt, die Trennung der Begriffe des Erblichen und des Nichterblichen eine ganz außerordentliche Zuspitzung erfahren hat. Diese Trennung zwischen dem eigentlichen erblichen Wesen und der rasch vergänglichen Erscheinung des einzelnen Individuums hat sich bei den Fortschritten der experimentellen Erblichkeitsforschung immer mehr als notwendig herausgestellt, weil ohne sie eine klare Verständigung über die wichtigsten vererbungsbiologischen Probleme unmöglich ist. Noch zu Darwins Zeiten ahnte man kaum, daß die Frage nach der Trennung des Erblichen vom Nichterblichen so weittragende theoretische Bedeutung erlangen könnte. Wie naiv mutet uns heute Darwins Vererbungshypothese, die sog. Pangenesishypothese an, nach der jeder einzelne Körperteil Keimchen (gemmules) produzieren sollte, die in den Zeugungsorganen zusammenströmten, um sich dort zusammenzusetzen und so die Grundlage des Individuums der nächsten Generation zu bilden! Auch Darwin glaubte eben noch, daß die Vererbung eine Übertragung von teils angeborenen, teils erworbenen Eigenschaften sei; so flossen bei ihm die Begriffe des Erblichen und des Nichterblichen und die Begriffe des Angeborenen und des Erworbenen noch ineinander. Erst Francis Galton, der geniale Begründer der Rassenhygiene, zog die Pangenesishypothese seines großen Vetters in Zweifel, da er auf Grund experimenteller Untersuchungen an Kaninchen zu dem Schluß kam, daß die Erbmasse von dem Körper des Individuums und seinen erworbenen Eigenschaften in hohem Maße unabhängig sein muß. So lehrte er im Jahre 1875 als erster die Selbständigkeit der keimbildenden Gewebe im Körper. Auf dem Festlande folgte ihm Karl v. Naegeli, der den Begriff des „Idioplasmas" konzipierte.

Keimplasma und Soma. Schließlich gelang es August Weismann, die Lehre von der relativen Unabhängigkeit der Keimzellen von den Körperzellen in weitere Kreise zu tragen, indem er sie in großzügiger Weise ausbaute und so ihre allgemeine Anerkennung erzwang. Weismann zeigte in seinen grundlegenden Arbeiten, daß die Erbmasse (das „Keimplasma") nicht, wie Darwin geglaubt hatte, mit jeder Generation von neuem aus den Zellen des Körpers (des „Somas") gebildet wird, sondern daß sie unmittelbar von der Erbmasse der vorhergehenden Generation abstammt. Demzufolge aber kann sie a priori gar keine Veranlassung haben, Eigenschaften des Körpers in sich aufzunehmen und auf die nächste Generation zu übertragen.

Idiotypus und Phänotypus. Die Ideen Weismanns haben ungeheuer befruchtend gewirkt auf die gesamte biologische Forschung und haben hier fast unumschränkt geherrscht, bis Wilhelm Johannsen es unternahm, nach einem anderen Prinzip in besonders glücklicher und anschaulicher Weise die Trennung zwischen dem Wesentlichen und der Erscheinung, zwischen dem Dauernden und dem Vergänglichen zum Ausdruck zu bringen. Weismann hatte gelehrt, den Gegensatz des Erblichen und des Nichterblichen in der Erbmasse einerseits, in dem Körper des Individuums andererseits zu sehen. Die Begriffe des Erblichen und des Nichterblichen waren demnach bei ihm an morphologische Grundlagen gebunden. Mit dieser Verkoppelung des Erblichen und des Nichterblichen mit morphologischen Vorstellungen brach nun Johannsen, indem er seine geistvollen Begriffskonstruktionen aufstellte. Seine Unterscheidung in Genotypus (Idiotypus, Erbanlagentypus) und Phänotypus (Erscheinungstypus) haben sich rasch in der biologischen Literatur verbreitet und viel zur begrifflichen Klärung beigetragen. Allerdings bringen Johannsens Termini die erwünschte Trennung zwischen dem Erblichen und dem Nichterblichen immer noch nicht in voller Reinheit zum Ausdruck. Denn der Phänotypus, die realisierte Erscheinung des Individuums, enthält ja neben den nichterblichen Eigenschaften auch alle diejenigen Merkmale, welche erblich bedingt sind.

Idiotypus und Paratypus. Wir bezeichnen deshalb, wie schon im ersten Kapitel (S. 4) ausgeführt wurde, das, was am Phänotypus rein phänotypisch ist, als paratypisch. Dann läßt sich ohne weiteres der **Idiotypus** (Erbbild) dem **Paratypus** (Nebenbild) gegenüberstellen, und wir können sagen, das realisierte Individuum (also der Phänotypus) setzt sich aus idiotypischen und paratypischen Bestandteilen zusammen. Im konkreten Einzelfall wird es freilich oft schwer, ja unmöglich sein, zu entscheiden, ob eine Eigenschaft erbbildlich bedingt, oder ob sie nur nebenbildlich ist. Um so notwendiger aber ist die theoretische Trennung dieser Begriffe, denn ohne klare und prägnante Begriffe schwebt die Diskussion naturwissenschaftlicher Fragen in der Luft.

Das Wesen des Idiotypus. Die genauere Kenntnis der Natur und des Wesens des Idiotypus ist wohl der größte theoretische wie praktische Fortschritt, den uns die experimentelle Vererbungsforschung gebracht hat. Für die Vererbungsbiologie stellt der Idiotypus das dar, was für die Chemie die chemischen Konstitutionsformeln sind. So wie H_2O eine Kombination bestimmter Atome ist, die auch dann keine Änderung erleidet, wenn durch den Wechsel der Temperaturen aus dem H_2O bald Eis, bald Wasser, bald Dampf als phänotypische Manifestation hervorgeht, so stellt auch der Idiotypus eine Kombination bestimmter Erbelemente dar, deren Wesen durch die paratypische Ausgestaltung des Phänotypus in keiner Weise berührt wird.

Erbformeln. Wie weit man die Analogie zwischen den Konstitutionsformeln der Chemie und den „Erbformeln" des Mendelismus treiben kann, läßt sich gut an einem Beispiel zeigen. Nach Castle und Lang kann der Idiotypus, welcher der Färbung des homozygoten wildgrauen Kaninchens zugrunde liegt, folgendermaßen dargestellt werden:

$$\begin{array}{ccccc} & UU & & BB & \\ AA & \!-\!-CC\!-\!YY & & & EE \\ & II & & BrBr & \end{array}$$

Dabei stellt C (color) eine Erbeinheit dar, die ganz allgemein die Bildung einer chromogenen Substanz bedingt; so bildet sie gewissermaßen einen Kern, um den sich alle anderen Erbeinheiten herum gruppieren. Es kommt dadurch ganz richtig zum Ausdruck, daß ohne die Anwesenheit von C überhaupt keine Farbe zur Entwicklung kommen kann. Die übrigen Erbeinheiten sind A (Aguti-Faktor, durch den eine bestimmte, die sog. Wildfarbe bedingende Verteilung des Pigments innerhalb der einzelnen Haare bewirkt wird), U (Uniformitätsfaktor, durch den eine gleichmäßige Verteilung des Pigments — im Gegensatz zur Scheckzeichnung — hervorgerufen wird), I (Intensitätsfaktor, der eine Verstärkung des Pigments bewirkt), Y (yellow, Faktor für gelbe Färbung), B (black, Faktor für Schwarz), Br (Faktor für Braun) und E (Extensitätsfaktor, durch den eine gleichmäßige Verteilung des braunen und schwarzen Pigments über die gelbgefärbten Körperpartien bedingt wird; seine Abwesenheit bewirkt Beschränkung von Braun und Schwarz auf Augen und Extremitäten). Die Formel bringt durch die Stellung der Buchstaben noch besonders zum Ausdruck, daß B und Br bei dem betreffenden Kaninchen nur zur Geltung kommen können, wenn schon Y vorhanden ist, und ferner das E nur auf B und Br wirkt.

Für Individuen, bei denen einzelne der beschriebenen Erbeinheiten fehlen, kann man natürlich entsprechende Formeln schreiben. Die Erbformel für ein homozygotes einfarbig schwarzes Tier, bei dem der Agutifaktor fehlt, würde z. B. folgendermaßen lauten:

$$\text{aa} \quad \text{CC} \quad \text{YY} \quad \overset{\displaystyle \text{UU}}{\underset{\displaystyle \text{II}}{}} \quad \overset{\displaystyle \text{BB}}{\underset{\displaystyle \text{BrBr}}{\diamondsuit}} \text{EE}$$

Was wir an dem Phänotypus des einzelnen Kaninchens sehen, ist nichts als das Resultat aller während der Ontogenese erfolgenden Reaktionen dieses Idiotypus mit den vorhandenen (parakinetischen) Umweltfaktoren.

Idiokinese und Parakinese. Natürlich ist der Idiotypus, wie ja auch der Paratypus, nicht unveränderlich. Diejenigen Einflüsse nun, die an dem Idiotypus Änderungen hervorrufen, nannten wir idiokinetische Faktoren. Entsprechend bezeichnen wir jene Umwelteinflüsse, die paratypische Veränderungen bewirken, als parakinetische Faktoren. Das Ergebnis der Idiokinese (Erbänderung) heißt dann Idiovariation, das Ergebnis der Parakinese (Nebenänderung) Paravariation.

Idiophorie und Paraphorie. Ebenso wichtig wie die Änderung des Idiotypus und des Paratypus ist ihre Erhaltung. Der Idiotypus erhält sich durch die Kette der Generationen vermittelst der Idiophorie (Vererbung). Die Idiophorie, das Weitertragen des Idiotypus von Generation zu Generation, ist also überhaupt nichts anderes als der Ausdruck der Kontinuität der Erbmasse (des Idioplasmas).

Nun können aber auch paratypische Eigenschaften auf die nächsten Generationen nachwirken, und diese Paraphorie hat oft zu Verwechslungen mit der Idiophorie, der Vererbung, geführt. Solche Irrtümer lassen sich vermeiden, wenn man sich den fundamentalen Unterschied zwischen beiden Begriffen nur einmal klar gemacht hat. Denn die Tatsache der Paraphorie ändert doch nichts an dem Stigma, durch welches das Paratypische vom Idiotypischen vor allem getrennt ist; das Idiotypische nämlich ist dauernd, stabil durch die Generationen hindurch, das Paratypische aber ist in jedem Falle flüchtig und labil. Die idiotypischen Anlagen sind, wenn sie erst einmal da sind, auf alle Zeiten irreversibel und können allein durch neue idiokinetische Einflüsse wieder geändert oder durch die Selektion ausgemerzt werden. Die paratypischen Variationen dagegen sind, wie die Einzelwesen, schon bei ihrer Entstehung mit dem Tode und dem Verlöschen gezeichnet; auch dann, wenn sie noch auf einige spätere Generationen nachwirken, werden sie alsbald schwächer und verschwinden nach Ablauf weniger Geschlechter von selbst. Es ist also ihr Kennzeichen, daß sie autoreversibel sind; weil sie nicht in der Erbmasse verankert liegen, heben sie sich mit der Zeit von selbst wieder auf, falls sie nicht überhaupt, was bei weitem der häufigste Fall ist, schon mit derjenigen Generation zugrunde gehen, an der sie entstanden sind.

Paratypische Eigenschaften. Paratypische Merkmale brauchen nicht erst während des extrauterinen Lebens aufzutreten, sie können schon angeboren sein (amniotische Abschnürungen, Folgezustände fötaler Entzündungen, intrauteriner Infektionen u. dgl.). Aber nicht nur der Fötus kann von parakinetischen Faktoren getroffen werden, schon die Geschlechtszellen können, bevor sie zur Vereinigung gekommen sind, möglicherweise solchen Einflüssen unterliegen. So nimmt Johannsen an, daß die oft behauptete Minderwertigkeit der Trinkerkinder zum Teil die Folge einer parakinetischen Wirkung des Alkohols auf die elterlichen Geschlechtszellen (und zwar auf deren Ernährungsplasma) seien, da diese Minderwertigkeit oft nichterblicher Natur sein soll. Es kann also die Entstehung paratypischer Eigenschaften wahrscheinlich schon prägenital (d. h. vor der Zeugung) zustande kommen. Paratypische Eigenschaften können also nicht nur konnatal (angeboren), sondern auch kongenital (anerzeugt) sein. Die meisten freilich entstehen postnatal im Laufe des extrauterinen Lebens. Die verschiedenen Arten der paratypischen Eigenschaften je nach der Zeit ihrer Entstehung zeigt eine Tabelle:

Paratypische Eigenschaften: 1. kongenital (anerzeugt) ⎫ konnatal (angeboren)
                          2. intrauterin, plazental ⎬
                          3. extrauterin, postnatal.

Paratypische Eigenschaften.

Idiotypische Eigenschaften. Idiotypische Merkmale können vorhanden sein auf Grund der Vererbung; dann können wir sie idiophoriert nennen. Oder sie sind am Idiotypus durch Idiokinese neu entstanden. In beiden Fällen sind sie idiophorisch, d. h. sie erscheinen in den Individuen der nächsten Generationen wieder. Schließlich kann ein idiotypisches Merkmal auf Grund einer Mixovariation (Baur) entstehen; diese Mixovariationen sind als solche gewöhnlich nicht erblich (nur bei Reinzucht!). Die verschiedenen Arten idiotypischer Merkmale je nach der Art ihrer Entstehung sind demnach folgende:

Idiotypische Eigenschaften: 1. idiophoriert
                       2. idiokinesiert (Neo-Idiovariationen)
                       3. kombinativ (Mixovariationen).

Idiotypische Eigenschaften.

Eltern und Kinder. Kinder können von den Eltern auf Grund sehr verschiedener Vorgänge abweichen:

1. Infolge Parakinese (Paravariabilität), d. h. die parakinetischen Faktoren, also die den Phänotypus umgestaltenden Außeneinflüsse, können bei Eltern und Kindern verschieden sein.

2. Infolge **Idiokinese** (Idiovariabilität), d. h. an dem Erbplasma der Eltern kann durch idiokinetische Faktoren eine neue idiotypische Anlage entstanden sein, die sich bei den Kindern in Form einer neuen Erbeigenschaft äußert.

3. Infolge **Mixovariabilität** (Neukombination von Erbeinheiten). Da bei getrenntgeschlechtlichen Lebewesen eine sehr vielspältige Heterozygotie die Regel ist, und bei jeder Zeugung die Erbeinheiten erneut durcheinander gewürfelt und gruppiert werden, können durch besondere Mischung verschiedener Erbeinheiten bestimmte Eigenschaften bedingt werden, die bei den Nahverwandten, bei denen die Erbeinheiten anders kombiniert sind, nicht angetroffen werden.

4. Infolge von **Dominanz und Rezessivität**. Beispiel: Heterozygote Eltern, die beide die rezessive Krankheitsanlage zu Xeroderma pigmentosum latent enthalten und folglich äußerlich gesund sind, bekommen ein Kind, das homozygot in bezug auf die genannte Erbanlage, und infolgedessen an Xeroderma manifest erkrankt ist.

5. Infolge **Epistase und Hypostase** (zum Teil mit Punkt 3 zusammenfallend). Beispiel: Ein Mann mit Hypospadie hat eine Tochter, die zwar die gleiche Erbanlage besitzt, aber äußerlich gesund ist, weil die Hypospadieanlage sich bei Vorhandensein der X-Chromosomen in paariger Ausfertigung, d. h. bei Vorhandensein weiblichen Geschlechts nicht manifestieren kann.

Übersicht. Ein zusammenfassender Überblick über die vererbungsbiologischen Grundbegriffe ergibt folgendes Bild: dem eigentlichen erblichen Wesen der Organismen, dem Idiotypus, steht das gegenüber, was zu diesem erblichen Wesen nicht gehört, was zufällig, flüchtig, autoreversibel ist: das Paratypische. Die Umweltwirkungen, denen ein lebender Organismus ausgesetzt ist, lassen sich als idiokinetische und parakinetische unterscheiden. Das Resultat der Idiokinese ist die Idiovariation, das Resultat der Parakinese die Paravariation. Idiophorie, „Vererbung", ist jener Vorgang, welcher die Anwesenheit gleicher idiotypischer Anlagen (Ide) bei Vorfahren und Nachkommen bewirkt. Die Paraphorie stellt dahingegen nur eine Nachwirkung einzelner Paravariationen auf die Nachkommen dar, durch die an der flüchtigen, zwangsläufig reversiblen Natur aller paratypischer Erscheinungen nicht das geringste geändert wird.

Dieser Überblick über die vererbungsbiologischen Grundbegriffe läßt sich auch in einer Tabelle anschaulich darstellen:

Am Phänotypus können wir unterscheiden:

Idiotypische Merkmale bzw. **Idio**variationen	Paratypische Merkmale bzw. **Para**variationen,
die entstanden sind durch	
Idiokinese	**Parakinese**
und in der nächsten Generation wieder erscheinen können infolge	
Idiophorie	**Paraphorie.**

In meiner populären Broschüre über „Die biologischen Grundlagen der Rassenhygiene und der Bevölkerungspolitik" habe ich für die vererbungstheoretischen Grundbegriffe auch deutsche Bezeichnungen eingeführt, bei deren Verwendung das Schema folgendermaßen aussieht:

Am Erscheinungsbilde können wir unterscheiden:

Erbbildliche Eigenschaften bzw. Erbabweichungen	Nebenbildliche Eigenschaften bzw. Nebenabweichungen,

die entstanden sind durch

Erbänderung	Nebenänderung

und bei den Nachkommen wieder erscheinen können infolge

Vererbung	Nachwirkung nebenbildlicher Eigenschaften.

B. Praktischer Teil.

6. Sammlung und Aufzeichnung vererbungswissenschaftlichen Materials beim Menschen.

Genealogie. Meist unterscheidet man zwei Methoden menschlicher Vererbungsforschung: die genealogische und die statistische. In Wirklichkeit ist aber jede Vererbungsforschung, die von unseren modernen Vorstellungen ausgeht, ihrer Natur nach statistisch, da ja das Wesen der Mendelschen Entdeckung in der Auffindung eines zahlenmäßigen Gesetzes beruht, welches die wahrscheinliche statistische Häufigkeit eines bestimmten Erbmerkmals unter der Nachkommenschaft berechnen läßt. Andererseits erfolgt die Sammlung und Aufzeichnung vererbungswissenschaftlichen Materials beim Menschen stets nach genealogischen Methoden; denn überall, wo eine Aufzeichnung eine Gruppe blutsverwandter Individuen betrifft, sei es auch nur eine Geschwisterschaft, befinden wir uns auf dem Boden der Genealogie. Die genealogische Methodik ist also zwar keine Methode der Vererbungsforschung, sie ist aber die eigentliche Methode zur Sammlung und Aufzeichnung des Materials, das später der Beurteilung, und zwar vornehmlich auf Grund einer statistischen Bearbeitung zugeführt wird.

A-Tafel und D-Tafel. Die beiden Elemente der Genealogie sind die Aszendenztafel (Vorfahrentafel, Ahnentafel) und die Deszendenztafel (Nachkommentafel), die wir kurz als A-Tafel und D-Tafel bezeichnen. Die A-Tafel geht von einem Individuum in der Gegenwart aus (dem „Probanden") und demonstriert dessen Vorfahren, die D-Tafel nimmt ihren Ausgang von einem Individuum in der Vergangenheit (dem „Stammvater") und verzeichnet dessen Nachkommen. Beide, A-Tafel und D-Tafel, wurden von der alten Genealogie eifrig gepflegt: die Vorlage der A-Tafel mit 16 und mehr Ahnen wurde als sog. Ahnenprobe zur Feststellung der Satisfaktionsfähigkeit, bei der Aufnahme in die verschiedenen Orden und bei ähnlichen Anlässen verlangt; die D-Tafel demonstrierte die Abkunft von erlauchten Vorfahren und für den ältesten Namensträger meist das Recht auf deren Erbe.

Stammbaum. Diese D-Tafel der alten Genealogen pflegt nun allerdings in einer Form zu bestehen, welche die Kritik der modernen Vererbungsbiologen vielfach herausgefordert hat: es handelt sich in der Genealogie meist nämlich nicht um eine vollständige D-Tafel mit Aufzeichnung sämtlicher bekannter Nachkommen der Ausgangsperson, sondern um die Deszendenten nur insoweit, als sie den gleichen Familiennamen tragen wie der Stammvater. Solche auf die Träger eines Familiennamens beschränkte D-Tafeln nennt man Familienstammbäume oder kurz Stammbäume. Der Stammbaum ist also ein nach namensrechtlichen Gesichtspunkten gewonnener Auszug aus der D-Tafel. Vererbungsbiologisch ist natürlich eine solche Beschränkung nicht gerechtfertigt, da die Erbanlagen sich nicht um den Familiennamen kümmern, sondern auf den Nachwuchs der Töchter mit derselben Treue vererbt werden, wie auf den der Söhne. Auch zur Demonstration der geschlechtsgebundenen und der geschlechtsbegrenzten Vererbung sind, wie wir im nächsten Kapitel sehen werden, gerade solche D-Tafeln nötig, die auch die Nachkommenschaft in weiblicher Linie mitberücksichtigen. Der Stammbaum ist also in vererbungsbiologischer Hinsicht eine recht unvollkommene Form der D-Tafel.

Trotzdem ist er aber nicht unbrauchbar. Ist ein Stammbaum bekannt, so ist es oft nicht allzuschwer, auch die fehlenden weiblichen Linien noch nachzutragen. Ferner stellt der Stammbaum zwar einen willkürlichen Ausschnitt aus der D-Tafel dar, da jedoch der leitende Gesichtspunkt dabei bloß der Familienname, d. h. die Fortpflanzung in männlicher Linie ist, so bilden die Personen eines Stammbaums in vererbungsbiologischer Hinsicht keine einseitige Auslese aus den Personen der vollständigen D-Tafel, falls wir nicht gerade nach Dingen forschen, die in Beziehung zum Geschlecht stehen. Bei dem gewöhnlichen dominanten Vererbungsmodus und solchen Vererbungsarten, die diesem Modus nahe stehen (vergleiche das folgende Kapitel), ist deshalb der Stammbaum sehr wohl zu gebrauchen, wenn wir auch stets eine vollständige, d. h. auch die Nachkommen in weiblicher Linie berücksichtigende D-Tafel anstreben müssen.

Stammbaum und Fortpflanzung. Dem Familienstammbaum macht man auch zum Vorwurf, daß er ein falsches Bild von der zahlenmäßigen Ausbreitung der Familie gebe. Man sagt, daß das allmähliche Aufhören eines solchen Stammbaums, d. h. das Aussterben einer Familie (im namensrechtlichen Sinne dieses Begriffes) noch gar nicht das wirkliche Verschwinden der in der Familie vorhanden gewesenen Erbanlagen bedeute, weil ja die im Stammbaum nicht verzeichneten weiblichen Linien weiter blühen könnten, und man geht deshalb vielfach so weit zu leugnen, daß das Aussterben der „Familien" (im namensrechtlichen Sinn) als bedrohliches Symptom für einen quantitativen Bevölkerungsrückgang anzusprechen sei. Auch gegen diese Angriffe muß man den Stammbaum in Schutz nehmen. Das Aussterben irgendeiner nur wenige Mitglieder zählenden Familie beweist freilich nichts für die Vermehrungsverhältnisse der Bevölkerung, aus der die betreffende Familie stammt. Wenn aber, wie es z. B. beim schwedischen und deutschen Adel und beim deutschen Patriziat der Fall ist, eine große Anzahl von (Mannesstamm-)Familien einer Bevölkerungsgruppe ausstirbt, und demgemäß ein Familienname nach dem anderen verschwindet, so ist der Trost, daß die weiblichen Linien, die andere

Namen tragen, um so stärker blühen werden, ganz unberechtigt. Denn da man keinen Grund zu der Annahme hat, daß die Fruchtbarkeitsverhältnisse in den Mannesstamm-Familien sich von denen der weiblichen Linien grundsätzlich unterscheiden, so ist das gehäufte Aussterben von Mannesstammfamilien und somit das gehäufte Verlöschen von Familiennamen tatsächlich ein Beweis dafür, daß die gesamte Bevölkerungsgruppe, der die betreffenden Familien angehören, sich im Zustande quantitativen Rückgangs, d. h. im Zustande des Aussterbens befindet. Der Familienstammbaum spiegelt sogar die quantitativen Verhältnisse einer Bevölkerungsgruppe viel wahrheitsgetreuer wieder als die vollständige D-Tafel. Wenn z. B. ein Elternpaar zwei Kinder hat, und von diesen wiederum je ein Enkelkind (Abb. 20), so könnte man bei oberflächlicher Betrachtung meinen, die

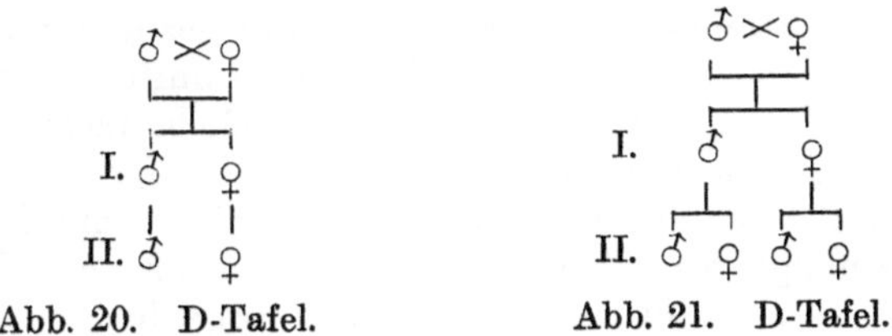

Abb. 20. D-Tafel.   Abb. 21. D-Tafel.

Quantitätsverhältnisse seien in der Kinder- und Enkelgeneration dieselben geblieben, da jede dieser beiden Generationen aus zwei Personen besteht. In Wirklichkeit repräsentieren die Enkel aber nicht nur den Nachwuchs der beiden Kinder des Stammelternpaares, sondern auch ihrer beiden Schwiegerkinder, deren vollwertige Erbmassen man doch nicht einfach vergessen darf mitzuzählen; die beiden Enkel haben also vier Personen der vorhergehenden Generation zu ersetzen, infolgedessen stellt die Enkelgeneration auf Abb. 20 eine Reduzierung der „Bevölkerungs"-Zahl um die Hälfte dar. Eine Familie, die einen typischen Ausschnitt aus einer sich zahlenmäßig gleichbleibenden Bevölkerung repräsentieren soll, muß deshalb, wenn wir sie D-Tafel-gemäß aufzeichnen, mit jeder Generation mindestens eine Verdoppelung ihrer Familienmitglieder zeigen, wie es aus Abb. 21 ersichtlich ist. Die D-Tafel lebt eben mit jeder Generation zur Hälfte von dem Blute anderer Familien: auf diese Weise verdoppelt sie sich mit jeder Generation. Der Stammbaum dagegen nimmt durch die Weglassung der weiblichen Linien mit jeder Generation eine Reduzierung seiner Mitgliederzahl um die Hälfte vor, da ja die Töchter im statistischen Durchschnitt ungefähr die Hälfte der Nachkommen überhaupt ausmachen. In einer Bevölkerung, die zahlenmäßig zurückgeht, können deshalb die D-Tafeln noch lange fortblühen, während die Familienstammbäume und mit ihnen die Familiennamen einer nach dem anderen erlöschen. Das fortschreitende Aussterben von Mannesstamm-Familien innerhalb einer Bevölkerungsgruppe ist deshalb ein sehr zuverlässiger Indikator für ein allgemeines fortschreitendes Aussterben des betreffenden Volksteiles, und umgekehrt ist das Blühen der Mannesstamm-Familien das sicherste Anzeichen für eine gesunde Vermehrung des Volkes. Das Aussterben von tüchtigen Mannesstamm-Familien ist nur dann unbedenklich, wenn es auf ganz vereinzelte Fälle beschränkt bleibt, und wenn es sich um das Aussterben solcher Familien handelt, die nur wenige Mitglieder zählen. Denn wenn eine Familie auf nur wenigen Augen steht, so ist auch in einer sich gut vermehrenden Bevölkerung die Möglichkeit gegeben, daß die Familie durch frühen Tod, Ehelosigkeit oder Knabenarmut der wenigen Namensträger erlischt. Familien mit zahlreichen Namensträgern sind aber natürlich in hohem Maße davor geschützt, daß ihre Existenz durch das zufällige Zusammentreffen derartiger Umstände in Frage gestellt wird.

Stammbaum der Familie Siemens. Auf Grund des Gesagten darf man deshalb den Stammbaum einer Familie in bezug auf seine Quantitätsverhältnisse als einen repräsentativen Ausschnitt aus der Bevölkerungsgruppe (z. B. aus dem sozialen Stande) betrachten, dem die Familienmitglieder im allgemeinen angehören. Und so ist es nicht zu verwundern, daß ich an meiner eigenen Familie nachweisen konnte[1]), wie sie nach anfänglich rascher, später immer langsamerer Vermehrung die Personenzahl 152 für eine Generation erreichte, um schließlich in der jüngsten Generation statt einer weiteren Vermehrung eine Verminderung ihrer Mitgliederzahl zu zeigen, — weil diese Familie eben ein getreues Abbild des quantitativen Rückgangs derjenigen Bevölkerungsschicht darbietet, der ihre Mitglieder zugehören: nämlich der deutschen Oberschicht und des deutschen Mittelstandes. Diese beiden Bevölkerungsgruppen haben ja bekanntlich schon seit einigen Jahrzehnten aufgehört, den auch nur für die bloße Erhaltung ihrer Zahl notwendigen Nachwuchs zu erzeugen. — Die vollständige D-Tafel würde dagegen unfähig sein, derartige Quantitätsverhältnisse zur Anschauung zu bringen.

A-Tafel. Von den modernen Vererbungspathologen, besonders von Martius, ist die Aufmerksamkeit mit Nachdruck auf die vorher den Medizinern fast unbekannte A-Tafel (Aszendenztafel, Ahnentafel) gelenkt worden. Von ihr wird behauptet, daß sie viel tiefere vererbungsbiologische Einblicke gestatte als die D-Tafel. Uns scheint aber, daß mit solchen Ansichten der ursprünglichen Unterschätzung der A-Tafel eine ebenso bedenkliche Überschätzung gefolgt ist.

Die A-Tafel verzeichnet sämtliche direkten Vorfahren eines Individuums, des sog. Probanden. Es versteht sich von selbst, daß die A-Tafel einer Person mit der A-Tafel jedes ihrer Vollgeschwister identisch ist; für je eine Geschwisterschaft gibt es also nur eine A-Tafel. Als Beispiel einer A-Tafel will ich, um in der Wirklichkeit zu bleiben, meine eigene anführen (Abb. 22). Sie enthält meine beiden

---

[1]) Siemens, Die Familie Siemens. Ein kasuistischer Beitrag zur Frage des Geburtenrückgangs. Arch. f. Rassen- u. Gesellschaftsbiol. 11, 486. 1915/16.

Ururgroßeltern	Urgroßeltern	Großeltern	Eltern	Proband
Ururgroßmutter: Friederike geb. Kupsch	Urgroßmutter: Auguste geb. Sommer	Großmutter: Luise geb. Ehrhardt	Mutter: Clara geb. Mehrhardt	Proband.
Ururgroßvater: Gotthelf Sommer				
Ururgroßmutter: Luise geb. Jänicke	Urgroßvater: Heinr. Ehrhardt			
Ururgroßvater: Ehrhardus Ehrhardt				
Ururgroßmutter: Juliane Maria geb. Hampe	Urgroßmutter: Charlotte geb. Blume	Großvater: Wilh. Mehrhardt		
Ururgroßvater: Joh. Gottlieb Blume				
?	Urgroßvater: Ernst Mehrhardt			
?				
Ururgroßmutter: Doroth. Eleon. geb. Steinkamp	Urgroßmutter: Sophie geb. Schweimler	Großmutter: Luise geb. Freise	Vater: Herm. Siemens	
Ururgroßvater: Friedr. Schweimler				
Ururgroßmutter: Dorothea geb. Frehde	Urgroßvater: Andreas Freise			
Ururgroßvater: Andreas Freise				
Ururgroßmutter: Sophie Henr. geb. Röbber	Urgroßmutter: Sophie geb. Schröder	Großvater: Herm. Siemens		
Ururgroßvater: Joh. Heinr. Schröder				
Ururgroßmutter: Sophie Elis. geb. Huet	Urgroßvater: Gottlieb Siemens			
Ururgroßvater: Joh. Georg Heinr. Siemens				

Abb. 22. Beispiel einer A-Tafel.

Eltern, meine 4 Großeltern, meine 8 Urgroßeltern, meine 16 Ururgroßeltern usf. Die Zahl der direkten Vorfahren verdoppelt sich mit jeder Generation, je weiter wir zurückgehen. Hieraus folgt, daß ein Mensch, der heute lebt, zur Zeit des 30jährigen Krieges, d. h. also vor ungefähr 9 Generationen 512, zur Zeit von Christi Geburt jedoch über 18 Billionen (!) verschiedene Vorfahren gehabt haben muß.

Ahnenverlust. Nun zählte aber das ganze römische Imperium zur Zeit seiner höchsten Blüte (Kaiser Trajan) schätzungsweise nur etwa 100 Millionen Einwohner, und auch die heutige Bevölkerung des gesamten Erdballs beträgt noch nicht 2 Billionen Seelen. Dieser scheinbare Widerspruch findet darin seine Erklärung, daß unter den Vorfahren jedes Menschen bald nähere, bald entferntere Verwandtenehen sehr häufig stattgefunden haben, wodurch die Zahl derjenigen Vorfahren, die gesonderte Personen darstellen, erheblich reduziert wird. Diese Erscheinung, die man Ahnenverlust nennt, gibt sich in der A-Tafel dadurch zu erkennen, daß sich die gleiche Person zweimal oder noch öfters darin vorfindet. Als Beispiel diene uns die A-Tafel der Brüder Joh. Georg, Gottlieb und Christian Ferdinand Siemens, deren letzter der Vater von Werner v. Siemens gewesen ist. Die Brüder hatten Joh. Georg Heinrich Siemens und Sophie Huet zu

Joh. Georg Heinr. Siemens	Georg Andr. Siemens	Hans Henning Siemens ■	
		Anna Marg. Volbrecht ●	
	Agnes Marg. Hedw. Koch	MAG. Joh. Andreas Koch	
		Anna Hedwig Siemens	
Sophie Elisabeth Huet	Joh. Daniel Huet	Burchard Martin Huet	
		Elisabeth Sacer	
	Joh. Gertrud Siemens	Hans Henning Siemens ■	
		Anna Marg. Volbrecht ●	

Abb. 23. Ahnenverlust bei Vetternheirat.
(A-Tafel des Christian Ferdinand Siemens, des Vaters von Werner v. Siemens.)

Eltern. Diese beiden Eltern waren nun Geschwisterkinder, da die Mutter der Sophie Huet eine geb. Siemens war, deren Bruder Georg Andreas Siemens der Vater des genannten Joh. Georg Heinrich Siemens gewesen ist. So unklar sich diese Verwandtschaftsbeziehungen in Worten ausnehmen, so klar liegen sie bei einem Blick auf Abb. 23 vor uns. Wir sehen, daß das durch schwarze Zeichen markierte Ehepaar Hans Henning Siemens und Anna Marg. Volbrecht einen Sohn Georg Andreas Siemens hatte, und daß dieser durch die Ehe mit Agnes Marg. Hedwig Koch der Vater des Joh. Georg Heinrich Siemens wurde.

Wir sehen ferner, daß dasselbe Ehepaar Hans Henning Siemens und Anna Marg. Volbrecht auch eine Tochter Joh. Gertrud Siemens hatte, und daß diese Joh. Daniel Huet heiratete, aus welcher Ehe Sophie Elisabeth Huet, die Frau des Joh. Georg Heinrich Siemens hervorging. Bei den Eltern der Brüder Joh. Georg, Gottlieb und Christian Ferdinand Siemens handelt es sich demnach um eine Vetternheirat ersten Grades, also um eine Form der Verwandtenehe, die in $^3/_4$—1 % aller Ehen bei uns angetroffen wird. Wir finden demgemäß zwar in der Großeltern-Generation noch 4 verschiedene Personen, in der Urgroßeltern-Generation aber nur noch 6 verschiedene Personen anstatt 8, da eben das Ehepaar Hans Henning Siemens und Anna Marg. Volbrecht darin zweimal angetroffen wird. Ein entsprechender Ahnenverlust ergibt sich natürlich auch für alle weiter zurückliegenden Generationen.

Georg Andreas Siemens	Hans Henning Siemens	Hans Jürgen Siemens ■	Peter Siemens
			Agnes Oppermann
		Anna Volckmar ■	Hans Volckmar
			Anna Maria Crevet
	Anna Marg. Volbrecht	Joh. Heinrich Volbrecht	Christoph Volbrecht
			Anna Koch
		Ilsabeth Göckel	Hans Jürgen Göckel ✗
			Anna Kemper ✗
Agnes Marg. Hedw. Koch	MAG. Joh. Andr. Koch	Hans Jürgen Koch	Andreas Koch
			Margarethe Hartmann
		Marg. Magd. Hirsch	Hans Hirsch
			Margarethe Siemens
	Anna Hedwig Siemens ✗)	Bgmstr. Georg Heinrich Siemens	Hans Jürgen Siemens ■
			Anna Volckmar ■
		Catharina Elis. Göckel	Hans Jürgen Göckel ✗
			Anna Kemper ✗

Abb. 24. A-Tafel des Joh. Georg Heinrich Siemens,
des Großvaters von Werner v. Siemens.

Das in einer A-Tafel mit Ahnenverlust doppelt vorhandene Ehepaar braucht sich nun aber nicht immer in der gleichen Generation vorzufinden. Abb. 24[1]) zeigt vielmehr, daß hier die doppelt vorhandenen Aszendenten Hans Jürgen Siemens und Anna Volckmar verschiedenen Generationen der A-Tafel angehören. Dieses Phänomen

---

kommt im vorliegenden Falle einfach dadurch zustande, daß der Vater
des Probanden, Georg Andreas Siemens, nicht seine Kusine ersten
Grades, Anna Hedwig Siemens [mit ×) bezeichnet], geheiratet hat,
sondern deren Tochter Agnes Marg. Hedwig Koch. Die Eltern des
Probanden sind hier aber noch auf eine andere Weise miteinander
verwandt, da ihre Großmütter mütterlicherseits, Ilsabeth und Catharina
Elis. Göckel, Schwestern waren. Georg Andreas Siemens ist daher in
gleicher Person Großonkel und Vetter *zweiten* Grades von seiner Frau.

Einen besonders hohen Grad von Ahnenverlust zeigt die A-Tafel
des Don Carlos; in der Reihe der 8 Ahnen stehen hier nur noch
4 verschiedene Namen, und da Johanna die Wahnsinnige und
Maria von Spanien wiederum Schwestern sind, in der Reihe der
16 Ahnen sogar nur noch 6 (Abb. 25).

Philipp II. König von Spanien	Kaiser Karl V.	Philipp der Schöne ■	Maximilian I.
			Maria von Burgund
		Johanna die Wahnsinnige ■	Ferdinand der Katholische ▲
			Isabella von Castilien ▲
	Isabella von Portugal	Emanuel I. von Portugal ✕	Ferdinand von Viseo
			Beatrix von Portugal
		Maria von Spanien ✕	Ferdinand der Katholische ▲
			Isabella von Castilien ▲
Maria von Portugal	Johann III. König von Portugal	Emanuel I. von Portugal ✕	vgl. oben
			vgl. oben
		Maria von Spanien ✕	vgl. oben ▲
			vgl. oben ▲
	Catharina von Österreich	Philipp der Schöne ■	vgl. oben
			vgl. oben
		Johanna die Wahnsinnige ■	vgl. oben ▲
			vgl. oben ▲

Abb. 25.   A-Tafel des Don Carlos.

Häufigkeit der Ahnenverluste. Ahnenverluste in den weiter zurückliegenden Generationen sind eine sehr gewöhnliche Erscheinung, was
ja schon aus der Tatsache folgt, daß, wie wir gesehen hatten, die tatsächliche Ahnenzahl eines Menschen andernfalls märchenhafte Werte
annehmen müßte. Man ersieht hieraus, wie tiefgehend alle Glieder
eines Volkes miteinander verwandt sein müssen, wenn sich diese Verwandtschaft auch meist dem Nachweise entzieht, da unser genealogisches Material für die Mehrzahl der Menschen ja nicht einmal über
zwei oder drei Generationen hinausreicht. Es ist· deshalb sicher viel

Wahres an dem Ausspruch, daß wir alle, vom Kaiser bis zum Tage-
löhner, in irgendeiner Weise mit Karl dem Großen blutsverwandt seien.

Inzucht. Aber auch in den jüngsten Generationen einer A-Tafel
sind Ahnenverluste durchaus nichts Abnormes. Vornehmlich in Adels-
familien kann man sie gehäuft antreffen, da hier, besonders im Hoch-
adel, die Zahl der ebenbürtigen Geschlechter oft so klein ist, daß der
junge Aristokrat mit fast jeder der für eine Heirat in Betracht kommenden Familien bereits versippt ist. Durch diese sog. Inzucht hat man
denn auch die angebliche Beobachtung erklären wollen, daß auffallend
viele Mitglieder des höheren Adels „degeneriert" seien. Nun wird
aber bei der bäuerlichen Landbevölkerung gar nicht selten eine ebenso
starke Inzucht angetroffen, besonders in Gegenden, die noch etwas
abseits vom großen Verkehr liegen, und man pflegt hier im allgemeinen
von einer besonderen Gesundheit des Volksstammes und keineswegs
von einer Entartung zu sprechen. Ammon hat sogar gerade die besonders große Gesundheit in bestimmten bäuerlichen Gegenden durch
die vermehrte Inzucht erklären wollen.

Angebliche Schädlichkeit der Inzucht. Sicher haben wir keinen
Grund zu der Annahme, daß die Inzucht als solche unbedingt schäd-
lich sein müsse. Es gibt genug Pflanzenarten, die sich fast ausschließlich durch Selbstbefruchtung fortpflanzen (Leguminosen, Zerealien,
Gramineen), und auch bei Tieren kennt man zahlreiche Fälle, in denen
enge Verwandtschaftszucht auch lange Zeit hindurch ohne jeden Schaden
ertragen wurde. Andererseits nimmt, wie Shull und East gezeigt
haben, der Körnerertrag beim Mais durch fortgesetzte Selbstbefruchtung
ab, wenngleich der Rückgang des Ertrags bei weiterer Inzucht sehr
bald einem stationären Zustande Platz macht, und die verschiedensten
Experimentatoren fanden bei allen möglichen Tierarten eine Abnahme
der Größe der einzelnen Tiere und ihrer Fruchtbarkeit schon nach
wenigen Generationen, wenn immer Geschwister gepaart wurden. Ob
diese engste Form der Inzucht, die man als Inzestzucht bezeichnet,
beim Menschen gleichfalls üble Folgen hat, wissen wir nicht. Auf
jeden Fall war sie im alten Orient keine seltene Erscheinung. Bei
den alten Iraniern waren sogar Ehen zwischen Eltern und Kindern
erlaubt, und wir kennen eine ganze Reihe von Herrscherhäusern, die
sich lange Zeit hindurch durch Geschwisterehen fortpflanzten (Ptolemäer, Seleuciden); es fehlen aber alle Nachrichten darüber, daß diese
Inzestzucht von offensichtlichem Schaden gewesen und der Verfall
solcher Familien rascher erfolgt sei als derjenige der übrigen Herrscher-
häuser. Auch in solchen Fällen aber, in denen, wie oben erwähnt,
die Inzestzucht von schlechten Folgen begleitet ist, sind diese Schäden
ohne wirkliche Bedeutung, da sie erfahrungsgemäß durch Kreuzung
mit etwas weniger nahverwandten Individuen regelmäßig mit einem
Schlage wieder verschwinden. Man ist darum zu der Überzeugung
gekommen, daß die Ursache des schwächenden Einflusses, den fort-
gesetzter Inzest zuweilen ausübt, allein auf der Vermehrung der Homozygotie beruht; eine starke Homozygotie ist aber durch eine einzige

Fremdbefruchtung ohne weiteres wieder zu brechen. Der Schaden selbst der Inzestzucht, soweit er durch die experimentelle Forschung gesichert werden konnte, ist also nicht hoch anzuschlagen. Beim Menschen kann aber wegen seiner enormen Heterozygotie von einer derartigen extremen Inzucht überhaupt nicht die Rede sein; hier handelt es sich unter den heutigen kulturellen Verhältnissen höchstenfalls ja auch nur um eine sehr viel mildere Form verwandtschaftlicher Verbindungen. Für eine solche mäßige Inzucht hat die experimentelle Forschung aber noch niemals schädliche Folgen nachweisen können. Im Gegenteil muß man sagen, daß die Erfolge unserer Tier und Pflanzenzüchter ohne eine Inzucht mäßigen Grades (die Tierzüchter sagen: Konsolidierung der Blutlinien) gar nicht denkbar wären; ein so hervorragendes Zuchttier wie der Belvidere von der Shorthornrasse stammte z. B. von Geschwistern ab, und trotzdem erzeugte er mit seiner eigenen Tochter noch den Duke of Nordhumberland, der sich wiederum als erstklassiges Zuchttier erwies.

Die Behauptung, daß gehäufte Verwandtschaftsehen beim Menschen zur Entartung führen müssen, entbehrt also jeder empirischen Grundlage. Auf die Bedeutung der Blutsverwandtschaft für das Manifestwerden rezessiver Krankheitsanlagen wird noch im folgenden Kapitel eingegangen werden.

Vereinigung von A-Tafel und D-Tafel. Die A-Tafel vermittelt uns durch die mit jeder Generation erfolgende Verdoppelung ihrer Personenzahl eine ungeheure Fülle verwandtschafts-wissenschaftlichen Materials. Trotzdem ist sie genau so weit wie die D-Tafel davon entfernt, uns ein vollständiges Bild der mit einem Probanden blutsverwandten Personen zu geben. Auf der A-Tafel fehlt alles das, was man als seitliche Linie bezeichnet. Gerade die Eigenschaften solcher Seitenverwandten können aber von ausschlaggebender Bedeutung für die Erforschung vererbungsbiologischer Tatsachen sein, wie uns der Abschnitt über rezessive Vererbung im folgenden Kapitel noch zeigen wird. Wir werden dort auch sehen, daß es Erbkrankheiten gibt, die ein Proband nur mit solchen Seitenverwandten, niemals aber mit einem seiner Vorfahren teilen kann; dies ist bei allen erblichen Krankheiten der Fall, die vor der Geschlechtsreife zum Tode führen (Ichthyosis congenita, amaurotische Idiotie): hier hat also kein einziger der ungezählten direkten Vorfahren die Krankheit besessen, sämtliche Mitglieder der A-Tafel sind frei davon, und trotzdem handelt es sich um ein erbliches Leiden. Ein für die Vererbungsforschung genügender Überblick über die Verwandtschaftsverhältnisse ist deshalb nur durch eine Vereinigung von A-Tafel und D-Tafel zu erzielen. Jede Tafel, die diese Vereinigung verwirklicht, nennen wir V-Tafel (Verwandtschaftstafel); auch der Ausdruck „Stammbaum" wird oft in diesem allgemeinen Sinne verwendet.

Familienforschung und Vererbungspathologie. Da das Material der A-Tafel und das der D-Tafel nach zwei verschiedenen Seiten auseinanderstrebt, kann die Vereinigung, wenn sie im großen ausgeführt werden soll, nur darin bestehen, daß man beide genealogische Methoden nebeneinander pflegt. Nur so ist es möglich, sämtliche Blutsverwandte eines Probanden, soweit sie bekannt sind, in übersichtlicher Ordnung aufzuzeichnen, also systematisch Familienforschung zu treiben. Die zu dem gleichen Zweck konstruierten Sippschaftstafeln liefern zu komplizierte Bilder, um einen Fortschritt zu bedeuten, und sind außerdem nur für eine begrenzte Anzahl von Generationen verwendbar.

Die Pflege systematischer Genealogie ist im Interesse der vererbungsbiologischen und vererbungspathologischen Forschung sehr zu wünschen. Denn da wir mit den Menschen keine Vererbungsexperimente machen können wie mit Tier und Pflanze, so sind wir auf eine genaue Sammlung und Beobachtung des vorhandenen Materials angewiesen; beim Menschen muß also die Stammbaum-Beobachtung die nur bei Tieren und Pflanzen mögliche „Stammbaum-Kultur" ersetzen. Die Anleitung zur Sammlung verwertbaren genealogischen Materials gehört deshalb zu den Aufgaben der Vererbungspathologie.

Numerierung der A-Tafel. Um die Verwandten einer Person vollständig rubrizieren zu können, muß man von der A-Tafel der betreffenden Person ausgehen. Jeder darin befindliche Vorfahr muß mit einer Nummer, die über seine Stellung innerhalb der Ahnen Aufschluß gibt, versehen werden. Die beiden gebräuchlichsten und praktischsten Numerierungen veranschaulichen die Abb. 26 und 27. Die erste Methode bezeichnet den Probanden als 1, seinen Vater als 2, seine

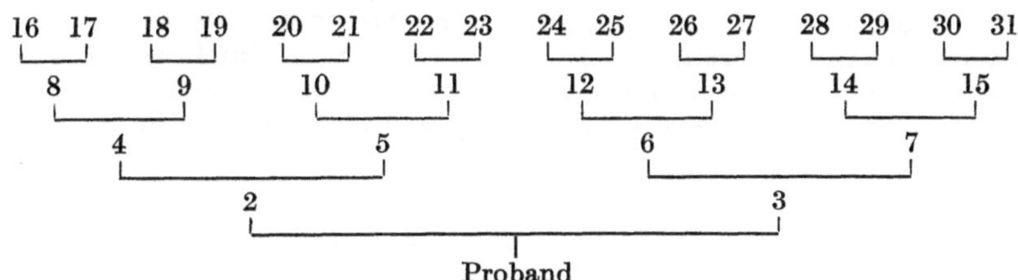

Abb. 26. Numerierung der A-Tafel.

Mutter als 3, den väterlichen Großvater als 4 usf. Alle geraden Zahlen bezeichnen männliche, alle ungeraden weibliche Personen. Die Potenzen von 2 bezeichnen jeweils denjenigen Vorfahren, der an der Spitze einer Aszendentengeneration steht. So kann man, wenn man sich in die Methode hineingearbeitet hat, auf den ersten Blick jeder Nummer ansehen, welcher Generation der durch sie bezeichnete Vorfahr angehört: von 4—7 reicht die Generation der 4 Ahnen, also der Großeltern, von 8—15 die der 8 Ahnen, also der Urgroßeltern usf. Noch übersichtlicher ist die andere Methode (Abb. 27), in der jede Aszendentengeneration, mit den Eltern beginnend, mit einer römischen Zahl bezeichnet wird, während die einzelnen Personen arabische Ziffern erhalten. Die arabischen Ziffern beginnen in jeder Generation von

neuem mit 1. Hier bezeichnen alle ungeraden arabischen Ziffern
männliche, alle geraden weibliche Aszendenzen. Im allgemeinen ist
wohl die letzte Methode trotz ihrer vermehrten Zahlenschreiberei vor-

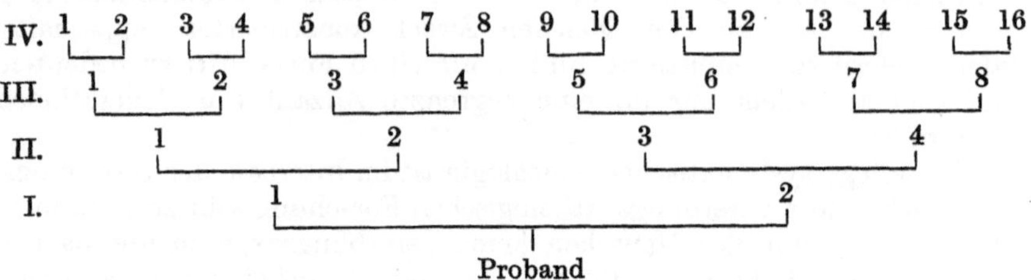

Abb. 27.   Numerierung der A-Tafel.

zuziehen, da sie durch die Extranumerierung der Generationen leichter
ein Bild von der Stellung einer bestimmten Person innerhalb der
A-Tafel gibt.

  Anlage und Numerierung der D-Tafel. Wie gesagt, ist aber
mit der A-Tafel die Zahl der Personen, die mit dem Probanden blutsverwandt sind, und die uns infolgedessen in vererbungsbiologischer
Hinsicht interessieren müssen, nicht erschöpft. Wollen wir auch das
übrige Blutsverwandtenmaterial in ein ordnendes System bringen, so
läßt sich das nur dadurch ermöglichen, daß wir uns einer reichlichen
Anzahl von D-Tafeln bedienen, die von den einzelnen Personen der
A-Tafel ausgehen. Zweckmäßigerweise wird man dieses Material nach
den Familiennamen ordnen, und zwar wird man jeweils von dem
ältesten nachweisbaren Glied einer in der A-Tafel vorhandenen
Namensfamilie ausgehen und dessen sämtliche bekannten Deszendenten
verzeichnen. In bezug auf die Familie Mehrhardt in Abb. 22 würde
dies z. B. folgendes Ergebnis haben:

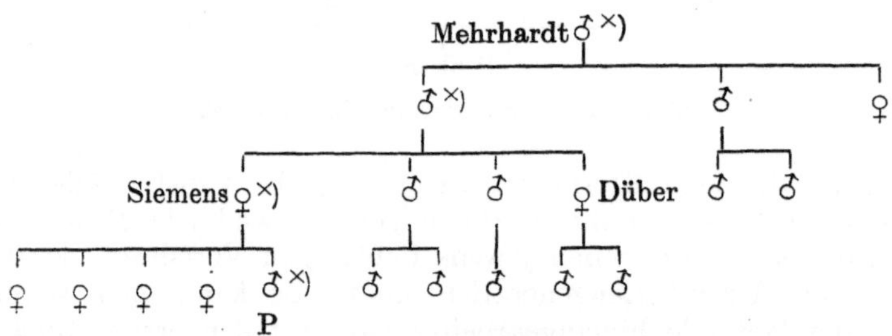

Abb. 28.   D-Tafel.

Der älteste bekannte Mehrhardt in der besagten A-Tafel ist Ernst
Mehrhardt. Von seinen drei Kindern ist der älteste Sohn Mitglied
der A-Tafel, sodann wiederum dessen älteste Tochter, die zum Probanden P führt. In jeder derartigen D-Tafel wird sich in entsprechender Weise von dem Stammvater eine ununterbrochene Reihe von

Personen verfolgen lassen, die alle Mitglied der A-Tafel sind (auf Abb. 28 mit ×) bezeichnet); alle übrigen D-Tafel-Personen sind Seitenverwandte des Probanden. Die D-Tafel findet ihr natürliches Ende dort, wo sie in eine andere, dem Probanden näherstehende D-Tafel übergeht. Die Numerierung der Mitglieder einer D-Tafel kann einfach fortlaufend erfolgen (natürlich vom Stammvater und nicht wie bei der A-Tafel vom Probanden ausgehend!), oder indem man wie bei der A-Tafel die Generationen mit römischen, die einzelnen Personen mit dahintergesetzten arabischen Ziffern bezeichnet, wobei in jeder neuen Generation die arabischen Ziffern wieder mit 1 anfangen.

Durch ein solches System von D-Tafeln, die an eine grundlegende A-Tafel angeschlossen sind, gelingt es, alle mit einem bestimmten Individuum blutsverwandten Personen so systematisch aufzuzeichnen, daß jede Person einen bestimmten Platz hat, auf dem sie zu finden ist, und daß es möglich ist, sich einen einigermaßen klaren Überblick über die gesamte Blutsverwandtschaft eines Probanden zu verschaffen.

Erbbiographische Personalbogen. Das System der A-Tafel mit angeschlossenen D-Tafeln, wie wir es hier entworfen haben, zeigt natürlich nur, wie ein umfangreiches genealogisches Material zu ordnen ist. Bevor man ans Ordnen gehen kann, gilt es aber, sich erst einmal geeignetes Material zu verschaffen, d. h. Blätter für die einzelnen Aszendenten bzw. Deszendenten anzulegen, die nähere Angaben über deren physiologische und pathologische Eigenschaften enthalten. Die Anlegung solcher Blätter für alle zurzeit lebenden Staatsangehörigen ist schon im Jahre 1891 von dem Mitbegründer der deutschen Rassenhygiene Wilhelm Schallmayer gefordert worden. Schallmayer bezeichnete diese Blätter als erbbiographische Personalbogen und forderte ihre amtliche obligatorische Einführung. Sie sollten nicht nur unmittelbar feststellbare Eigenschaften jeder einzelnen Person enthalten, sondern auch solche Tatsachen aus ihrem Leben, die mittelbar Aufschluß über ihre Erbanlagen geben könnten (Auszeichnungen, Bestrafungen u. dgl.). Das Hauptaugenmerk sollte auf gesundheitliche Erbanlagen gerichtet werden, ferner auf die mannigfachen Talente, Charakteranlagen, Temperament und die anthropologischen Merkmale. Solche erbbiographischen Personalbogen könnten in der Tat für die Erforschung der Vererbung beim Menschen von außerordentlicher Bedeutung werden, auch wenn sie sich nicht obligatorisch und für die gesamte Bevölkerung, sondern nur für eine Reihe von Familien durchführen ließen. In Amerika haben einige große Institute derartige Materialsammlungen schon seit längerer Zeit in Angriff genommen. Bei uns wird es wohl in der nächsten Zukunft zu solchen Arbeiten an den nötigen Mitteln fehlen; besonders eine allgemeine amtliche Registrierung, wie sie Schallmayer vorschwebte, wird wohl aus diesem Grunde vorläufig noch ins Land der Utopien gehören.

Wert der Familienforschung für die Vererbungsbiologie. Über den großen Wert einer wissenschaftlich betriebenen Genealogie für die menschliche Vererbungsforschung sind sich die Biologen schon seit

langem klar. Immer wieder mußten sie ja die Erfahrung machen,
daß die äußere Erscheinung eines Individuums ganz unzureichend zur
Beurteilung seiner Erbanlagen ist, und daß man sich viel geringeren
Täuschungen aussetzt, wenn man die Familie des Betreffenden, d. h.
den weiteren Kreis seiner Blutsverwandten einer genaueren Betrachtung
unterzieht. Tat doch schon Darwin den Ausspruch: „Will man sich
über die Vererbungsaussichten eines Individuums ein Urteil bilden, so
ist der Stammbaum von größerem Werte als die äußere Erscheinung".

Vereinigung von A- und D-Tafel in der Vererbungspathologie.
Die Familienforschung kann also, wenn sie systematisch betrieben wird,
für die menschliche Vererbungspathologie entschiedene Bedeutung gewinnen. Schon dann, wenn nur eine größere Reihe von Ärzten ihre eigene
Familie einer genaueren Durchforschung unterziehen würde, könnte wohl manches
Einzelproblem der menschlichen Vererbungsforschung seine Aufklärung finden.
Für die Bedürfnisse der Vererbungspatho-logie sind nun allerdings im allgemeinen
keine so umfassenden genealogischen Auf-zeichnungen nötig, weil hier meist eine
spezielle Fragestellung gegeben ist, die bereits durch die Betrachtung eines
engeren Verwandtschaftskreises beant-wortet werden kann. Die Vereinigung
von A-Tafel und D-Tafel ist deshalb bei der Bearbeitung vererbungspathologischer

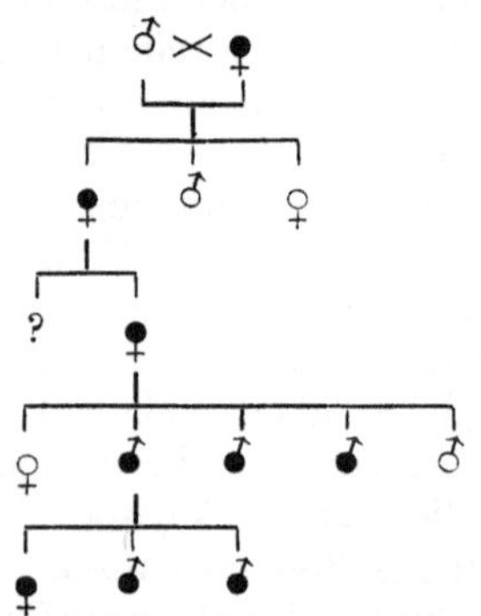

Abb. 29. Scheckung bei Ny-
assaleuten nach Pearson,
Nettleship und Usher.

Fragen meist kein so kompliziertes Gebäude, sondern sie stellt sich
als eine einfache stammbaumartige Figur dar. Schon das Beispiel in
Abb. 29 ist keine reine D-Tafel mehr, weil an ihrer Spitze nicht nur

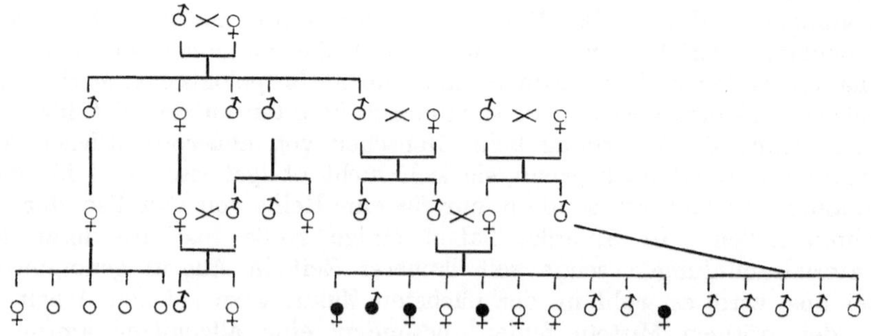

Abb. 30.   Ectopia lentis et pupillae.   (Eigene Beobachtung.)

der Stammvater oder die Stammutter, sondern beide Stammeltern
verzeichnet sind, was in die Betrachtungsweise der A-Tafel überführt.
Deutlicher ist die Kombination des A- und D-Tafelprinzips in Abb. 30.

In Abb. 31 herrscht dagegen fast ganz das Aszendenztafelprinzip vor, so daß man das Schema geradezu als eine kleine A-Tafel bezeichnen könnte, wenn die letzte Generation nicht mit eingezeichnet wäre.

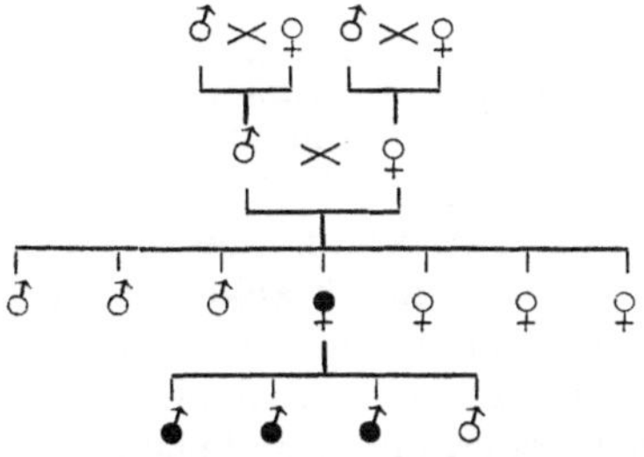

Abb. 31. Epidermolysis bullosa traumatica nach Koebner.

Im allgemeinen überwiegt bei genealogischen Aufzeichnungen in der Vererbungspathologie durchaus das Prinzip der D-Tafel. Bei rezessiven Vererbungsmodi sind meist überhaupt Aufzeichnungen in Form von Tafeln unangebracht, und bei den regelmäßig oder unregelmäßig dominanten, bei allen geschlechtsgebundenen, den dominant-geschlechtsbegrenzten und noch verschiedenen anderen unklaren Vererbungsmodi ist die D-Tafel allein imstande, einen brauchbaren Überblick über die kranken und die gesunden Verwandten zu geben. Die A-Tafel würde bei allen diesen Vererbungsmodi nicht viel mehr als einen unnötigen Ballast bedeuten; sie käme infolgedessen überhaupt nur für die rezessiven und die diesen ähnlichen Vererbungsmodi in Betracht. Daß aber die Erforschung der A-Tafel ohne Mitberücksichtigung der Seitenlinien auch hier oft ganz ergebnislos bleibt, wurde schon erwähnt und wird noch im nächsten Kapitel ausführlich dargelegt werden. Die D-Tafel bildet deshalb in der Vererbungspathologie doch die am häufigsten verwendbare und deshalb die wichtigste Form genealogischer Aufzeichnungen.

7. Beurteilung vererbungswissenschaftlichen Materials beim Menschen.

Dominante Vererbung.

Zahlenverhältnisse. Die regelmäßig dominante Vererbung ist der Grundtypus für diejenige Vererbungsart, die man früher als direkte Vererbung zu bezeichnen pflegte. Hierbei tritt die Erbkrankheit in ununterbrochener Reihenfolge in jeder Generation auf. Im allgemeinen sind alle Behafteten heterozygot. Bedeutet bei einem heterozygoten Individuum Kk das große K eine krankhafte dominante Anlage, das kleine k deren Fehlen, so erhalten wir bei der Kreuzung des Kk-Individuums mit einer gesunden Person (kk) folgendes Ergebnis:

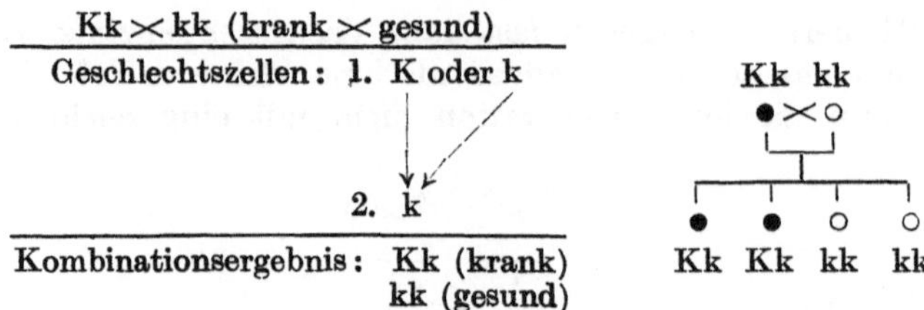

Wenn ein Elter (heterozygot) krank, der andere gesund ist, erhalten
wir also zur Hälfte (heterozygot) kranke, zur Hälfte gesunde Kinder.
Die Verhältnisse sind besonders schön an einem Brachydaktylie-Stamm-
baum von Farabee zu erkennen, in dem allerdings die Nachkommen
der gesunden Familienglieder, die ausnahmslos gesund waren, nicht mit
eingezeichnet sind (Abb. 32). In jeder Generation stimmt das Verhältnis der Kranken zu den Gesunden mit dem theoretisch geforderten
Verhältnis 1:1 weitgehend überein. Zählt man die Kranken und die
Gesunden in sämtlichen Geschwisterschaften, welche von einem kranken
Individuum abstammen, zusammen, so erhält man 36 Kranke:33 Gesunde. Das Verhältnis 1:1 ist also so ausgesprochen, wie man es
bei diesen kleinen Zahlen nur wünschen kann.

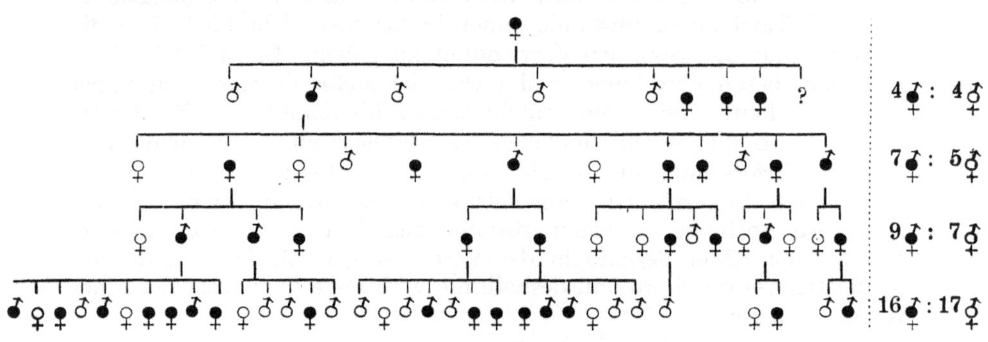

Abb. 32. Brachydactylie nach Farabee.

Das gleiche Verhalten demonstriert eine D-Tafel von Epidermolysis
bullosa traumatica (Abb. 33). Auch hier ist in denjenigen Geschwisterschaften, die von einem behafteten Elter abstammen, die Hälfte der Nachkommen erkrankt. Zählen wir die Kranken und die Gesunden in diesen
Geschwisterschaften zusammen, so erhalten wir genau 15 Kranke:15 Gesunde, also eine vollkommene Übereinstimmung mit der theoretischen
Forderung. Die Geschwisterschaften, die von gesunden Eltern abstammen, dürfen natürlich nicht mitgezählt werden (z.B. die Geschwisterschaften links unten auf Abb. 33), da wir ja in diesen Geschwisterschaften nach dem für die dominante Vererbung geltenden Satze: „Einmal
frei, immer frei!" nicht zur Hälfte Kranke zur Hälfte Gesunde, sondern
ausnahmslos nur noch gesunde Individuen erwarten müssen.

An Abb. 33 läßt sich auch gut demonstrieren, daß man an die Übereinstimmung der wirklich gefundenen Zahlen (für das Verhältnis der Kranken zu den Gesunden) mit den theoretisch erwarteten Zahlen keine überspannten Forderungen stellen darf; dieser Fehler wird häufig gemacht, und man glaubte schon oft, das Vorhandensein Mendelscher Vererbung bei dieser oder jener Krankheit bestreiten zu können, weil die „Mendel-Zahlen" bei der untersuchten Familie das gewünschte Verhältnis nicht deutlich genug erkennen ließen. Man kann sich aber leicht klar machen, welchen Grad von Genauigkeit man von den Zahlenverhältnissen bei dominanter Vererbung erwarten darf, wenn man sich daran erinnert, daß ja auch das Zahlenverhältnis der Knaben- zu den Mädchengeburten 1:1 beträgt (genau 1,06:1), daß dieses sog. Geschlechtsverhältnis also dem Zahlenverhältnis der Kranken zu den

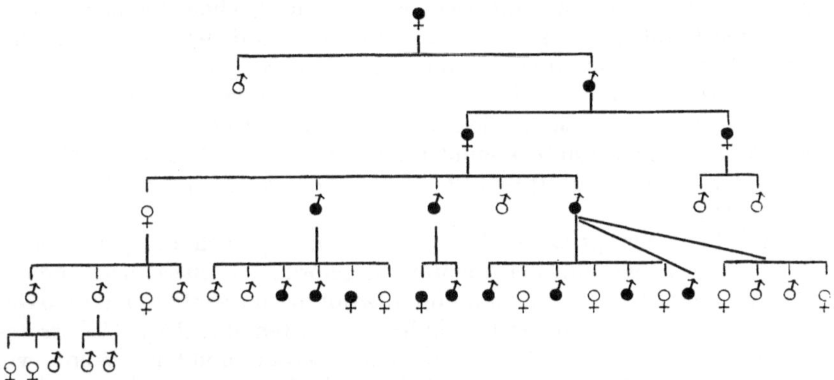

Abb. 33.   Epidermolysis bullosa traumatica nach Blumer.

Gesunden bei dominanten Erbleiden fast völlig entspricht. Genau so, wie wir uns nun nicht weiter darüber wundern, wenn jemand unter 2 oder selbst unter 4 Kindern nur Knaben oder nur Mädchen hat (trotzdem ja die Wahrscheinlichkeit besteht, zur Hälfte Knaben und zur Hälfte Mädchen zu erzeugen!), so dürfen wir auch nicht darüber erstaunt sein, wenn in der D-Tafel eines dominanten Leidens einmal sämtliche Kinder eines Behafteten gesund bzw. behaftet sind; besonders bei kleinen Geschwisterschaften wird ein solches Verhalten häufig sein. In unserer Abb. 33 finden wir z. B. beide Enkelinnen des Stammvaters erkrankt; der Erwartung nach müßte natürlich eine davon krank, die andere gesund sein, genau so wie der Wahrscheinlichkeit nach von diesen beiden Kindern eigentlich eins ein Mädchen, das andere aber ein Knabe sein müßte. Bei der Zusammenzählung einer größeren Zahl von Geschwisterschaften gleichen sich solche Zufälligkeiten freilich mehr und mehr aus. In unserer Abb. 33 finden wir in der drittletzten Generation rechts 2 gesunde Söhne einer behafteten Frau. In der vorletzten Generation darunter sogar 4 gesunde Kinder aus der 3. Ehe eines behafteten Mannes. Trotzdem werden auch diese Un-

regelmäßigkeiten dadurch wett gemacht, daß eben in den anderen in
Betracht kommenden Geschwisterschaften um so mehr Kranke anzu-
treffen sind, so daß, wie schon erwähnt, daß Gesamtverhältnis der
Kranken zu den Gesunden dennoch 15:15 beträgt. Auch die kleine
Porokeratosis-D-Tafel (Abb. 34) zeigt uns sehr anschaulich, wie solche

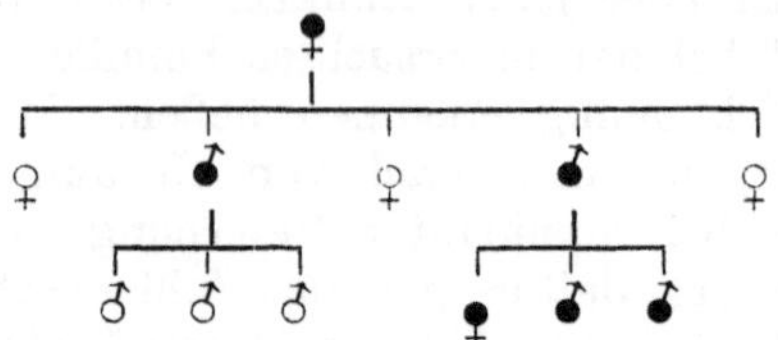

Abb. 34.   Porokeratosis nach Mibelli.

Zufälligkeiten auftreten und sich wieder ausgleichen können. Von
den beiden kranken Söhnen der Stammutter, von denen jeder 3 Kinder
besitzt, hat der eine nur gesunde, der andere nur kranke Kinder.
Das Gesamtverhältnis der Kranken zu den Gesunden in den von einem
behafteten Elter abstammenden Geschwisterschaften (die Stammutter
wird also nicht mitgezählt) kommt infolge dieses Ausgleichs dem theoretisch geforderten Verhältnis 1:1 sehr nahe, da es 5 Kranke:6 Gesunde beträgt.

Auch bei einer größeren Familie brauchen jedoch die gefundenen
Zahlen nicht genau mit den theoretisch geforderten übereinzustimmen.
Bei der Epidermolysis-Familie auf Abb. 33 zählten wir zwar 15 Kranke:15 Gesunde. Die gleichen Geschwisterschaften enthalten aber 20♂:10♀, trotzdem doch auch hier 15♂:15♀ erwartet werden müßten. Wenn wir
also in der D-Tafel 20 Kranke:10 Gesunde (oder umgekehrt) gezählt
hätten, so würden diese Zahlen immer noch nicht gegen das Vorliegen
einer dominanten mendelschen Vererbung gesprochen haben.

Homozygotie. In den D-Tafeln, die wir als Beispiel für die dominante Vererbung angeführt hatten, ist von jedem Elternpaar immer
nur der eine Elter verzeichnet. Von dem anderen Elter wird still-
schweigend vorausgesetzt, daß er von dem betreffenden Erbleiden frei
war. Diese Voraussetzung erklärt es auch, warum wir nur heterozygot
Kranke antreffen; denn ein homozygot Kranker kann ja bei dominanten
Leiden nur dann entstehen, wenn beide Eltern mit dem Leiden behaftet wären:

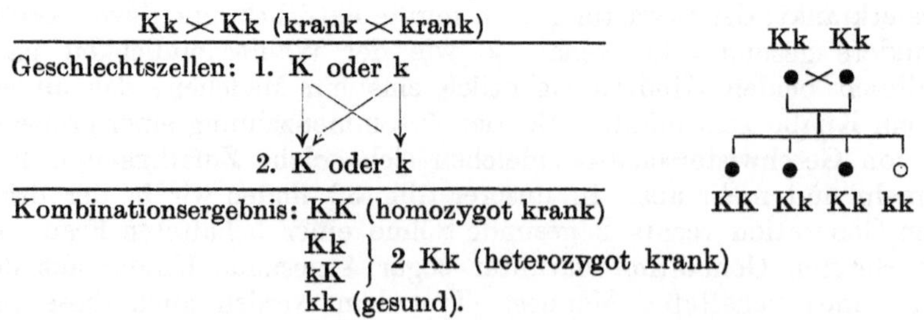

Kk ✕ Kk (krank ✕ krank)
—————————————————————————————
Geschlechtszellen: 1. K oder k

2. K oder k
—————————————————————————————
Kombinationsergebnis: KK (homozygot krank)

Kk
kK } 2 Kk (heterozygot krank)

kk (gesund).

Kk Kk

KK Kk Kk kk

Wenn beide Eltern behaftet sind, würde also ¹/₄ der Kinder homozygot krank sein. Ein solcher homozygot Kranker kann mit einem Gesunden nur kranke Kinder erzeugen, die dann sämtlich heterozygot krank sind:

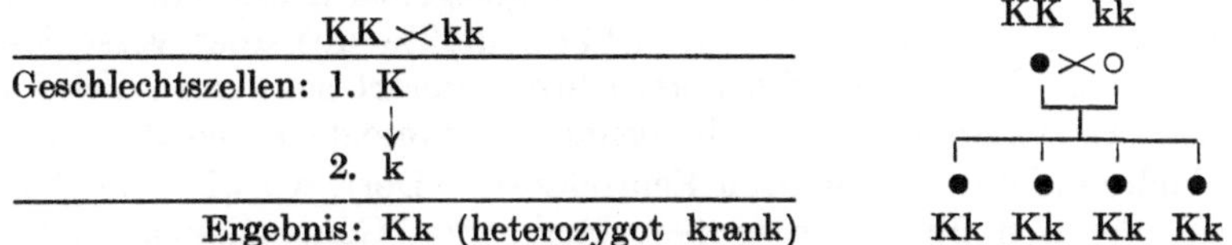

Nun spielen aber bei der dominanten Vererbung von Krankheiten die Homozygoten praktisch nur eine sehr geringe Rolle. Die dominanten Erbleiden pflegen nämlich sehr selten zu sein (z. B. Brachydactylie, Epidermolysis, Porokeratosis), wenn man von solchen Leiden absieht, die kein direktes Interesse für den Arzt haben, da sie eigentlich nicht als Krankheiten zu bezeichnen sind (z. B. Epheliden). Ist aber eine Krankheit selten, so ist es von vornherein unwahrscheinlich, daß zwei damit Behaftete in einer Ehe zusammentreffen. So sind die Vorbedingungen zur Erzeugung homozygot Kranker meist nicht gegeben.

Selektionswirkungen. Die Seltenheit aller schwereren dominanten Leiden ist leicht verständlich. Ein Leiden, mit dem immer ein großer Bruchteil aller Familienmitglieder gekennzeichnet ist, und das sich den Augen aller Welt sichtbar in ununterbrochener Reihenfolge von den Eltern auf die Kinder und von diesen auf die Enkel vererbt, hat keinerlei Aussicht, sich über größere Teile der Bevölkerung auszubreiten. Die Heiratsaussichten der Behafteten werden ceteris paribus geringer sein als die der Mitglieder anderer Familien. Die befallenen Familien werden sich infolgedessen langsamer als die übrige gesunde Bevölkerung vermehren; hierdurch aber verfällt das betreffende Erbleiden der eliminatorischen Auslese. Bei den dominanten Krankheiten ist die Selektion eben in jeder Generation wirksam, sie beeinträchtigt die Fruchtbarkeitsaussichten überall dort, wo eine krankhafte Erbanlage vorhanden ist, während bei solchen Erbkrankheiten, die der Regel nach einige Generationen überspringen, die krankhafte Erbanlage, solange sie von äußerlich gesunden Individuen beherbergt wird, sich ungehindert ausbreiten kann. Die Tatsache, daß die dominante Erbanlage jederzeit der Selektion ausgesetzt ist, bewirkt aber nicht nur die Seltenheit aller ernsteren dominanten Erbleiden, sondern sie bewirkt auch, daß die uns bekannten dominanten Leiden das Leben und die Fortpflanzung des Behafteten in der Regel nicht unmittelbar bedrohen. Während es rezessive Krankheiten gibt, an denen die Behafteten oft (Dementia praecox) oder fast regelmäßig (Xeroderma pigmentosum) sterben, ja, auf Grund deren sie so gut wie niemals das fortpflanzungsfähige Alter erreichen (Aplasia axialis extracorticalis congenita, Myoclonusepilepsie, amaurotische Idiotie, Ichthyosis congenita), haben also die dominanten Leiden einen milderen Verlauf. Eine dominant erbliche Krankheit würde eben, wenn sie den Tod des Erkrankten vor der Geschlechtsreife bewirken müßte, in dem Individuum ausgetilgt werden, in dem sie erstmalig auftritt. Wohl ist es denkbar, daß solche ernsten dominanten Leiden gelegentlich hier oder dort entstehen; die Erkenntnis ihrer Erblichkeit müßte uns aber verschlossen bleiben, weil die Auslese die Fortzüchtung derart schwerer Affektionen mittels des dominanten Vererbungsmodus unmöglich macht.

Nachweis der dominanten Erblichkeit. Dort, wo wir eine D-Tafel haben, die sich über eine größere Reihe von Generationen erstreckt, ist der Nachweis regelmäßig dominanter Erblichkeit sehr leicht zu erbringen. Nicht immer steht uns aber ein derart instruktives Material zur Verfügung. Oft lassen sich zuverlässige Befunde nur an denjenigen Generationen erheben, die noch am Leben sind. Die Beobachtung der gegenwärtigen Generationen kann aber auch schon zum Nachweis der dominanten Erblichkeit genügen. Wir brauchen nämlich nur die Befunde bei einer größeren Reihe von Geschwisterschaften nebst ihren Eltern zu registrieren und einer vererbungsbiologisch-statistischen Betrachtung zu unterziehen. Haben wir es mit einem regelmäßig dominanten Leiden zu tun, so wird stets mindestens ein Elter des Probanden gleichfalls behaftet sein. Ordnen wir unser Material in der Weise, daß wir die Familien, in denen beide Eltern behaftet sind, von denen, in welchen nur ein Elter behaftet ist, trennen, so werden in der letzten Gruppe die Hälfte der Geschwister des Probanden gleichfalls behaftet sein, — sofern auf Grund der Seltenheit des Leidens die Annahme erlaubt ist, daß homozygot Kranke unter den Eltern fehlen. In der anderen Gruppe, in welcher beide Eltern krank sind, werden wir (bei Fehlen homozygot kranker Eltern) $^3/_4$ der Geschwister des Probanden gleichfalls affiziert finden. Auch auf diesem Wege, d. h. durch die Erforschung nur der beiden letzten Generationen kann also der dominante Vererbungsmodus nachgewiesen werden, wenn sich das Material auf eine größere Reihe von Familien erstreckt.

Übersicht. Zum Schlusse geben wir eine Übersicht über die dominante Vererbung.

Sind beide Eltern gesund,
    so sind sämtliche Kinder gesund.
Ist ein Elter krank,
    so ist die Hälfte der Kinder krank.
(Ausnahmsweise könnte der eine Elter homozygot krank sein,
    dann wären alle Kinder kranke Heterozygoten.
Ausnahmsweise könnten beide Eltern [heterozygot] krank sein,
    dann wären $^3/_4$ der Kinder krank.)
Homozygotie ist um so seltener, je seltener das Leiden ist.
Proband: stets ein Elter krank,
        die Hälfte der Geschwister krank,
        die Hälfte der Kinder krank.

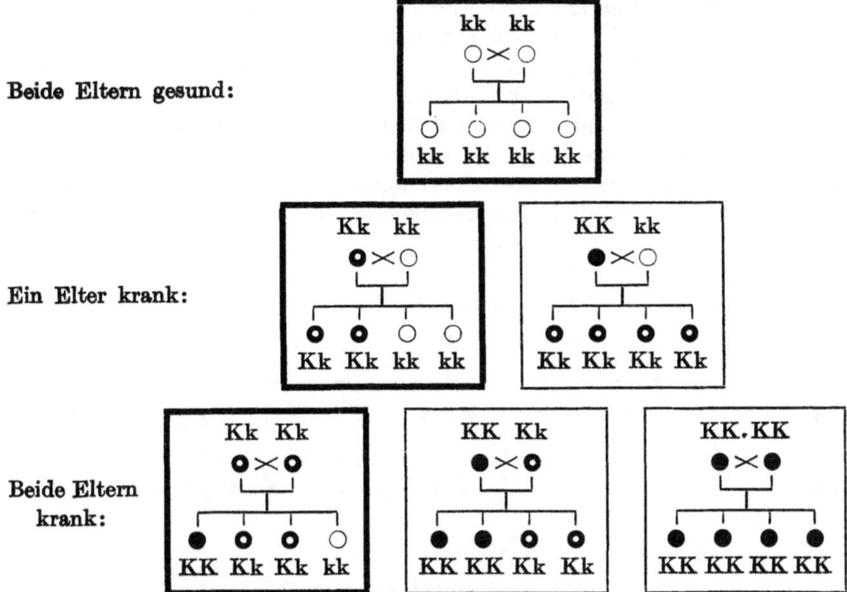

Abb. 35.   Übersicht über die dominante Vererbung.

Unregelmäßig dominante Vererbung.

Überspringen. Sehr häufig finden wir in der menschlichen Vererbungspathologie D-Tafeln dominanter Krankheiten, die Unregelmäßigkeiten in der Art des erblichen Auftretens erkennen lassen. Vor
allem läßt sich oft konstatieren, daß beim Erbgang nicht jede Generation in ununterbrochener Kette das erbliche Leiden zeigt, wie man
es ja bei dominanten Merkmalen erwarten müßte, sondern daß einzelne
Familienmitglieder übersprungen werden. Solche „Konduktoren"
stammen also von behafteten Vorfahren ab, sind selbst gesund, übertragen aber die krankhafte Erbanlage auf die Hälfte ihrer Kinder.
Als Beispiel für das Überspringen einzelner Generationen bei einem
der Regel nach dominanten Leiden möge Abb. 36 gelten. Wir finden
hier im allgemeinen dominante Vererbung; doch wird das Leiden nicht
nur an zwei Stellen der Abb. 36 durch gesunde Männer (mit $^\times$) bezeichnet) auf ihre Kinder übertragen, sondern wir finden sogar, von
dem gesunden fünften Kind der Stammutter ausgehend, ein scheinbares Verschwinden der Krankheit in drei aufeinanderfolgenden Generationen und trotzdem in der vierten Generation bei Tochter und
Sohn des mit $^{\times\times}$) bezeichneten Mannes einen erneuten Wiederausbruch
des Leidens.

Fehlerhafte Anamnese. Welche Umstände diesergestalt die Manifestation eines dominanten Merkmales gelegentlich unterdrücken, läßt
sich nicht immer aufklären. In einzelnen Fällen könnte man daran

denken, daß das Leiden durch den in der D-Tafel ja gewöhnlich nicht
mit eingezeichneten und daher vielleicht übersehenen Ehegatten des
angeblichen Konduktors erneut in die Familie getragen wurde. Wenn
der mit ᵡᵡ) bezeichnete Mann unserer Abb. 36 z. B. eine Cousine geheiratet hätte, die mit dem Familienleiden behaftet war, und man
vergessen hätte, diese Tatsache in der D-Tafel zu registrieren, dann
würde die scheinbar latente Übertragung eines dominanten Leidens
durch drei Generationen eine genügende Aufklärung gefunden haben.

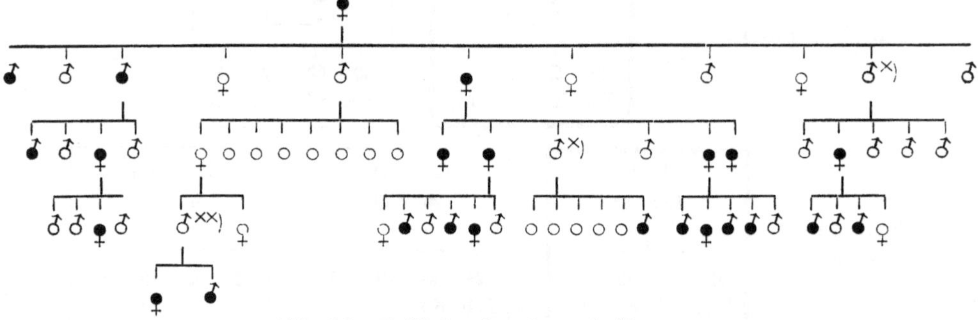

Abb. 36.   Erbliche Ataxie nach Brown.

Allerdings werden wir in praxi mit der Möglichkeit, das Überspringen
bei dominanten Leiden in dieser Weise zu erklären, nicht viel anfangen können. Denn ein gesundes Mitglied einer behafteten Familie
wird sich wohl meist davor hüten, eine behaftete Verwandte zu heiraten,
da ihm die Erblichkeit des Familienleidens bekannt sein wird; sucht
es sich aber ein Ehegemahl außerhalb seiner Sippe, so ist bei der
schon hervorgehobenen Seltenheit aller ernsten dominanten Erbkrankheiten die Wahrscheinlichkeit, daß der Ehepartner das gleiche Leiden
besitzt, äußerst gering.

Viel eher kommen für die Erklärung des Überspringens von Generationen andere Fehler bei der Aufstellung der D-Tafeln in Betracht.
Und zwar weniger Fehler, die dadurch entstehen, daß der Autor
vergaß, sich mit genügender Gründlichkeit nach dem Fehlen oder
Vorhandensein des Leidens bei den einzelnen Familienmitgliedern zu
erkundigen, als vor allen Fehler, welche dem Umstande entspringen,
daß der Arzt bei der Aufstellung einer D-Tafel in so hohem Maße
von den Angaben seiner Patienten abhängig ist. Darf man aber schon
der persönlichen Anamnese eines Patienten immer nur ein sehr ge-
ringes Vertrauen schenken, so sind die anamnestischen Angaben über
Krankheiten der Familienangehörigen, zumal der entfernteren, erst
recht mit Skepsis aufzunehmen. E. Stern fand in seinem poliklinischen
Material, daß die Patienten nur in 22 % der Fälle eine bestimmte
Angabe über die Todesursache ihrer Eltern machen konnten, daß 47 %
der Untersuchten überhaupt nicht genau wußten, wie viel Geschwister
sie gehabt haben, daß 19 % der Patienten nicht einmal angeben

konnten, wieviel Geschwister noch am Leben sind. Bei dieser notorischen Unzuverlässigkeit der Familienanamnese muß es also schon erlaubt sein, das Überspringen bei dominanten Erbleiden gelegentlich als einen einfachen Fehler des Autors bzw. seiner Gewährsmänner zu erklären, zumal in solchen Fällen, in denen es sich um ein Leiden handelt, dessen Feststellbarkeit durch Laien nicht ganz einfach ist.

Unregelmäßigkeiten der Manifestation. Freilich gibt es auch Umstände, die aus anderen Gründen das Überspringen von Generationen nicht als so seltsam erscheinen lassen. Vor allen Dingen ist die Manifestation mancher erblicher Leiden und besonders der Grad ihrer Ausbildung in hohem Maße von äußeren Faktoren abhängig (Para-Variabilität); in anderen Fällen wird die Entwicklung eines erblichen Merkmals durch andere Erbfaktoren merklich beeinflußt (Mixo-Variabilität). So ist es erklärlich, daß die Ausbildung einer Erbkrankheit bei verschiedenen behafteten Mitgliedern einer Familie einen verschieden hohen Grad erreichen kann. Die Dominanz kann also bei einzelnen Familienmitgliedern unvollständig sein. Dies ist z. B. bei einem Weibe in Abb. 37 der Fall, bei dem die Familienkrankheit (Spaltfuß) nur sehr wenig ausgesprochen war. Liegt aber eine solche unvollständige Dominanz vor, dann ist auch die Gefahr sehr groß, daß diejenigen Mitglieder, bei denen die Anomalie nur gering entwickelt ist, fälschlich überhaupt als gesund betrachtet und so in der D-Tafel verzeichnet werden. Haben sie zum Teil kranke Kinder, so können sie dann als „Konduktoren" erscheinen. Als Beispiel eines dominanten Erbleidens, das bei den einzelnen behafteten Individuen zuweilen sehr verschieden stark entwickelt ist, sei die Hexadaktylie erwähnt; während die Mehrzahl der behafteten Familienmitglieder das Vorhandensein eines sechsten Fingers deutlich erkennen läßt, zeigen einzelne das Leiden nur angedeutet in Form eines kleinen Auswuchses an der Ulnarseite der Hand. Es ist einleuchtend, daß bei der Aufstellung von Stammbäumen solche abortiven Formen der Hexadaktylie leicht übersehen und die betreffenden Personen als Gesunde registriert werden. Verschieden ist auch der Ausbildungsgrad der Epidermolysis bullosa traumatica in einzelnen der untersuchten Familien. In der Familie von Valentin (Abb. 38) scheint nach den Angaben des Verfassers besonders bei den weiblichen Individuen das Leiden oft geringer entwickelt zu sein als bei den männlichen. So ist es zu verstehen, daß in dieser Familie gerade auch ein Weib (mit $^\times$) bezeichnet) als Konduktor auftritt, da bei ihr eben die erbliche Krankheitsanlage, trotzdem sie gewohnheitsmäßig dominant ist, nicht zum Durchbruch gelangte. In diesem Falle gehört also das Geschlecht, und zwar hier das weibliche, offenbar zu denjenigen Faktoren, die die Entwicklung des dominanten Leidens erschweren und bei einzelnen Personen sogar seine Manifestation völlig verhindern hönnen. Die Bedeutung des Geschlechts für die Entwicklung der Epidermolysis in der vorliegenden Familie zeigt sich auch darin, daß in den von einem kranken Elter (und dem Konduktorweib) abstammenden Geschwister-

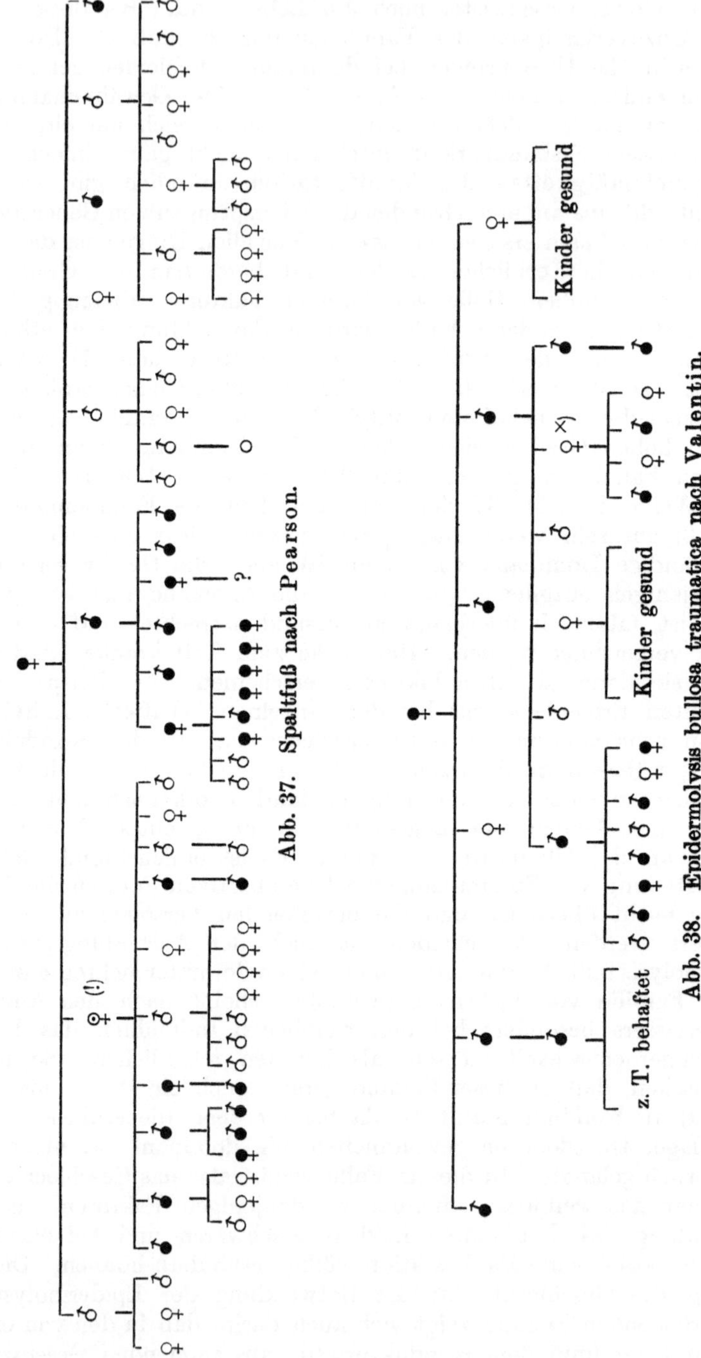

Abb. 37. Spaltfuß nach Pearson.

Abb. 38. Epidermolysis bullosa traumatica nach Valentin.

schaften 13 behaftete Männer auf nur 2 behaftete Weiber kommen, trotzdem in den gleichen Geschwisterschaften das Geschlechtsverhältnis überhaupt 17 ♂ : 9 ♀ beträgt.

Auch bei Tieren hat man bei dominanten Leiden die Beeinflußbarkeit der Manifestation durch äußere oder innere Faktoren beobachten können. So kennt man Hühnerfamilien, in denen die Küken zu einem Teile mißgestaltete Füße haben; die Erscheinung ist aber viel häufiger, wenn die Küken schlecht ausgebrütet sind. Ferner kommen bei Hühnern Extrazehen vor, die sich regelmäßig dominant vererben. In anderen Familien jedoch ist die Zahl der Behafteten zu klein im Verhältnis zu der Zahl der Normalen, und hier treffen wir denn auch öfters eine Übertragung durch nichtaffizierte Individuen an. Offenbar wird hier eben bei einem Teil der Hühnchen die Ausbildung der Extrazehen durch irgendwelche Faktoren gehemmt, so daß die Tiere nur scheinbar normal sind und daher die Rolle eines Konduktors spielen können.

Manifestationsschwankungen infolge Paravariabilität. Noch instruktivere Beispiele unregelmäßiger Dominanz bieten die Versuche Morgans und seiner Schüler mit der Taufliege (Drosophila ampelophila). Hier beobachtete man z. B. eine Erbanlage, die sich durch eine besondere Beschaffenheit der Pigmentbänder des Abdomens kundtat. Unter den mit der krankhaften Erbanlage behafteten Tieren fanden sich aber phänotypisch alle Übergänge vom Normalen bis zu den extremen Formen der eigenartig gebänderten Variation. Die Dominanz war also oft und in ganz verschiedenem Grade unvollständig, in anderen Fällen fehlte sie überhaupt: die erbbildlich behafteten Tiere erschienen normal. Es stellte sich heraus, daß der Prozentsatz der abnormen Tiere in Homozygoten-Kulturen um so größer war, je feuchter sie gehalten wurden; in trockenen Medien ließen sich die idiotypisch abnormen Tiere generationenlang züchten, ohne daß die abnorme Variation sich manifestierte. Bei einer anderen idiotypischen Variation, die sich durch Verdoppelungen an den Beinen kennzeichnete, waren die Unregelmäßigkeiten in der Manifestation ebenso groß. Es stellte sich mit der Zeit heraus, daß hier die Manifestation abhängig war von der Temperatur. In der Kälte entstanden 3—6 mal so viel Behaftete als bei Zimmertemperatur. Unter extrem hohen Wärmegraden waren auch alle Homozygoten normal.

Diese Beispiele zeigen sehr schön, wie Manifestationsschwankungen infolge der Beeinflußbarkeit durch Außenfaktoren, also infolge Paravariabilität zustande kommen können. Es läßt sich vermuten, daß beim Menschen analoge Vorgänge möglich sind. Der Nachweis derartiger parakinetischer Faktoren stellt freilich die menschliche Vererbungspathologie vor eine schwierige Aufgabe.

Manifestationsschwankungen infolge Mixovariabilität. Manifestationsschwankungen können aber auch infolge der Beeinflußbarkeit einer Krankheitsanlage durch andere Erbanlagen, also infolge Mixovariabilität zustande kommen. Auch hierfür liefern uns die Ver-

suche mit Drosophilia ein lehrreiches Beispiel. Man entdeckte bei
diesen Fliegen eine Erbanlage, welche bewirkte, daß die Flügel an
den Enden abgestutzt waren. An der Entfaltung dieser Erbanlage
sind außer dem eigentlichen Erbfaktor noch zwei Nebenfaktoren beteiligt, die gewissermaßen als Verstärker dienen. In der Regel wird
die Anlage nur manifest, wenn außer dem Hauptfaktor noch einer
der Nebenfaktoren vorhanden ist. Ist die Erbanlage für gestutzte
Flügel in heterozygotem Zustande vorhanden, so tritt sie nicht in
die Erscheinung; ist jedoch eine bestimmte andere Erbanlage anwesend, welche schwarze Färbung des Körpers, der Körperhaare und
der Flügelhaare bedingt, so findet man die gestutzten Flügel auch
bei heterozygoten Individuen. Es wirken aber auch noch andere Erbeinheiten als Verstärker der Erbanlage für Stutzflügel. Zu diesen verstärkenden Erbanlagen gehört selbst die Geschlechtsanlage, so daß die
Stutzflügel leichter bei den Weibchen als bei den nur ein X-Element
besitzenden Männchen erscheinen; das Merkmal der gestutzten Flügel
kann also als „teilweise geschlechtsbegrenzt" bezeichnet werden.

Daß beim Menschen Manifestationsschwankungen erblicher Krankheiten infolge Mixovariabilität d. h. infolge der Beeinflussung der krankhaften Erbanlage durch andere Erbanlagen vorkommen, darf man als
sicher annehmen. Denn auf die Mixovariabilität ist im wesentlichen
die Erscheinung zurückzuführen, die man als „komplexe Bedingtheit"
eines erblichen Merkmals bezeichnet. Eine solche komplexe Bedingtheit liegt z. B. bei der Myopie vor. Die Myopie muß deshalb, wenigstens in einem Teil der Fälle, Manifestationsschwankungen und folglich Unregelmäßigkeiten des Vererbungsgangs zeigen, denn die
Brechungskraft des Auges ist ja von einer ganzen Reihe verschiedener Faktoren abhängig. Normale Eigenschaften, welche aus dem
gleichen Grunde nur sehr unregelmäßige Vererbung zeigen, sind die
Körpergröße, die Schönheit (die ja durchaus nicht bloß ein subjektiver Begriff ist!), das musikalische Talent, die geistige Begabung. An
der familiären Häufung aller dieser Eigenschaften auf Grund ihrer
Erblichkeit kann wohl nicht gezweifelt werden. Infolge der stets
wechselnden Kombinationen der zahlreichen daran beteiligten Erbfaktoren ist aber der Gang der Vererbung nur in den seltenen Fällen
relativ hochgradiger Reinzucht einigermaßen klar zu durchschauen.

Später oder wechselnder Manifestationstermin. Ein weiterer
Grund für das Überspringen einzelner Generationen bei dominanten
Krankheiten liegt in dem späten oder dem wechselnden **Manifestationstermin** vieler erblicher Leiden. Wenn z. B. eine erbliche Krankheit wie die Porokeratosis erst im 30. Lebensjahr oder noch später
ausbrechen kann, so besteht die Möglichkeit, daß die mit der krankhaften Erbanlage behaftete Person bereits mehrere, später erkrankende Kinder erzeugt hat und gestorben ist, bevor die Porokeratosis
bei ihr selbst überhaupt in die Erscheinung treten konnte; das betreffende Individuum hat also gewissermaßen die Manifestation seiner
Erbkrankheit nicht mehr erlebt und gilt deshalb in der D-Tafel

fälschlich als frei von dem Erbleiden. Besonders bei solchen Leiden, die zur senilen Involution in Beziehung stehen, können derartige Verhältnisse leicht eintreten. Auch variiert bei diesen Leiden der Zeitpunkt ihres Auftretens oft sehr stark; dies gilt z. B. für den präsenilen Katarakt, der in einer Reihe von Familien als dominant vererbende Krankheit gefunden wurde, für die Blepharochalasis, die präsenile Alopecia pityrodes, den Tremor senilis und viele andere Affektionen. Durch späten Ausbruch dominanter Krankheiten kann auch das Zahlenverhältnis der Kranken zu den Gesunden verändert werden, da die Gefahr besteht, daß man alle jung sterbenden Individuen einschließlich derer, welche die krankhafte Erbanlage besaßen und bei denen sie sich später noch manifestiert haben würde, einfach als Gesunde zählt.

Manifestationsschwund. Ähnliche Irrtümer können dadurch entstehen, daß bei nicht wenigen erblichen Charakteren die Manifestation mit zunehmendem Alter nachläßt und womöglich mit der Zeit ganz verschwindet. Wenn, wie es von der Epidermolysis bullosa traumatica berichtet wird, ein Leiden, das fast das ganze Leben hindurch gleichmäßig bestanden hat, sich erst im hohen Greisenalter wesentlich bessert, so kann ein solches Verschwinden der manifesten Krankheit kaum Fehler bei der Aufstellung von D-Tafeln zur Folge haben. Andere Krankheiten aber, wie z. B. die Epheliden, pflegen schon in einem verhältnismäßig frühen Alter so stark zurückzugehen, daß sie bei der älteren Generation leicht übersehen werden; wieder andere, wie der Epicanthus, sind überhaupt meist nur bei den Säuglingen oder bei den kleinen Kindern deutlich ausgeprägt, so daß sich später nicht mehr feststellen läßt, ob das Symptom ursprünglich vorhanden gewesen ist. Bei der Taufliege Drosophila entdeckte man ein erbliches Merkmal (blaßrotes Auge), dessen Träger von den mit einem anderen Merkmal (purpurfarbenes Auge) versehenen Individuen in der Jugend ohne weiteres zu unterscheiden waren. Die blaßroten Augen dunkelten aber bald so stark nach, daß sich eine Unterscheidung der älteren Fliegen in bezug auf diese beiden Merkmale nicht mehr durchführen ließ. Auch das allmähliche Verschwinden der Manifestation einer erblichen Krankheit kann also dazu führen, daß behaftete Individuen als gesund bezeichnet werden, und daß folglich ein Überspringen von Generationen resultiert.

Neuauftreten dominanter Krankheiten. Eine weitere Unregelmäßigkeit der Dominanz beim Anblick einer D-Tafel kann vielleicht manchmal dadurch hervorgerufen sein, daß man das Neuauftreten einer krankhaften Erbanlage beobachtet. An diese Erklärung könnte man z. B. bei der D-Tafel über Syndaktylie denken, die Wolff veröffentlicht hat (Abb. 39). Hier sollen Eltern und Geschwister des ersten behafteten Individuums bestimmt frei gewesen sein; überhaupt soll das Leiden in der ganzen Familie unbekannt gewesen sein. Ganz ähnlich liegt der Fall von Jadassohn (Abb. 40), in dem berichtet wird, daß der Vater der ersten Behafteten ein Arzt war, der

sich über die abnorme Hautbeschaffenheit seiner zweiten Tochter leb-
haft wunderte, da alle ihm bekannten Familienmitglieder normal
waren. — Entsprechend könnte man sich auch vorstellen, daß gelegentlich ein solitärer Fall einer dominanten Krankheit zur Beobachtung

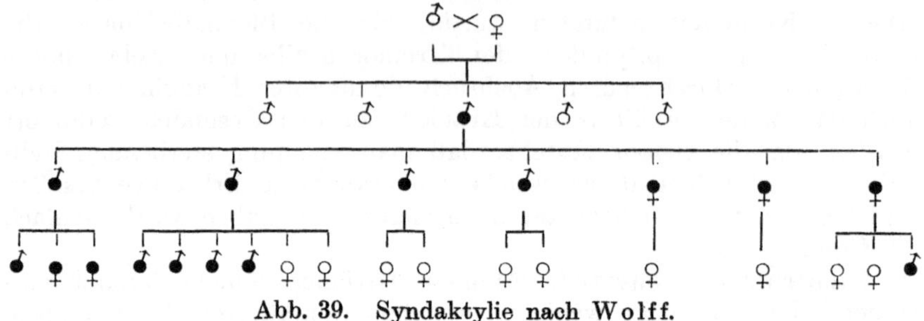

Abb. 39.   Syndaktylie nach Wolff.

kommt, nämlich dann, wenn eine krankhafte dominante Erbanlage
neu entsteht, und das betroffene Individuum ohne behaftete Nachkommen zu hinterlassen stirbt. Freilich dürfte so etwas recht selten
sein, da wir nach unseren experimentellen Erfahrungen nicht an-

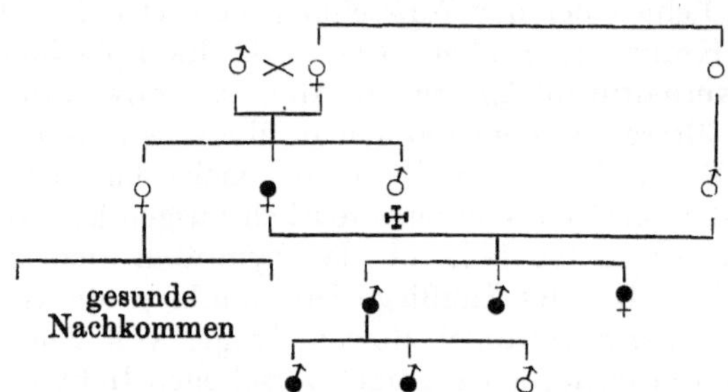

Abb. 40.   Hautatrophie mit Pigment- und Verhornungsanomalien
nach Jadassohn.

nehmen dürfen, daß das Neuauftreten gerade dominanter Erbanlagen
eine häufige Erscheinung ist.

Abweichende Zahlenverhältnisse. Es kann aber auch in solchen
Fällen, in denen das Überspringen einer Generation nicht vorkommt,
die dominante Vererbung Abweichungen von dem Verhalten zeigen,
das sie nach unseren theoretischen Anschauungen befolgen müßte. Es
kann nämlich auch bei regelmäßig dominanter Vererbung (wie bei
jedem anderen Vererbungsmodus) das Zahlenverhältnis der Kranken
zu den Gesunden der theoretischen Erwartung nicht entsprechen. So
findet man bei der Zusammenstellung einer größeren Reihe von Stammbäumen aus der Literatur gewöhnlich zu viel behaftete Familienmitglieder. Diese Erscheinung, die bei jedem Vererbungsmodus angetroffen
werden kann, erklärt sich ohne weiteres als Folge der sog. litera-
risch-kasuistischen Auslese (Weinberg), d. h. aus dem Umstande,

daß die Familien mit gehäufter Behaftung eine wesentlich größere Aussicht haben, zur Publikation zu gelangen, als die Familien, in denen das betreffende Leiden weniger konzentriert angetroffen wird. Das Literaturmittel stellt also gewissermaßen eine Auslese „interessanter Fälle" dar, und hierdurch verschieben sich die Zahlenverhältnisse zugunsten der Kranken.

In der gleichen Richtung wirkt ein anderer Umstand. Ein mit einer dominant erblichen Krankheit behafteter Heterozygot erzeugt mit einer gesunden Frau im Durchschnitt ebenso viel kranke wie gesunde Kinder. Hat er nur wenige Kinder, so kann es vorkommen, daß sie sämtlich gesund sind, wie z. B. die Kinder des einen Behafteten auf Abb. 34. Solche Geschwisterschaften mit nur gesunden Kindern werden aber beim Auszählen der Mendelschen Proportionen leicht übersehen; ja, bei den rezessiven Krankheiten, bei denen beide Eltern äußerlich stets gesund sind, können diese gesunden Geschwisterschaften gar nicht als solche, die mitgezählt werden müssen, erkannt werden. Hier muß man also in jedem Falle mehr Kranke finden, als der Erwartung entspricht. Dieser Fehler läßt sich jedoch durch eine besondere statistische Methode korrigieren, auf deren Anwendung wir noch zurückkommen werden.

Größere Sterblichkeit der Behafteten. Falsche Zahlenverhältnisse können weiterhin durch alle diejenigen Umstände entstehen, .die wir zur Erklärung des Überspringens von Generationen bei dominanten Krankheiten angeführt hatten, also durch fehlerhafte Anamnese, durch Unregelmäßigkeiten der Manifestation infolge Paravariabilität oder infolge Mixovariabilität, durch späten oder wechselnden Manifestationstermin und durch Manifestationsschwund. Als besondere Ursache für falsche Zahlenverhältnisse kommt aber noch ein wichtiger Umstand in Frage, nämlich eine größere Sterblichkeit der behafteten Individuen. Daß Unterschiede in der Letalität normaler Individuen einerseits, mit einer bestimmten pathologischen Erbanlage behafteter Individuen andererseits vorkommen, versteht sich wohl von selbst. Baur beobachtete, daß bei Kreuzungen von Löwenmäulchen (Antirrhinum) mit aureafarbenen (weißgescheckten) Blättern statt des korrekten Mendel-Verhältnisses 1 dominant-homozygot: 2 heterozygot: 1 rezessiv-homozygot immer nur das Verhältnis 1 grün: 2 aurea auftrat. Diese sonderbare Erscheinung fand schließlich ihre Aufklärung durch die Entdeckung, daß ursprünglich auch immer eine Anzahl gelbblättriger Pflanzen erzeugt wurde; diese gelben Pflanzen starben aber regelmäßig schon nach wenigen Tagen, da sie infolge ihres Chlorophyllmangels nicht assimilieren konnten. Das wahre Verhältnis war also 1 grün: 2 aurea: 1 gelb. Ähnliche Zahlenverschiebungen findet man bei bestimmten Mäusekreuzungen; hier hat man die Unregelmäßigkeiten damit erklärt, daß von den gelben Mäusen, deren tatsächliche Anzahl hinter ˙der theoretisch zu erwartenden meist stark zurückbleibt, ein Teil der Tiere schon im Mutterleib abstirbt. Diese Erklärung darf man wohl um so eher anerkennen, als einer alten Erfahrung gemäß gelbe Mäuse mit einer besonders großen Neigung zu Fettsucht und Aszites behaftet sind. Bei der Taufliege (Drosophila) fanden Morgan und seine Schüler eine ganze Reihe erblicher Anlagen, die mit einer Herabsetzung der Lebensfähigkeit der betreffenden Individuen verbunden waren. Die Erbeinheiten, bei denen diese Tendenz besonders hervortrat, bezeichnete Morgan direkt als „letale Faktoren". Die letalen Faktoren waren zum Teil nur für das eine Geschlecht, z. B. nur für die Männchen, letal, wie die Erbanlage, welche eingekerbte Flügel bedingte. Die Anlage, die sich durch Verschmelzung der zweiten Ader mit der Kostalader kundtat, war nur für diejenigen Fliegen letal, in denen sie homozygot vorhanden war. Die letale Wirkung mancher Erbeinheiten war in besonders hohem Grade von Außenfaktoren abhängig. Eine Anlage, welche die Länge der Flügel, die Form der Beine und das Vermögen der Weibchen zur Eiablage gleichzeitig betraf, verursachte nur dann eine große Sterblichkeit der Behafteten in den frühesten Entwicklungsstadien, wenn die Raum- und Ernährungsbedingungen, unter denen die Fliegen aufwuchsen, ungünstige waren. Bei günstigen Außenbedingungen konnte man dagegen fast normale Mendelzahlen beobachten. Die schon einmal erwähnte Erbanlage, welche Verdoppelungen an den Beinen bewirkte, war für die Männchen in höherem Grade letal als für die Weibchen; wurden die Fliegen bei niederen Temperaturen gehalten, so gingen mehr von den Behafteten zugrunde als bei Zimmertemperatur.

Daß beim Menschen ähnliche Verhältnisse vorkommen und dann die Mendelschen Proportionen beeinflussen können, unterliegt keinem Zweifel. Als Beispiel sei auf die (allerdings rezessiv-erbliche) Ichthyosis congenita verwiesen, deren Träger regelmäßig nach Stunden oder Tagen zugrunde gehen. Es wäre deshalb bei diesem Leiden nicht verwunderlich, wenn eine Auszählung des Mendelschen Verhältnisses zu wenig Kranke in den betreffenden Geschwisterschaften ergeben würde; denn das Vorhandensein einer Krankheit bei Familienangehörigen, die schon kurz nach der Geburt gestorben sind, kann von dem die Anamnese aufnehmenden Arzt leicht übersehen und noch leichter von den Angehörigen verheimlicht werden. Freilich mögen solche Fehler bei einer derart monströsen Krankheit, wie es die Ichthyosis congenita ist, vielleicht eine verhältnismäßig geringe Rolle spielen. Denn man darf wohl annehmen, daß die Eltern, falls schon mehrere ihrer Kinder von diesem Leiden befallen waren, ihr Entsetzen über die Häufung einer solchen Monstrosität unter ihren Nachkommen kaum würden verbergen können.

Die Familie Nougaret. Daß auch bei anscheinend regelmäßig dominanten Leiden Abweichungen in den Zahlenverhältnissen vorkommen, beweist der berühmte Stammbaum der Hemeralopen-Familie Nougaret (Abb. 41). Diese umfassendste D-Tafel, die bisher für irgendeine Krankheit beim Menschen aufgestellt wurde, ist 1838 von Cunier begonnen und 1907 von Nettleship vervollständigt worden.

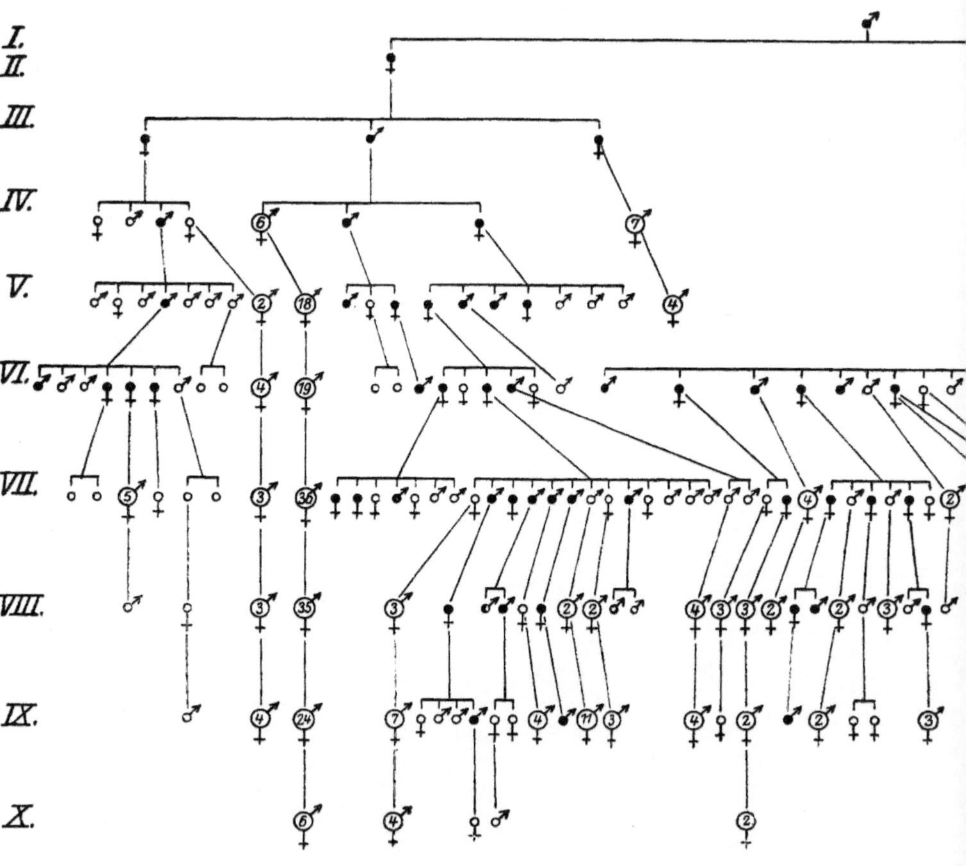

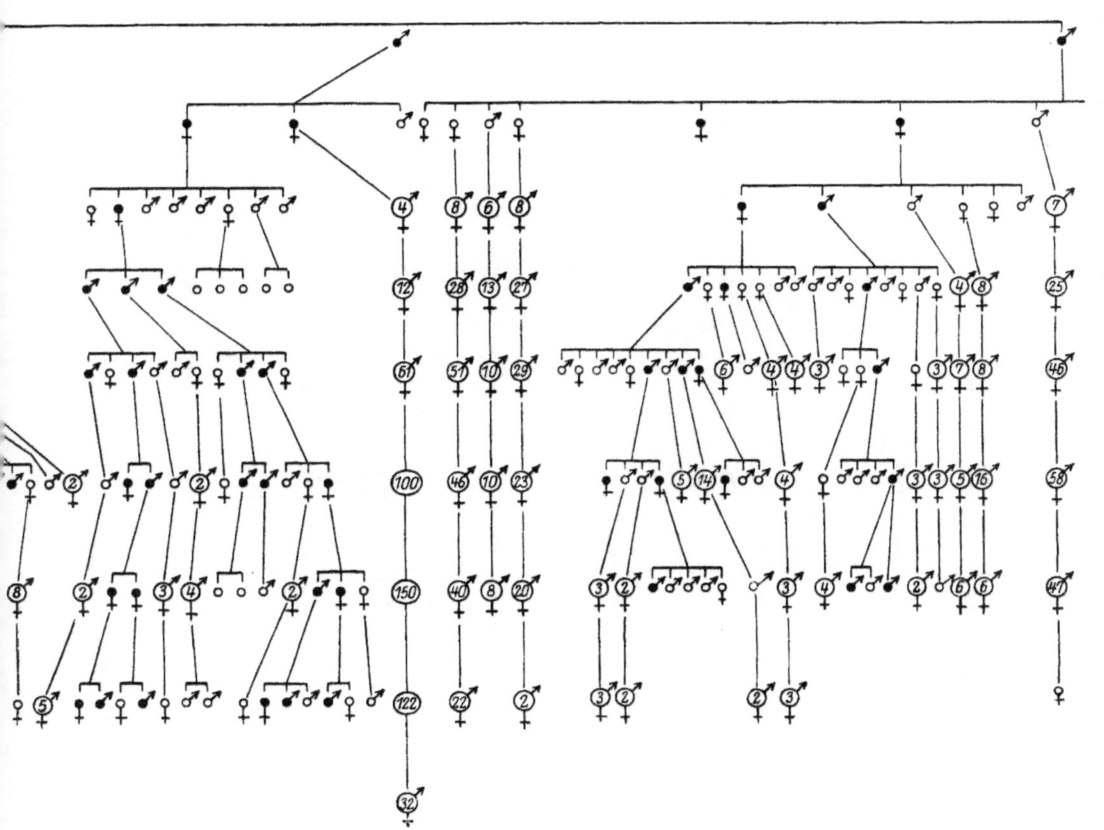

Abb. 41. Hemeralopie nach Nettleship.

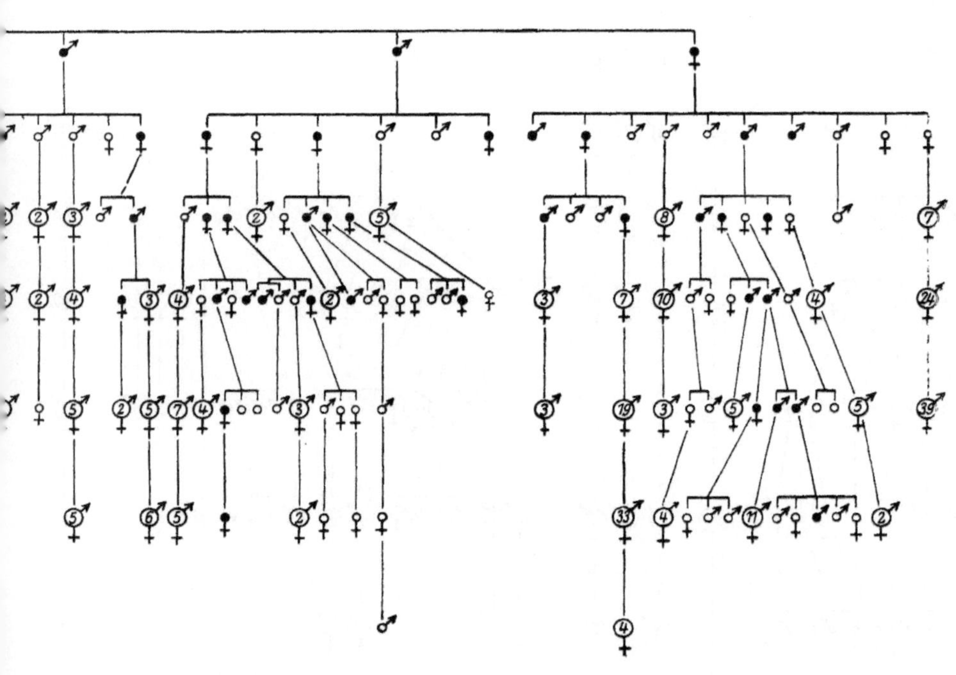

Verlag von Julius Springer in Berlin.

Sie umfaßt 2116 Personen, die sämtlich Nachkommen des ersten bekannten Falles sind, eines 1637 bei Montpellier in Südfrankreich geborenen Metzgers, und die sich von diesem Stammvater aus über 10 Generationen erstrecken. Das in dieser Familie anzutreffende Leiden besteht in einer angeborenen und sich während des ganzen Lebens gleichbleibenden Unfähigkeit, bei Dämmerlicht zu sehen; Sehschärfe, Gesichtsfeld und ophthalmoskopischer Befund sind dabei normal. Die Krankheit wird nur durch Behaftete übertragen, nie wurde eine Generation übersprungen; aber wenn man in sämtlichen Geschwisterschaften, die von einem hemeralopen Individuum abstammen, das Verhältnis der Kranken zu den Gesunden auszählt, so erhält man nicht, wie zu erwarten ist, zur Hälfte Kranke und zur Hälfte Gesunde, sondern 130 Kranke : 242 Gesunden; es erscheinen also viel zu wenig Kranke, was man bei der Größe der absoluten Zahlen nicht einfach als Zufall auffassen darf. Die Ursache für diese Abweichung von der regelmäßig dominanten Vererbung ist unaufgeklärt. Man hat daran gedacht, daß in einer Reihe von Fällen das Leiden verheimlicht worden sei; wäre das in einem größeren Umfange geschehen, dann müßte man aber erwarten, daß solche scheinbar gesunden Personen als Konduktoren in der Stammtafel erscheinen. Am plausibelsten ist noch die Annahme, daß eine Reihe von Personen fälschlich als gesund angegeben wurde, da sie jung starben, bevor ihr Leiden recht zur Beobachtung kam. Aber auch diese Annahme kann doch wohl kaum eine so große Differenz erklären, und wir müssen deshalb die Lösung des Rätsels, das uns die Nougaretsche D-Tafel aufgibt, zukünftigen Forschungen überlassen.

Direkte, nicht einfach dominante Vererbung. Man hat sich in letzter Zeit immer mehr daran gewöhnt, auch jene häufigen Fälle als „dominante Vererbung" zu bezeichnen, in denen sich ein Leiden nur bei einem Elter und einem Kinde, oft innerhalb einer großen gesunden Familie, vorfindet. Hier liegen jedoch die Erblichkeitsverhältnisse sicherlich meistens viel komplizierter. Als Beispiel einer solchen gelegentlichen „direkten" Vererbung, die besonders häufig bei Entwicklungshemmungen, bei sog. Atavismen und bei Naevi angetroffen wird, soll ein Fall aus meiner Beobachtung wiedergegeben werden [1] (Abb. 42). Die Eltern der Mutter unseres Probanden waren höchstwahrscheinlich frei

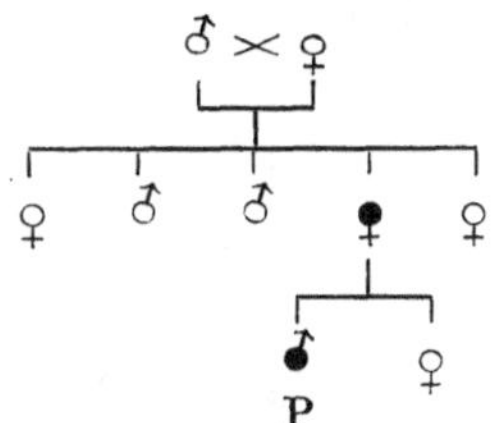

Abb. 42. Naevi chondrosi (doppelseitige Aurikularanhänge). (Eigene Beobachtung).

von der Anomalie; auch die Geschwister der Mutter und ihr jüngstes Kind weisen keine Besonderheiten auf. Natürlich wäre es dennoch möglich, daß einfach dominante Vererbung vorliegt, bei der nur einige

---

[1] Siemens, Zur Kenntnis der sog. Ohr- und Halsanhänge (branchiogene Knorpelnaevi). Arch. f. Dermatol. 132. 1921.

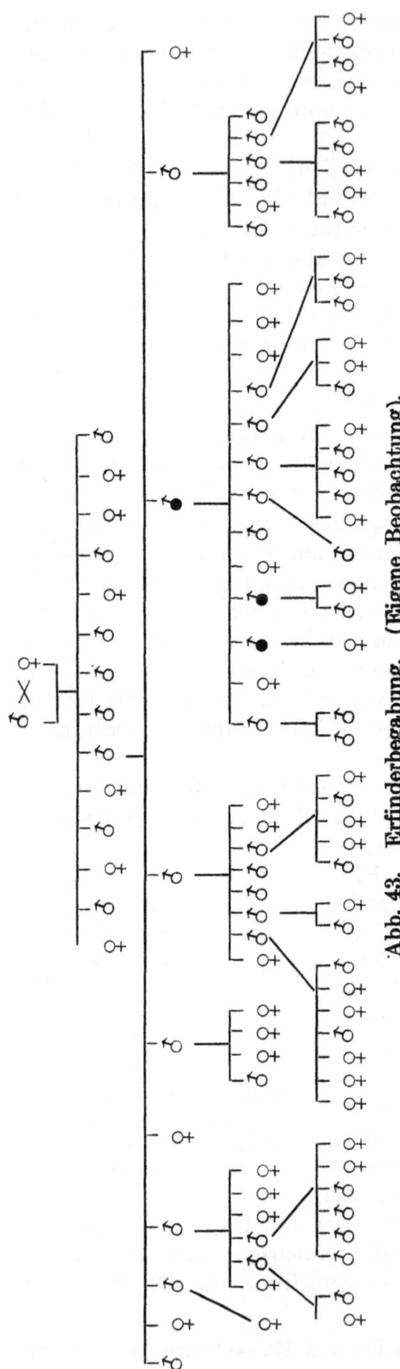

Abb. 43. Erfinderbegabung. (Eigene Beobachtung).

Generationen übersprungen wurden. Wahrscheinlicher aber dünkt mich, daß solche Fälle meist analog den bekannten Erscheinungen direkter Vererbung bei extremer Begabung aufgefaßt werden müssen. Hier, wie z. B. bei der musikalischen Begabung der Familie Bach, beim mathematischen Talent der Familie Bernoulli oder bei der Erfinderbegabung der Weddinger Linie der Familie Siemens[1]) (Abb. 43) haben wir es doch offenbar nicht mit gewöhnlicher, von einer Erbanlage abhängiger Dominanz zu tun, sondern mit viel komplexeren Dingen; wahrscheinlich handelt es sich um Mixovariationen. Entsprechend unserer alltäglichen Erfahrung erwarten wir ja in solchen Fällen durch zwei oder selbst drei Generationen sich forterbender Sonderbegabung auch durchaus nicht eine Weitervererbung der extremen Variation auf die Enkel und Urenkel, wie wir es bei der Brachydaktylie, der Epidermolysis bullosa simplex und den anderen sicher dominanten Leiden tun würden. Auch bei direkter Vererbung pathologischer Merkmale sollten wir deshalb in Zukunft mit dem Prädikat „dominant" vorsichtiger sein, als es gegenwärtig üblich ist; denn gelegentlich kann eine direkte Vererbung auch dort auftreten, wo von einer Abhängigkeit des betreffenden Merkmals von einer einzigen Erbanlage gar nicht die Rede sein kann.

---

[1]) **Siemens**, Über das Erfindergeschlecht Siemens. Arch. f. Rassen- und Gesellschaftsbiologie 12, 162. 1916/17.

Rezessive Vererbung.

Zahlenverhältnisse. Während der dominante Vererbungsmodus durch sein ununterbrochenes Auftreten in jeder Generation gleichsam die Erblichkeit $\varkappa\alpha\tau'$ $\dot\varepsilon\xi o\chi\dot\eta\nu$ repräsentiert, ist es für die rezessiven Erbkrankheiten geradezu charakteristisch, daß sowohl Eltern wie sämtliche Kinder des Erkrankten gesund sind. Deshalb wurde die erbliche Bedingtheit dieser Leiden erst spät erkannt, und auch jetzt noch werden sie von zahlreichen medizinischen Autoren nicht als erbliche, sondern nur als „familiäre" Krankheiten bezeichnet. Diese letztere Bezeichnung verdienen sie deshalb, weil sie nicht selten bei Geschwistern, eventuell auch bei Vettern und anderen Seitenverwandten angetroffen werden. Einige Formeln werden uns dieses Verhalten verständlich machen.

Da die rezessive Erbanlage bei heterozygotem Vorhandensein von der gesunden überdeckt wird, so sind alle mit einem rezessiv erblichen Leiden behafteten Individuen homozygot. Bezeichnen wir die Anlage für Gesundheit mit G, die rezessive Krankheitsanlage mit g (womit das Fehlen der Gesundheitsanlage ausgedrückt werden soll), so ist also das heterozygote Gg-Individuum äußerlich gesund und nur das gg-Individuum ist wirklich krank. Heiratet der Kranke einen Gesunden, so müssen sämtliche Kinder zwar mit der krankhaften Erbanlage behaftet, aber äußerlich gesund sein:

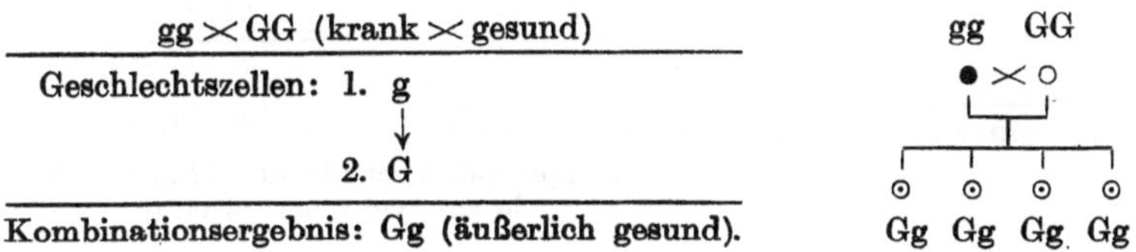

Nur wenn der Kranke einen mit der gleichen Krankheitsanlage behafteten Gesunden heiratet, kann er auch wieder kranke Nachkommen haben:

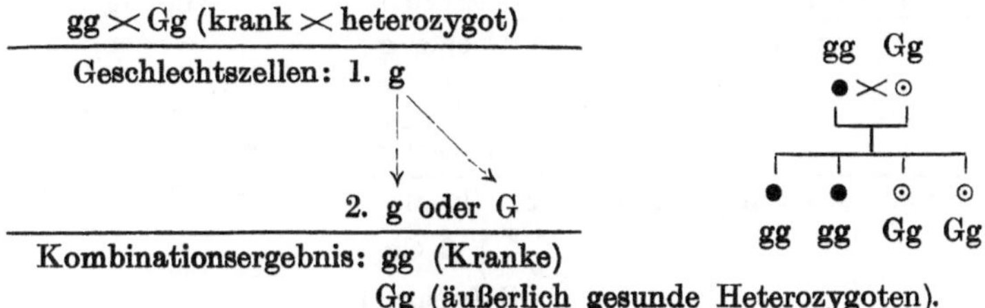

Wenn ein rezessiv Kranker überhaupt kranke Nachkommen hat, wird demnach durchschnittlich die Hälfte davon krank sein, genau wie es bei der dominanten Vererbung der Fall ist. Heiraten sich zwei rezessiv

Kranke, so sind sämtliche Kinder befallen: die Krankheit entsteht
gewissermaßen in Reinzucht:

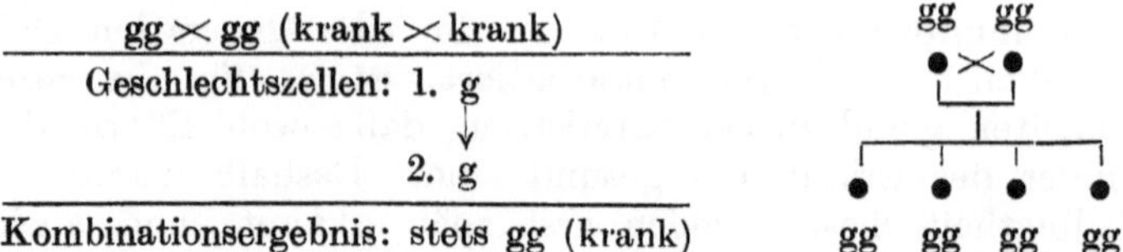

Allerdings ereignen sich solche Fälle selten. Auch die rezessiven
Erbleiden werden ja im allgemeinen nicht gerade häufig angetroffen,
und die Wahrscheinlichkeit, daß ein rezessiv Kranker einen mit dem
gleichen Leiden Behafteten oder auch nur einen (gesunden) Heterozygoten heiratet, ist deshalb gering. Vielmehr ist der häufigste Fall
der, daß die rezessiv Kranken Kinder gesunder Eltern sind; dann
müssen aber beide Eltern die krankhafte Erbanlage heterozygot enthalten. Denn wenn nur ein Elter heterozygot und der andere auch
erbbildlich gesund ist, kann niemals ein krankes Individuum entstehen; es sind dann nur die Hälfte der Kinder wiederum Heterozygoten:

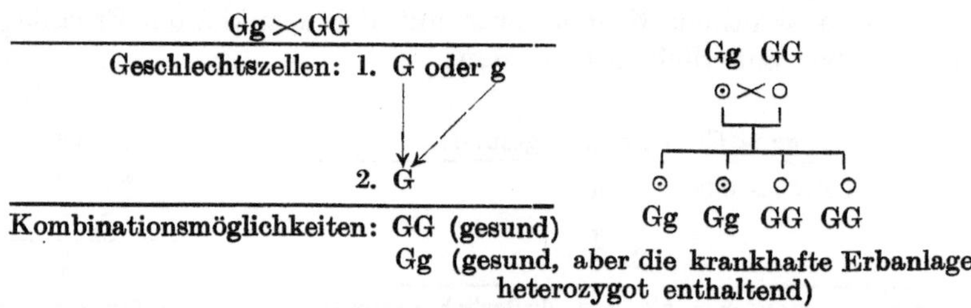

Enthalten dagegen beide Eltern die gleiche krankhafte Erbanlage
heterozygot, so ist ein Viertel ihrer Kinder mit der entsprechenden
Krankheit behaftet:

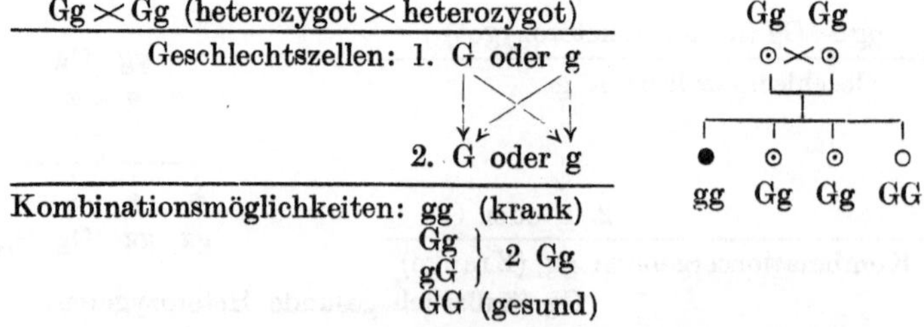

Da nun die Fälle, in denen sich zwei rezessiv Kranke heiraten, selten
sind, und ebenso die Fälle, in denen ein rezessiv Kranker einen Gesunden heiratet, der die Anlage ausgerechnet zu derselben rezessiven

Erbkrankheit heterozygot in sich enthält, so ist der häufigste Fall der, daß beide Eltern eines mit einer rezessiven Erbkrankheit behafteten Patienten gesund sind, und daß folglich in der Geschwisterschaft, zu der er gehört, ein Viertel der Kinder krank ist. Eine rezessive Erbkrankheit muß man deshalb überall dort vermuten, wo ein Leiden bei Geschwistern gehäuft vorkommt (durchschnittlich ein Viertel der Geschwister krank), und zwar gerade auch in Familien, in denen sonst dieses Leiden unbekannt ist.

D-Tafeln und A-Tafeln bei rezessiven Krankheiten. Da die Aufdeckung des rezessiven Vererbungsmodus sehr bald zu der Erkenntnis führte, daß zur Darstellung solcher Vererbung mit der D-Tafel nicht viel anzufangen ist, wandte man der A-Tafel erhöhtes Interesse zu. Aber die A-Tafel ist ebensowenig imstande, uns die Spuren der rezessiven Vererbung zu weisen. Allerdings wird man im allgemeinen die Annahme machen können, daß das Leiden, welches ein rezessiv Kranker zeigt, auch schon einmal unter seinen Vorfahren aufgetreten ist, wie es Abb. 44 demonstriert; aber die kranken Vorfahren können

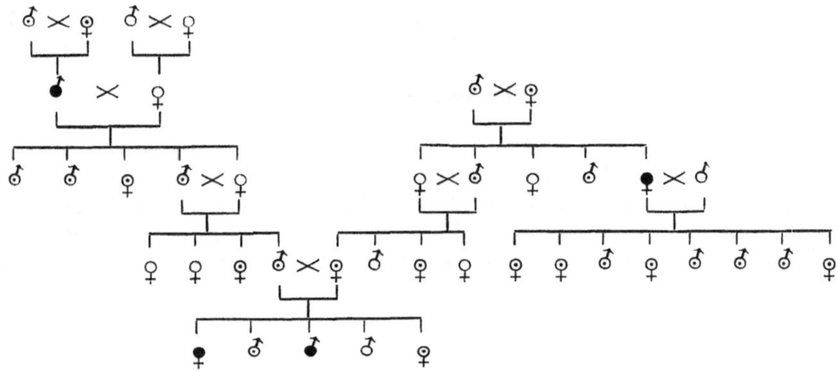

Abb. 44. Rezessive Vererbung nach Siemens („Rassenhygiene").

so viele Generationen zurückliegen, daß sie sich unserer Kenntnis entziehen. Wenn wir Glück haben, werden wir in solchen Fällen wenigstens in Seitenlinien die Krankheit nachweisen können, wie das ein Fall von Epilepsie aus meiner Beobachtung zeigt (Abb. 45). Die latenten Krankheitsanlagen sind hier allerdings nach freiem Ermessen, wenn auch entsprechend ihrer Wahrscheinlichkeit, eingezeichnet; denn wenngleich wir bezüglich einzelner Individuen z. B. bezüglich der Eltern der Kranken mit Bestimmtheit schließen müssen, daß sie Heterozygoten sind, so ist uns doch bei den Seitenverwandten nur das wahrscheinliche Verhältnis der Heterozygoten zu den völlig Gesunden bekannt, nicht aber, welche Person im einzelnen Falle heterozygot und welche auch erblich gesund ist, da sich ja bei den rezessiven Krankheiten die Heterozygoten von den Gesunden äußerlich nicht unterscheiden. Abb. 45 zeigt uns nun, daß der Proband, dessen Eltern äußerlich gesund waren, einen gleichfalls epileptischen Onkel von Mutterseite hatte, und daß sich das Erbleiden auch in der Familie des Vaters nachweisen ließ, da eine Tante des Vaters Epileptikerin war. Von den direkten Vorfahren des Probanden, soweit sich diese feststellen

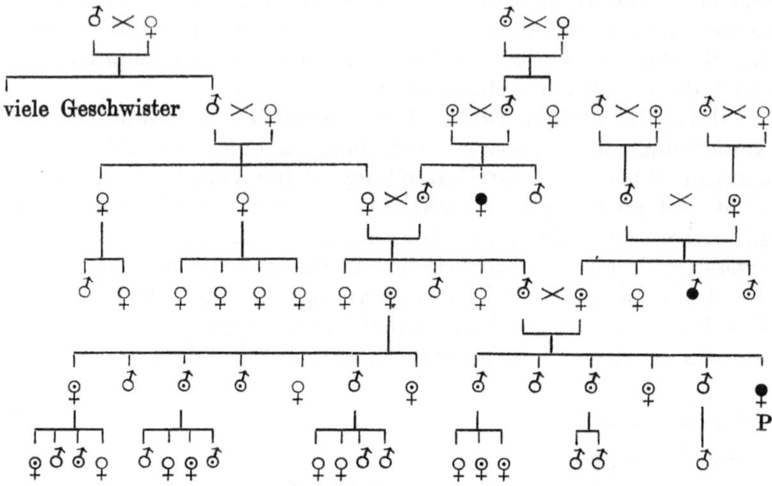

Abb. 45. Idiotypische Epilepsie. (Eigene Beobachtung.)

ließen, hat aber keiner an Epilepsie gelitten: die Ahnentafel ist völlig frei von „Belastung" (Abb. 46).

Wir sehen aus diesem Beispiel, daß es bei rezessiven Krankheiten nicht immer möglich ist, das Leiden unter den direkten Vorfahren des Probanden, also in seiner A-Tafel wiederzufinden. Es gibt nun

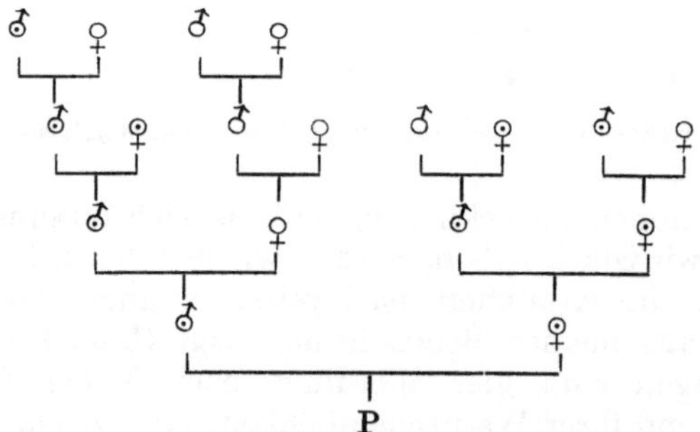

Abb. 46. A-Tafel des Probanden von Tafel 45.

aber auch rezessive Krankheiten, bei denen kein einziger Vorfahr des Probanden die Krankheit auch nur jemals gehabt haben kann, weil nämlich die Krankheit vor dem zeugungsfähigen Alter zum Tode führt. Solche Krankheiten (wie Ichthyosis congenita, amaurotische Idiotie, Myoklonusepilepsie) können also, was oft verkannt wird, erblich sein, trotzdem ein Kranker niemals Kinder erzeugt, weil eben die Vererbung durch die äußerlich gesunden Heterozygoten und nicht, wie bei den dominanten Erbkrankheiten, durch die Kranken besorgt wird.

Es gelingt also nur in einer Minderzahl von Fällen, die rezessive Vererbung mit Hilfe der A-Tafel anschaulich darzustellen; bei einem anderen kleinen Bruchteil der Fälle ist die Darstellung mit Hilfe der D-Tafel empfehlenswert. Im allgemeinen aber spielt sich das „familiäre" Auftreten rezessiver Leiden nur in Form einer Häufung bei Geschwistern ab, wie es Abb. 47 zeigt. Eine Einzeichnung weiterer, entfernterer Familienmitglieder hätte in diesem Fall keinen Sinn, weil in der ganzen Familie, soweit sie nachweisbar ist, kein Individuum mit der gleichen Krankheit existiert (vgl. Abb. 30). Aber selbst die Geschwisterhäufung kommt bei kinderarmen Familien oft nicht zum Ausdruck [Abb. 48 und 49[1])].

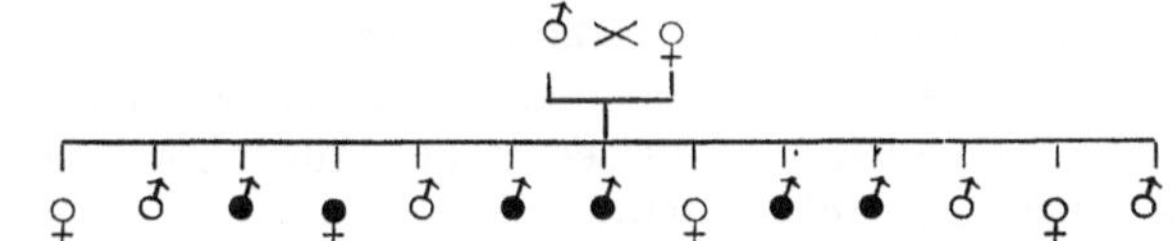

Abb. 47. Albinismus universalis nach Ebstein-Günther.

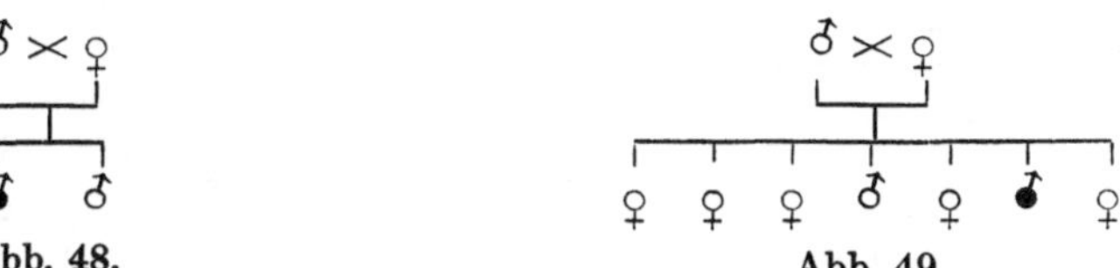

Abb. 48.
Albinismus universalis.
(Eigene Beobachtung.)

Abb. 49.
Epidermolysis bullosa traumatica dystrophica.
(Eigene Beobachtung.)

Gelegentlich demonstriert uns jedoch die D-Tafel auch die rezessive Vererbung recht gut. Das ist dann der Fall, wenn in einer mit einer bestimmten rezessiven Erbanlage behafteten Familie zufälligerweise mehrere behaftete Individuen das Unglück haben, Personen mit der gleichen Krankheitsanlage zu heiraten. Durch eine solche Häufung von Heterozygotenehen entsteht dann leicht das Bild, welches man früher als „kollaterale Vererbung" bezeichnet hat. Ein Beispiel hierfür sahen wir schon auf Abb. 45. Noch instruktiver ist Abb. 50, in der man annehmen muß, daß in drei Generationen hintereinander ein heterozygotes Familienmitglied jedesmal wieder eine Person mit der Erbanlage für Albinismus heiratete. Eine solche Häufung von Heterozygotenehen wird sich natürlich höchst selten ereignen, und zwar um so seltener, je weniger die betreffende Erbkrankheit in der Bevölkerung überhaupt verbreitet ist.

Wir müssen deshalb im allgemeinen bei der rezessiven Vererbung auf umfangreichere A- und D-Tafeln verzichten. Statt dessen kon-

---

[1]) Siemens, Zur Klinik, Histologie und Ätiologie der sog. Epidermolysis bullosa traumatica. Arch. f. Dermatol. 1921.

zentrieren wir unsere Aufmerksamkeit auf jene kleinste familiäre
Einheit, die aus einer Geschwisterschaft (der Geschwisterschaft des
Probanden) und ihren Eltern besteht. In diesen Probanden-Geschwister-
schaften muß — wenn beide Eltern gesund sind — ein Viertel der
Kinder krank sein, wie das z. B. in dem Material über Myoklonus-
Epilepsie von Lundborg der Fall ist, das sämtliche schwedische Fälle
umfaßt. Durch Auszählung einer großen Anzahl derartiger Geschwisterschaften kann man ein recht sicheres Urteil über den Vererbungsgang
des betreffenden Leidens gewinnen, wenn man beim Auszählen die
richtige Methodik verwendet. Ist außer dem Probanden (und eventuell
einem Teil seiner Geschwister) auch noch ein Elter befallen, so muß,
wie wir dargelegt hatten (S. 135), nicht nur ein Viertel, sondern die
Hälfte der Geschwister des Probanden behaftet sein. Die schärfste
Probe auf die Richtigkeit unserer Vermutung, daß eine bestimmte
Krankheit rezessiv erblich sei, ist dann gegeben, wenn sich zwei Behaftete heiraten, weil dann kein einziges ihrer Kinder gesund sein
darf. Freilich sind auch von dieser Regel Ausnahmen möglich, wie
der folgende Abschnitt zeigen wird.

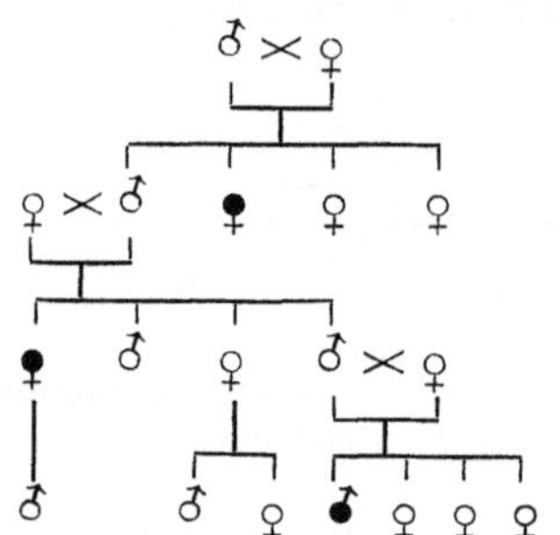

Abb. 50. **Albinismus universalis**
nach **Seligmann**.

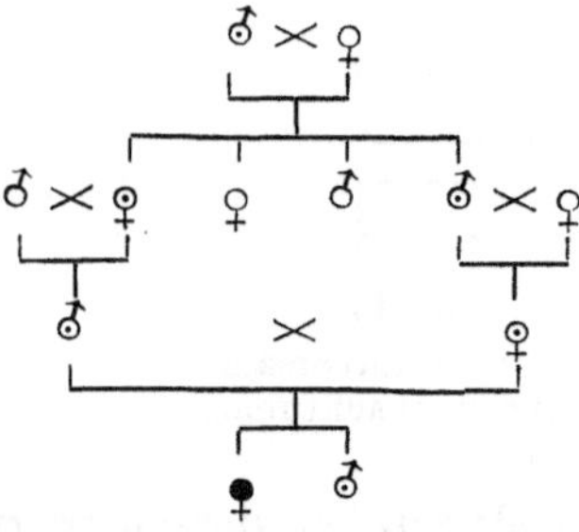

Abb. 51. **Idiotypische Taubstumm-**
heit. (Eigene Beobachtung.)

Gehäufte Blutsverwandtschaft der Eltern. Zum Zustandekommen einer rezessiven Krankheit müssen beide Eltern die betreffende
krankhafte Erbanlage besitzen, wenn sie dabei auch äußerlich gesund
sind. Für einen Menschen, der eine rezessive Krankheitsanlage in
sich birgt, wird aber die Wahrscheinlichkeit, einen mit der gleichen
Anlage Behafteten zu heiraten, besonders groß sein, wenn er eine
Verwandtenehe eingeht. Aus diesem Grunde ist die Häufung der
Blutsverwandtschaft der Eltern ein sehr bekanntes Symptom
bei den rezessiv erblichen Krankheiten. Abb. 51 zeigt einen Fall
meiner Beobachtung, in dem sich Vetter und Cousine heirateten
(die Heterozygoten sind wieder ihrer Wahrscheinlichkeit nach eingezeichnet).

Noch instruktiver ist ein anderer Fall, der das Auftreten der Keratosis diffusa connata (Ichthyosis foetalis) betrifft (Abb. 52). Diese Krankheit, bei der Blutsverwandtschaft der Eltern nach **Adrian** in 12%

der Fälle gefunden wird, gehört zu jenen erblichen Leiden, die kein einziger direkter Vorfahr des Behafteten jemals gehabt haben kann, weil sie sehr bald, meist schon in den ersten Lebenstagen zum Tode führt. In unserem Fall hatte eine Frau, die bestimmt die rezessive Krankheitsanlage in sich getragen haben muß, mit ihrem Manne fünf gesunde Kinder, von denen der Erwartung nach die Hälfte Heterozygoten waren, wie die Mutter. (Dieses zu erwartende Verhältnis ist in Abb. 52 eingetragen.) Nach dem Tode ihres Mannes, der mit ihr nicht nachweislich blutsverwandt war, gebar sie einem anderen Manne drei illegitime Kinder, die sämtlich mit Ichthyosis foetalis behaftet waren. Später stellte sich heraus, daß der Vater dieser kranken Kinder ihr Halbbruder war. Demnach besteht kein Zweifel darüber, daß auch ihr Vater hetero-

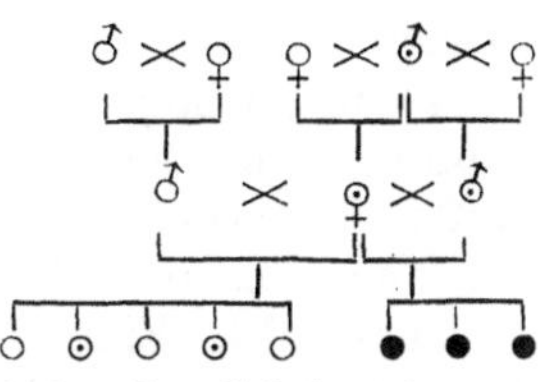

Abb. 52. Ichthyosis congenita nach Lassar.

zygot gewesen ist, und daß sie, ebenso wie ihr Halbbruder, die rezessive Krankheitsanlage von ihrem Vater empfangen hatte. Freilich hätte man erwarten müssen, daß nicht alle drei, sondern nur ein Viertel der Kinder aus dieser Inzestverbindung mit dem rezessiven Erbleiden behaftet gewesen wären. Bei diesen kleinen Zahlen besagt aber eine solche mangelhafte Übereinstimmung mit den theoretisch zu erwartenden Zahlenverhältnissen natürlich wenig.

Erfolgen Verwandtenehen mehrmals hintereinander, so kann dadurch eine besondere familiäre Häufung eines rezessiven Leidens entstehen, wie Abb. 53 demonstriert.

Lange Zeit erschien rätselhaft, warum bei den einzelnen rezessiven Erbkrankheiten die Häufigkeit der elterlichen Blutsverwandtschaft konstante Verschiedenheiten aufweist; denn die Vetternschaft der Ehegatten, die in der Gesamtbevölkerung in etwa $^3/_4 - 1\%$ aller Ehen angetroffen wird, findet sich bei den Eltern Taubstummer in 6%, bei den Eltern Xerodermakranker in ungefähr 12%, bei den Eltern von Personen, die an Pigmentatrophie des Auges leiden, in 25% usf. Diese verschiedene Häufigkeit der elterlichen Blutsverwandt-

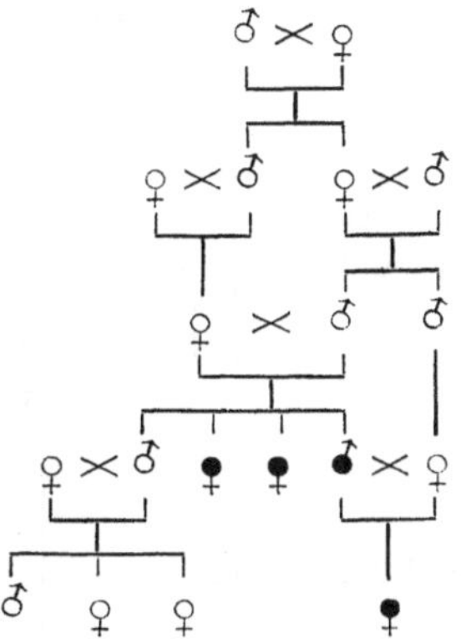

Abb. 53. Epidermolysis bullosa traumatica dystrophica nach Sakaguchi.

schaft bei den einzelnen rezessiven Leiden erklärt sich jedoch sehr einfach dadurch, daß bei Leiden, die sehr selten sind, für einen Heterozygoten nur innerhalb seiner Sippe eine größere Wahrscheinlichkeit besteht, auf einen Ehepartner mit der gleichen Anlage zu treffen. Ist dagegen eine rezessive Erbanlage in einer Bevölkerung an sich häufig, so wird ein damit Behafteter auch bei der Einheirat in fremde Familien leicht

einmal auf ein Individuum mit der gleichen Anlage stoßen. Die
Häufigkeit der elterlichen Blutsverwandtschaft bei einer rezessiven
Krankheit steht also in einem reziproken Verhältnis zu der Häufigkeit
der betreffenden Krankheit überhaupt. Ist es aber einmal für eine
Krankheit erwiesen, daß Blutsverwandtschaft der Eltern bei ihr häufiger
angetroffen wird als sonst in der Bevölkerung, so ist damit auch die
erbliche Bedingtheit der betreffenden Krankheit gesichert, denn abgesehen von der Homozygotisierung krankhafter Erbanlagen kennen
wir keine pathogene Wirkung der gewöhnlichen Inzucht. Neben der
Häufung einer Krankheit in Geschwisterschaften ist deshalb die gehäufte Blutsverwandtschaft der Eltern das wichtigste Kriterium für
den Nachweis rezessiver Erblichkeit.

Übersicht. Eine Übersicht über die rezessive Vererbung führt zur
Hervorhebung folgender Punkte:

Sind beide Eltern (äußerlich) gesund,
    so ist $^1/_4$ der Kinder krank.
Ist ein Elter krank,
    so ist die Hälfte der Kinder krank.
(Heiraten ausnahmsweise zwei Kranke einander,
    so sind sämtliche Kinder krank.)
Blutsverwandtschaft der Eltern ist gehäuft, besonders bei seltenen
    Leiden.
Proband: gewöhnlich beide Eltern gesund,
    $^1/_4$ der Geschwister krank,
    gewöhnlich sämtliche Kinder gesund.

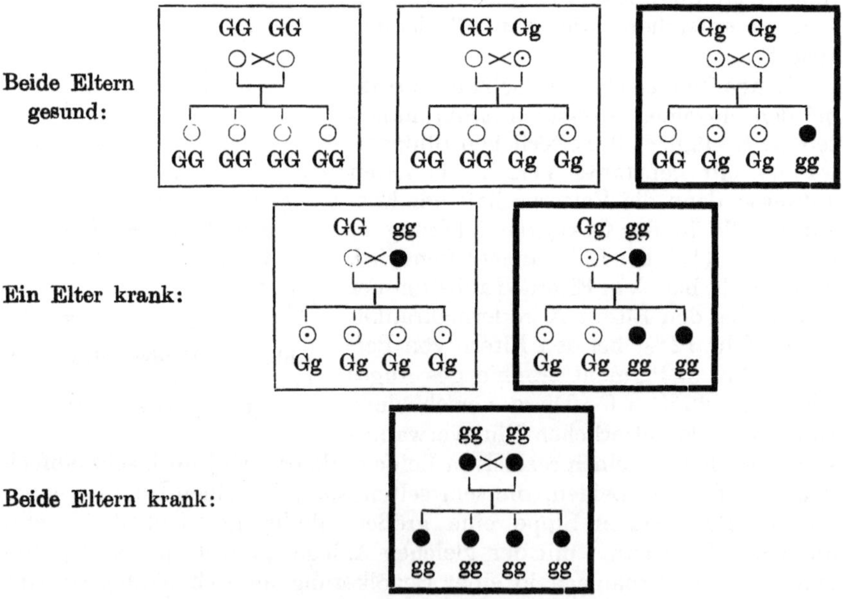

Abb. 54. Übersicht über die rezessive Vererbung.

Unregelmäßig rezessive Vererbung.

Fehlerhafte Anamnese. Bei der rezessiven Vererbung können ebenso wie bei der dominanten Unregelmäßigkeiten statthaben. Diese Unregelmäßigkeiten zeigen sich aber nicht so offen bei der Betrachtung des Familienstammbaums (das »Überspringen« von Generationen ist ja hier die Regel!), sondern sie treten uns meist erst beim Auszählen der Mendelschen Proportionen entgegen. Wir finden dann unter den Geschwistern der Probanden nicht $1/4$ Kranke, sondern mehr oder (was häufiger vorkommt) weniger.

Als Ursache für das Auftreten solcher Unregelmäßigkeiten in den Zahlenverhältnissen kommen im allgemeinen die gleichen Umstände in Betracht, die wir schon bei der dominanten Vererbung besprochen hatten, in erster Linie also Irrtümer bei der Aufstellung der Anamnese. Auf diesen Punkt braucht hier nicht noch einmal eingegangen zu werden.

Manifestationsschwankungen. In der gleichen Weise wie bei den dominanten können ferner auch bei den rezessiven Krankheiten Manifestationsschwankungen infolge äußerer oder innerer Faktoren Abweichungen von den normalen Zahlenverhältnissen hervorrufen. Bei der Dementia praecox z. B., bei der Rüdin nicht $1/4$, sondern nur $1/16$ von den Geschwistern der Probanden gleichfalls erkrankt fand, hat man die Paravariabilität dieser Krankheit dafür verantwortlich gemacht, daß sie in den betreffenden Geschwisterschaften soviel seltener auftritt, als es die Theorie verlangt. Man hat also angenommen, daß die Dementia praecox-Erbanlage in erheblichem Grade von äußeren Faktoren beeinflußbar sei, vor allem auch in bezug auf ihre Manifestation überhaupt, so daß bei einer ganzen Anzahl derjenigen Individuen, die diese Krankheitsanlage homozygot enthalten, das Leiden dennoch nicht zum Ausbruche kommt, weil eben die dazu notwendigen äußeren Bedingungen fehlen. Ebenso könnte man sich vorstellen, daß die Manifestation der homozygoten Dementia praecox-Anlage durch andere Erbfaktoren beeinflußt wird, daß also durch Mixovariabilität Manifestationsschwankungen entstehen.

Später oder wechselnder Manifestationstermin. Unstimmige Zahlenverhältnisse können auch dadurch zustande kommen, daß bei gewissen rezessiven Erbleiden der Zeitpunkt ihres Ausbruchs, ihr „Manifestationstermin" so sehr verschieden ist. Bekannt ist dies ja für die Dementia praecox, deren Beginn bald in das schulpflichtige Alter fällt, bald aber sich ins 30. und 40. Lebensjahr hinauszieht. Selbst ein Leiden, das wie das Xeroderma pigmentosum mit großer Regelmäßigkeit schon beim Säugling ausbricht, kann in einzelnen Fällen erst im zweiten oder dritten Jahrzehnt oder gar noch später zur Manifestation kommen. So sind Möglichkeiten genug vorhanden, welche die Übereinstimmung der theoretisch geforderten Zahlen mit den tatsächlich gefundenen stören können.

Manifestationsschwund. Wie bei den dominanten Krankheiten muß man auch bei den rezessiven an die Möglichkeit denken, daß das erbliche Merkmal nur bei den Kindern manifest ist, mit zunehmendem Alter aber mehr oder weniger vollständig verschwindet, eine Erscheinung, die wir als **Manifestationsschwund** bezeichnet hatten.

Größere Sterblichkeit der Behafteten. Auch eine erhöhte **Sterblichkeit der Behafteten** kann zu falschen Zahlenverhältnissen führen, was schon an dem Beispiel der Ichthyosis congenita dargelegt wurde.

Idiotypische und paratypische Formen der gleichen Krankheit. Scheinbare Unregelmäßigkeiten beim rezessiven Erbgang werden aber

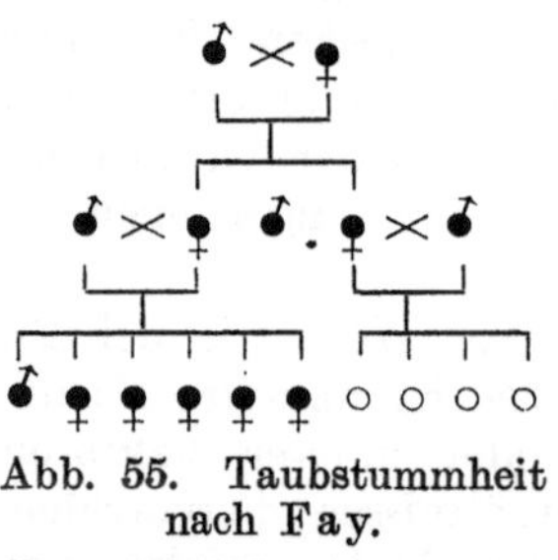

Abb. 55. Taubstummheit nach Fay.

auch noch durch einen Umstand bewirkt, der bei den dominanten Krankheiten mehr zurücktritt, nämlich dadurch, daß das Symptomenbild vieler rezessiver Erbkrankheiten auch durch äußere Einflüsse erzeugt werden kann. So hat z. B. ein erheblicher Bruchteil aller Taubstummen durch Meningitis in frühester Kindheit, ein anderer durch intrauterine Syphilis das Gehör verloren; nach Gottstein sind 10%, nach Kaup sogar 50% aller Fälle von Taubstummheit nicht erblich bedingt. Wir müssen deshalb die idiotypische Taubstummheit theoretisch von der paratypischen trennen. Praktisch ist das oft schwer, in manchen Fällen aber noch auf Grund der Beschaffenheit des Nachwuchses der Taubstummen möglich. So ist die Erzeugung gesunder Kinder durch zwei Taubstumme, wie sie uns auf Abb. 55 entgegentritt, nicht etwa ein Beweis dafür, daß die Taubstummheit nicht ein rezessives Erbleiden sein kann (weil ja bei rezessiven Erbleiden die

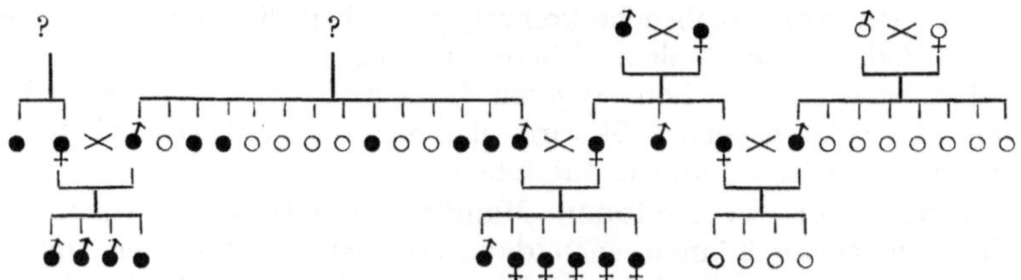

Abb. 56. Taubstummheit nach Fay.

Kinder zweier Kranker ausnahmslos krank sein müssen!), sondern ein solcher Fall zeigt nur, daß eben der eine von den beiden mit gesunden Kindern gesegneten Eltern gar nicht auf Grund eines erblichen Fehlers taubstumm gewesen ist. In der Tat ergibt die Betrachtung der weiteren Verwandtschaft im vorliegenden Falle, daß zwar der Mann, welcher die sechs taubstummen Kinder erzeugte, aus einer Taubstummenfamilie stammte, daß aber sein Schwager, welcher der

Vater von vier Kindern mit normalem Gehör wurde, das einzige taubstumme Glied einer großen Geschwisterreihe ist, so daß man hier von vornherein Grund zu der Annahme hat, daß es sich bei ihm nur um ein paratypisches, durch irgendeine intrauterin oder in frühester Kindheit durchgemachte Erkrankung bedingtes Leiden handle (Abb. 56).

Weiterhin aber zeigt uns ein solcher Fall, daß diejenigen Krankheiten, von denen wir rezessive Erblichkeit vermuten, oft gar keine einheitlichen Krankheiten sind, sondern nur Symptomenbilder, welche **idiotypische und paratypische Formen** in sich vereinigen.

Verschiedene idiotypische Formen der gleichen Krankheit. Ähnliche Unregelmäßigkeiten im rezessiven Erbgang könnten auch dann zustande kommen, wenn es von einem rezessiv erblichen Leiden **verschiedene idiotypische Formen** gäbe. Bestände z. B. die Taubstummheit bei zwei taubstummen Eltern auf Grund zweier funktionell oder anatomisch ganz verschiedener Läsionen, so wäre es denkbar, daß bei den Kindern die rezessive Krankheitsanlage der Mutter durch den vom Vater stammenden gesunden Paarling, und umgekehrt die auf einen anderen Teil des Gehörorgans sich beziehende Krankheitsanlage des Vaters durch den ihr entsprechenden gesunden Paarling der Mutter überdeckt wird. Auch in diesem Falle hätten zwei taubstumme Eltern lauter gesund erscheinende Kinder, welche allerdings zwei, zu verschiedenen Erbanlagepaaren gehörende rezessive Krankheitsanlagen in heterozygoter Form in sich bergen würden.

Fehlerhafte statistische Methodik. Unregelmäßigkeiten bei der rezessiven Vererbung werden schließlich sehr häufig dadurch vorgetäuscht, daß beim Sammeln des Materials Ausleseprozesse mitspielen (literarisch-kasuistische Auslese), oder daß beim Auszählen der Kranken und der Gesunden zu dem Zweck, das Vorhandensein der Mendelschen Proportionen zu prüfen, **unzulängliche statistische Methoden** verwendet werden. Hierüber wird der Abschnitt über die Auszählung der Mendelschen Proportionen noch Näheres bringen.

Doch auch bei der Anwendung richtiger Methodik stimmen die gefundenen Proportionen manchmal nicht mit den erwarteten überein. So hat man bei Achondroplasie (Weinberg), Epilepsie (Weinberg), Dementia praecox (Rüdin, Weinberg) und Taubstummheit (Hammerschlag, Lundborg) unter den Kindern äußerlich gesunder Eltern nicht $^1/_4$, sondern nur etwa $^1/_{16}$ Kranke gefunden. Die Ursache dieses Verhaltens ist nicht völlig aufgeklärt. Sie könnte in dem Umstande gesucht werden, daß diese Krankheiten besondere auslösende Ursachen brauchen, bei deren Fehlen auch die homozygot Behafteten gesund erschienen. Oder es erklärt sich die zu geringe Anzahl Kranker dadurch, daß Achondroplasie, Dementia praecox usw. wie die Taubstummheit auch durch **nichterbliche** Störungen hervorgerufen werden können, so daß man unbewußt viele Fälle mitzählt, bei denen gehäuftes Auftreten unter Geschwistern sowieso nicht erwartet werden kann.

Dominant-geschlechtsgebundene Vererbung.

Zahlenverhältnisse.   Nähere Kenntnisse über die geschlechtsgebundene Vererbung verdanken wir besonders Fritz Lenz. Dieser
Autor hat auch als erster auf die dominant-geschlechtsgebundene Vererbung aufmerksam gemacht, während die rezessiv-geschlechtsgebundene
schon länger bekannt war. Allerdings kennen wir noch keine Krankheit, die sicher dem dominant-geschlechtsgebundenen Modus folgt.
Für verschiedene Leiden ist das aber vermutet worden, besonders für
das manisch-depressive Irresein, die Hysterie, die Fettsucht und die
„Basedowdiathese“.

   Soweit wir gegenwärtig darüber unterrichtet sind, erfolgt die Bestimmung des Geschlechts beim Menschen durch eine Erbeinheit, die
beim Weibe homozygot, beim Manne heterozygot vorhanden ist, so
daß die diesbezügliche Erbformel des Weibes WW, die des Mannes
Ww geschrieben werden kann; hierbei bedeutet w das Fehlen der
Erbeinheit W, d. h. morphologisch ausgedrückt: der beiden X-Chromosomen. Während das Weib nur Geschlechtszellen mit W hervorbringen kann, erhalten die Spermatosomen des Mannes zur Hälfte
die W-, zur anderen Hälfte die w-Einheit. Die Kreuzung zwischen
Weib und Mann ergibt daher folgendes Bild:

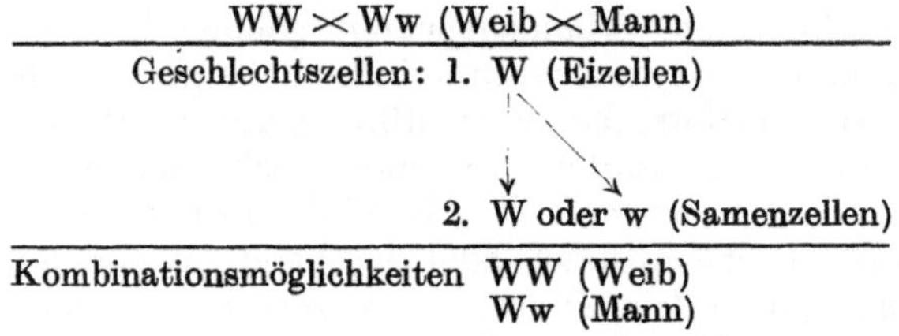

Wir erhalten also zur Hälfte Mädchen-, zur Hälfte Knabengeburten.
Dieses Ergebnis steht mit der Sexualproportion, die bei uns 106 Knaben-
100 Mädchengeburten beträgt, wie wir in einem früheren Kapitel gesehen hatten, nur scheinbar in Widerspruch.

   Als dominant-geschlechtsgebunden werden nun diejenigen Krankheiten bezeichnet, die durch die pathologische Veränderung einer W-
Einheit entstehen und trotz des Vorhandenseins eines gesunden W-
Paarlings (d. h. also bei einer WW-Person, kurz: bei einem Weibe)
manifest werden. Beim Manne wird die entsprechende pathologische
Veränderung sowieso manifest, weil ja hier niemals ein gesunder W-
Paarling vorhanden ist, der sie überdecken könnte, falls sie überdeckbar, d. h. rezessiv wäre. Es folgt daraus, daß jedes Individuum,
welches eine dominant-geschlechtsgebundene Krankheit in sich trägt,
auch manifest krank ist, daß also, wie bei der gewöhnlichen dominanten Vererbung, die Kranken stets einen gleichfalls kranken Elter
haben; der früher als „direkte Vererbung“ bezeichnete Erblichkeitsmodus ist also auch hier typisch.

Sind beide Eltern gesund, so werden demnach auch alle Kinder
gesund sein; ist aber ein Elter krank, so liegen die Verhältnisse verschieden, wenn der Vater bzw. wenn die Mutter der kranke Elter ist.
Heiratet ein krankes Weib einen gesunden Mann, so erhalten wir folgendes Bild, wenn wir die an der W-Erbeinheit bestehende krankhafte Anlage durch einen hochgesetzten Strich andeuten:

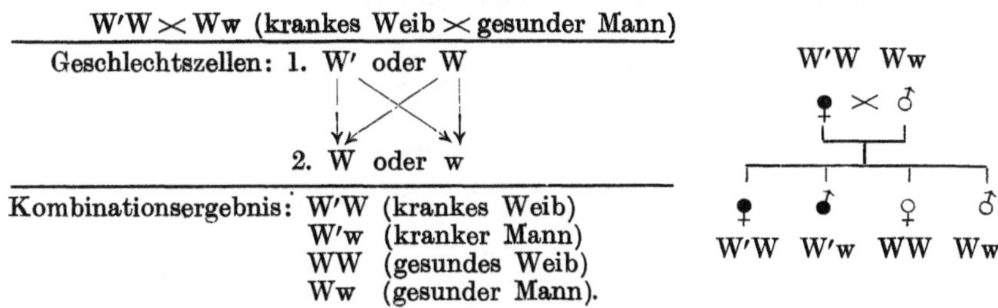

In diesem Fall sind also sämtliche Töchter krank, sämtliche Söhne
gesund. Denn die Söhne empfangen ja von ihrem Vater immer die
w-Anlage (sonst wären sie ja nicht männlichen Geschlechts!), so daß
ihre W-Anlage stets von der (in diesem Falle gesunden) Mutter stammt.

Es sind also genau wie bei der gewöhnlich dominanten Vererbung
die Hälfte der Töchter und die Hälfte der Söhne erkrankt.

Anders liegen die Verhältnisse, wenn die Mutter gesund und der
Vater krank ist:

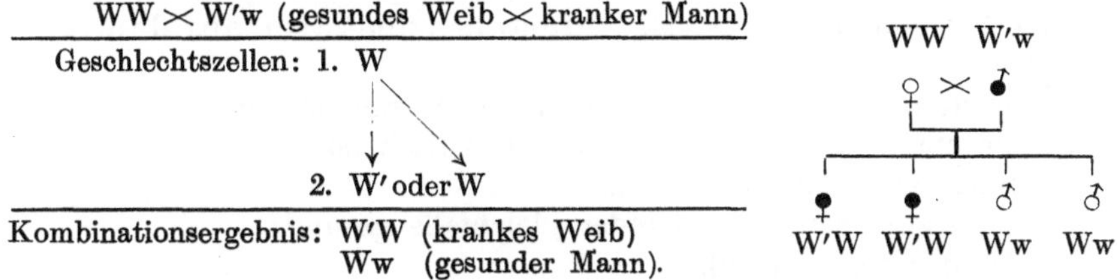

Sind beide Eltern erkrankt, ein Fall, der bei ernsteren Leiden
sicher selten vorkommen wird, so ist trotzdem noch die Hälfte der
Söhne gesund (falls nicht die Mutter homozygot krank, also W'W' ist):

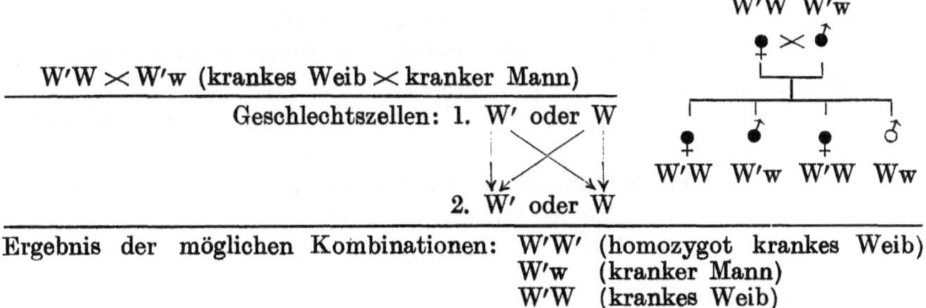

D-Tafeln bei dominant-geschlechtsgebundenen Krankheiten. Wie erwähnt, ist bisher keine Krankheit bekannt geworden, die mit Sicherheit diesem Vererbungsmodus folgt. Auf jeden Fall müßte man von einer solchen Krankheit erwarten, daß sie bei Weibern häufiger als bei Männern gefunden wird, bis etwa doppelt so häufig. Wie sehr bei Vererbung durch weibliche Linien dieser Vererbungsmodus dem gewöhnlich dominanten ähnelt, zeigt Abb. 57:

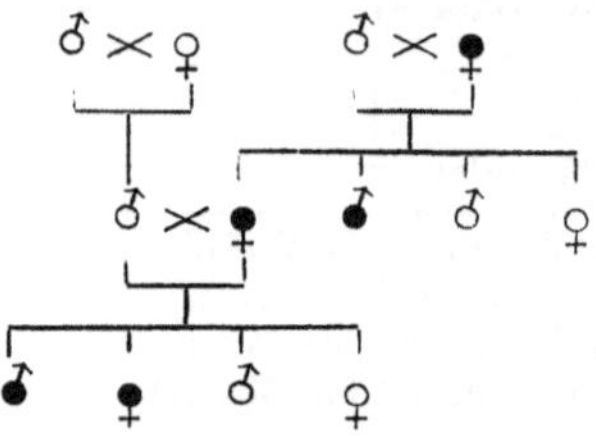

Abb. 57. Basedowdiathese nach Lenz.

Eine „direkte" Vererbung in männlicher Linie, die bei der gewöhnlichen dominanten Vererbung häufig vorkommt, ist aber bei der dominant-geschlechtsgebundenen Vererbung unmöglich, da ja die dominant-geschlechtsgebundene Erbanlage niemals vom Vater auf den Sohn übergehen kann.

Übersicht. Fassen wir das zusammen, was für die dominant-geschlechtsgebundene Vererbung charakteristisch ist:

Sind beide Eltern gesund,
    so sind sämtliche Kinder gleichfalls gesund.
Ist der Vater krank,
    so sind sämtliche Töchter krank, sämtliche Söhne gesund.
Ist die Mutter krank,
    so ist die Hälfte der Kinder krank.
(Sind beide Eltern krank,
    so sind alle Töchter und die Hälfte der Söhne krank.)

Die Krankheiten sind bei Weibern etwa doppelt so häufig als bei Männern.

Proband: Mutter stets krank, Vater gesund,
    die Hälfte der Geschwister krank,
    sämtliche Töchter krank, sämtliche Söhne gesund.
Probandin: stets ein Elter krank,
    bei Krankheit der Mutter die Hälfte der Geschwister krank,
    bei Krankheit des Vaters sämtliche Schwestern krank, sämtliche Brüder gesund,
    die Hälfte der Kinder krank.

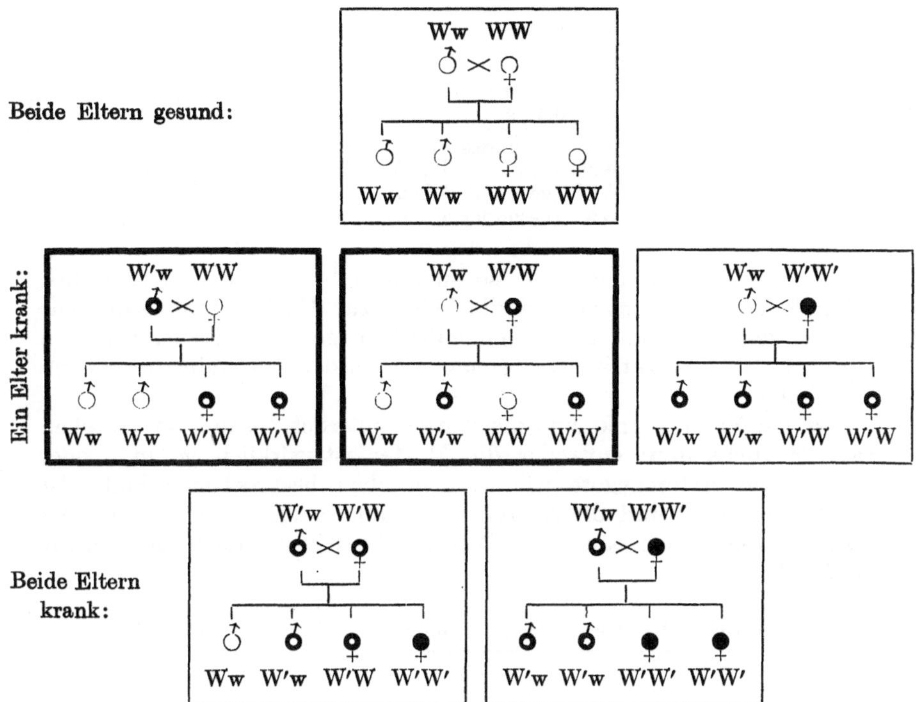

Abb. 58. Übersicht über die dominant-geschlechtsgebundene Vererbung.

Rezessiv-geschlechtsgebundene Vererbung.

Zahlenverhältnisse. Die rezessiv-geschlechtsgebundenen Krankheitsanlagen haben mit den dominant-geschlechtsgebundenen gemeinsam,
daß sie sich von dem kranken Vater nie auf den Sohn, dagegen
stets auf sämtliche Töchter vererben. Bei den rezessiv-geschlechtsgebundenen Krankheiten wird die krankhafte Variation derjenigen
Anlage, die wir mit W' bezeichnet hatten, durch die gesunde W-An-
lage überdeckt, so daß ein heterozygotes Weib $(W'W)$ äußerlich gesund
erscheint. Um die Rezessivität der krankhaften Variation auch in
unserer Formelsprache zum Ausdruck zu bringen, wollen wir den
Strich, der die krankhafte rezessive Variation andeutet, unten an das
W anfügen. Die W,W-Weiber sind also gesund, die W,w-Männer dagegen sind krank, weil hier dem $W,$ kein gesunder W-Paarling gegen-
übersteht, der den Defekt des $W,$ überdecken könnte. Da also die
krankhafte Anlage bei Weibern überdeckbar ist, so können aus der
Ehe zweier gesunder Eltern z. T. kranke Kinder hervorgehen, wenn
nämlich die Mutter heterozygot ist:

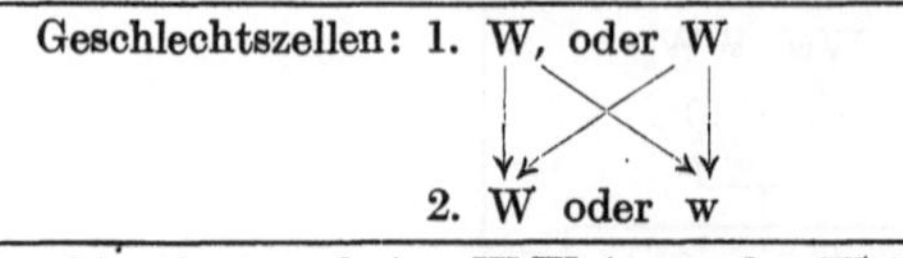
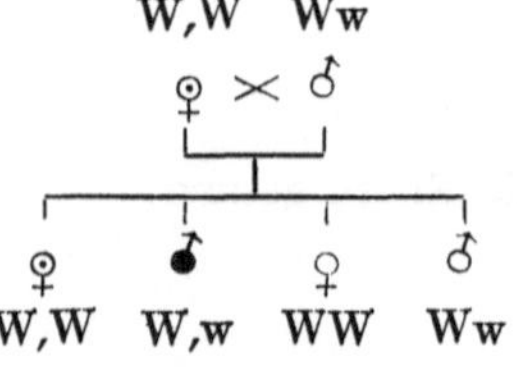

W,W ⋊⋉ Ww (gesundes Weib ⋊⋉ gesunder Mann)

Geschlechtszellen: 1. W, oder W

2. W oder w

Kombinationsergebnis: W,W (gesundes Weib)
W,w (kranker Mann)
WW (gesundes Weib)
Ww (gesunder Mann)

Sind beide Eltern gesund, so sind also beim rezessiv-geschlechts-gebundenen Vererbungsmodus die Söhne zur Hälfte krank, sämtliche Töchter dagegen (zum mindesten äußerlich) gesund. Es ist also ein Viertel der Kinder krank, genau wie bei der gewöhnlich rezessiven Vererbung.

Ist der Vater krank, und die Mutter äußerlich gesund, so bestehen zwei Möglichkeiten: entweder die Mutter ist wirklich gesund, oder sie ist eine Heterozygote wie in dem eben besprochenen Fall. Ist der Vater krank, und die Mutter erbgesund, so sind sämtliche Kinder gesund, wenn auch sämtliche Töchter die Krankheitsanlage rezessiv in sich bergen:

WW ⋊⋉ W,w (gesundes Weib ⋊⋉ kranker Mann)

Geschlechtszellen 1. W

2. W, oder w

Kombinationsergebnis: W,W (gesundes Weib)
Ww (gesunder Mann)

Da die Töchter sämtlich heterozygot sind, so werden bei ihrer Ehe mit einem gesunden Mann, wie wir soeben gesehen haben, die Hälfte ihrer Söhne krank sein; die Mütter werden hier also als sog. Konduktoren wirken:

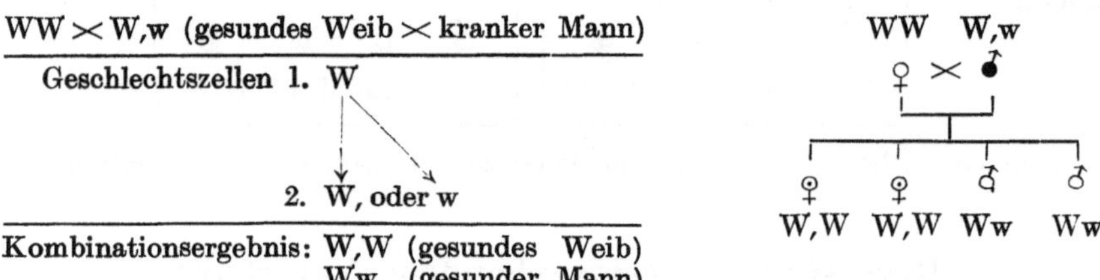

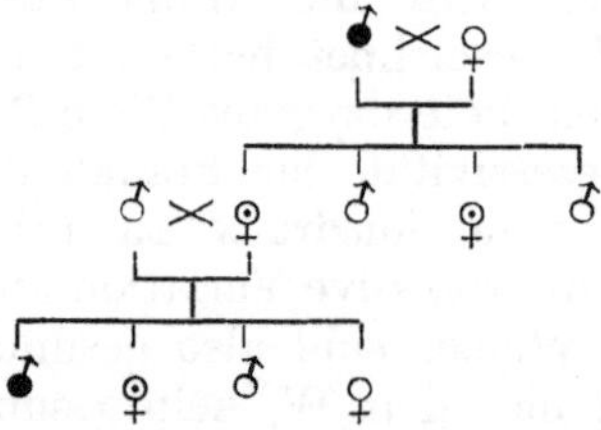

Abb. 59.   Rezessiv-geschlechtsgebundene Vererbung.

Nur dann kann ein Mann auch kranke Söhne haben, wenn er zufällig ein solches Konduktorweib, das die gleiche Krankheitsanlage führt, heiratet:

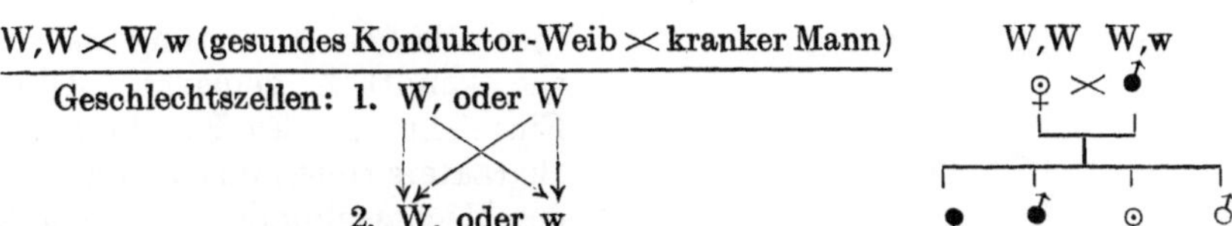

W,W ✕ W,w (gesundes Konduktor-Weib ✕ kranker Mann)

Geschlechtszellen: 1. W, oder W

2. W, oder w

Kombinationsergebnisse: W,W (homozygot krankes Weib)
W,w (kranker Mann)
W,W (gesundes Weib)
Ww (gesunder Mann)

Der Fall, daß beide Eltern die gleiche rezessiv-geschlechtsgebundene Erbkrankheit haben, wird in praxi nur außerordentlich selten vorkommen, um so mehr als ja bei den rezessiv-geschlechtsgebundenen Krankheiten manifest kranke Weiber an sich schon sehr viel seltener sind, als kranke Männer; denn nur homozygot kranke Weiber sind ja auch äußerlich krank. Sollten trotzdem zwei manifest kranke Individuen sich einmal heiraten, so müßten ihre sämtlichen Kinder von dem gleichen Leiden befallen sein, genau wie wir es bei den gewöhnlich rezessiven Erbkrankheiten gesehen hatten.

D-Tafeln bei rezessiv-geschlechtsgebundenen Krankheiten. Dem rezessiv-geschlechtsgebundenen Vererbungsmodus folgen z. B. die Farben-

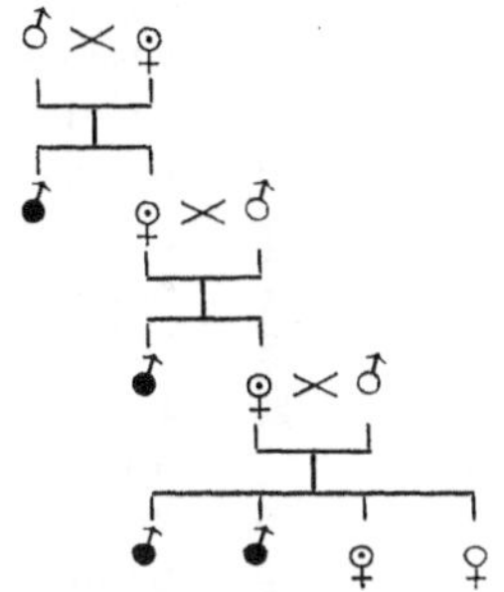

Abb. 60. Friedreichsche Ataxie nach Brandenberg.

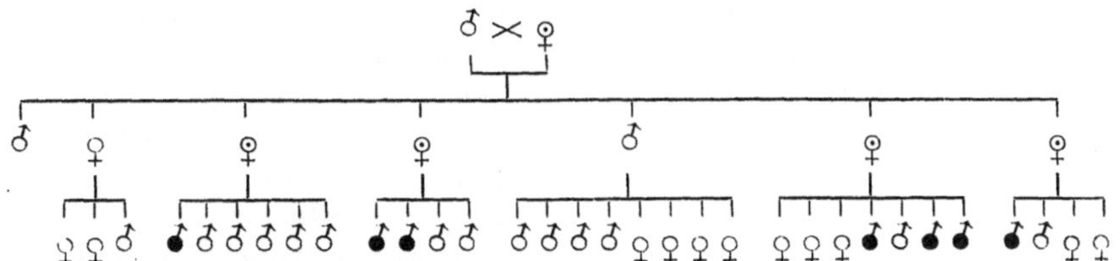

Abb. 61. Epidermolysis bullosa traumatica nach Mendes da Costa.

blindheit, die myopische Hemeralopie, Fälle von Friedreichscher Ataxie, der mit Nystagmus verbundene Albinismus des Auges, die Atrophia nervi optici. Abb. 60 und 61 demonstrieren das eigenartige Auftreten solcher Leiden; die Konduktoren sind wiederum entsprechend der

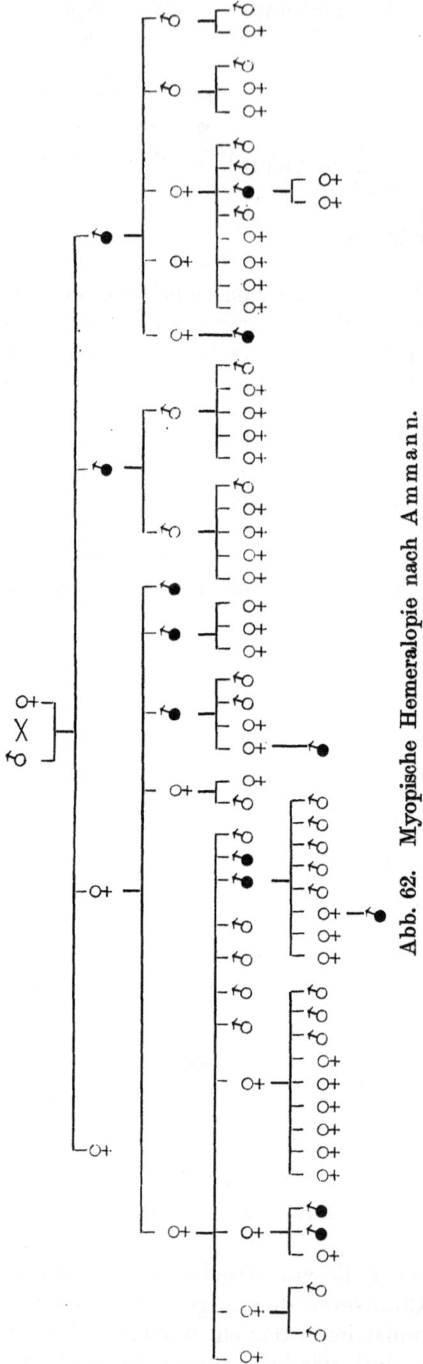

Abb. 62. Myopische Hemeralopie nach Ammann.

theoretischen Erwartung als solche kenntlich gemacht. Ohne Einzeichnung des Konduktorencharakters treten uns die rezessiv-geschlechtsgebundenen Krankheiten so entgegen, wie es uns Abb. 62 veranschaulicht. Besonders charakteristisch ist die Vererbung vom Großvater über die Mutter auf den Enkel, oder vom Großvater über die Mutter und deren Tochter auf den Urenkel.

Wenn bei rezessiven Krankheiten einer der Eltern zweimal heiratet, so kommt es häufig vor, daß kranke Kinder nur aus einer dieser Ehen hervorgehen, während die Sprößlinge der anderen Ehe sämtlich gesund sind (vgl. Abb. 52). Dieses Verhalten erklärt sich, wie wir gesehen hatten, einfach dadurch, daß dort, wo rezessive Erbkrankheiten auftreten, beide Eltern die betreffende Krankheitsanlage besitzen müssen; ein mit der Krankheitsanlage behafteter Elter hat aber bei der Seltenheit der meisten rezessiven Erbkrankheiten natürlich nur eine äußerst geringe Wahrscheinlichkeit, bei wiederholter Verehelichung in beiden Fällen einen Ehepartner mit der gleichen rezessiven Anlage zu bekommen. Im Gegensatz zu diesem Verhalten bei rezessiven Krankheiten haben bei der rezessiv-geschlechtsbegrenzten Vererbung die Söhne eines Konduktorweibes, die zweimal verheiratet ist, in beiden Ehen die gleichen Aussichten, das erbliche Leiden zu erhalten, weil ja die krankhafte Erbanlage hier allein von der Mutter stammt, während die Väter auch idiotypisch gesund sind. Ebenso haben die Töchter eines Kon-

duktorweibes, welche zweimal gesunde Männer geheiratet hat, in beiden
Ehen ihrer Mutter eine gleich große Aussicht, auch ihrerseits Konduktoren zu sein.   Diese Tatsache demonstriert sehr schön Abb. 63:

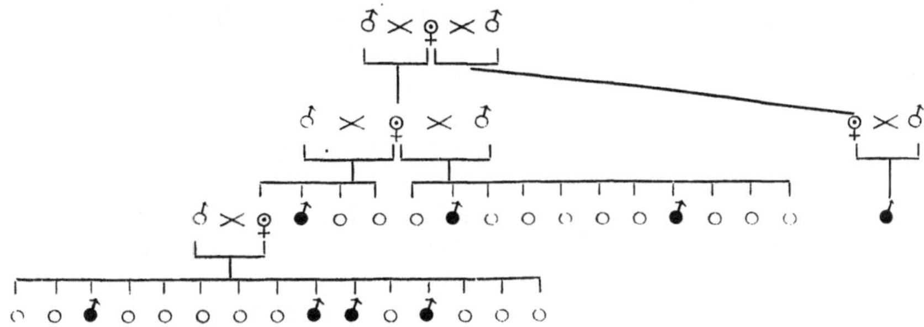

Abb. 63. Anidrosis mit Oligotrichie und Zahndefekten
nach Wechselmann und Loewy[1]).

Die Hämophilie.   Ein besonderes Verhalten zeigt die Hämophilie
(und auch die Atrophia nervi optici), insofern als bei diesen Leiden
nicht nur die Kinder, sondern auch die Enkel und sämtliche weitere
Nachkommen der behafteten Männer gesund sind, so daß sich die
Krankheit nur durch die Schwestern der Kranken, nicht auch durch
ihre Töchter weiterverbreitet.   Diese Eigentümlichkeit läßt sich am
besten an der bekannten D-Tafel der Familie Mampel demonstrieren
(Abb. 64).   Verfolgt man hier die Nachkommenschaft der hämophilen
Männer, so findet man im Gegensatz zum Erbgang der Hemeralopie
auf Abb. 62 keinen einzigen Bluter darunter.   Die eine scheinbare
Ausnahme von dieser Regel (der erste Bluter von links in der untersten
Reihe) erklärt sich zwanglos durch die Tatsache, daß hier allem Anschein nach die Mutter ein Konduktor war; denn es handelte sich hier
um eine Verwandtenehe, und zwei Brüder der Mutter waren Bluter.
  Warum sich die Hämophilie bezüglich ihrer Vererbung in diesem
einen Punkte anders verhält als die meisten übrigen rezessiv-geschlechtsgebundenen Krankheiten, ist noch nicht völlig aufgeklärt.   Man hat vermutet, daß die Spermatosomen mit der Bluteranlage nicht lebensfähig
seien.   Andererseits hat man den Verdacht ausgesprochen, daß die
Erscheinung nur auf einer Täuschung beruhe, welche dadurch zustande
kommt, daß die Bluter meist jung sterben und daher selten überhaupt
Nachkommen haben.   Eine sorgfältige Beobachtung neuer Fälle wird
uns in Zukunft wohl in den Stand setzen, dieses interessante Problem
zu lösen.
  Geschlechtsgebundene   und   geschlechtsbegrenzte   Vererbung.
Wir haben, einem Vorschlage von Morgan folgend, die soeben besprochenen Vererbungsmodi nicht als geschlechtsbegrenzt, sondern

---

[1]) Die genaue Reihenfolge der gesunden und kranken Kinder in den einzelnen
Geschwisterschaften ist nicht bekannt.

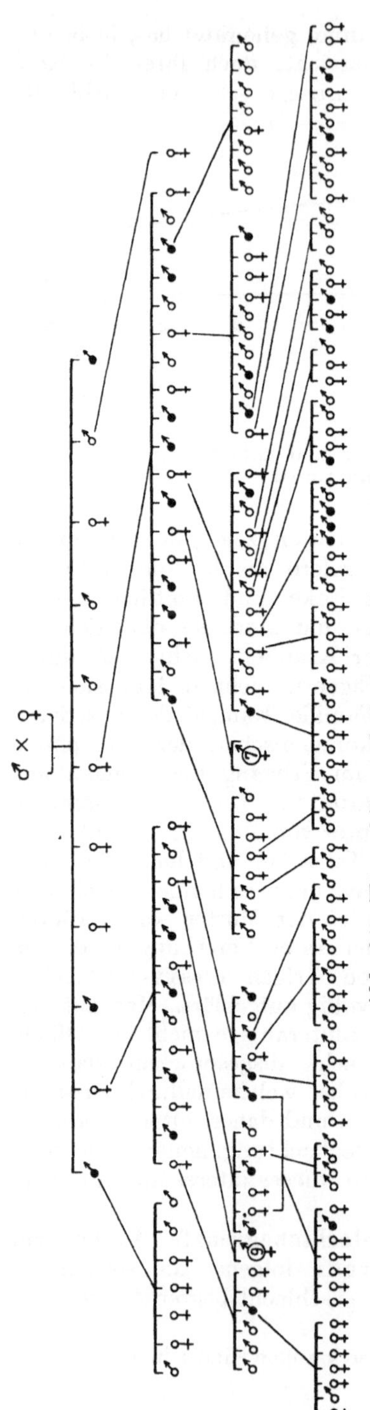

Abb. 64. Hämophilie nach Lossen (Familie Mampel).

als geschlechtsgebunden bezeichnet, weil bei diesen Arten der Vererbung im Prinzip ja stets beide Geschlechter befallen sind, wenn auch in einer z. T. sehr verschiedenen Häufigkeit; eine wirkliche Begrenzung auf ein Geschlecht liegt also nicht vor, wohl aber eine gewisse Bindung an eins der Geschlechter. Eine wirklich geschlechtsbegrenzte Vererbung liegt dagegen oft vor bei dem gleich zu besprechenden Vererbungsmodus (z. B. bei der Hypospadie). Der Versuch zwischen dominant-geschlechtsgebundener und rezessiv-geschlechtsgebundener Vererbung einerseits und dominant-geschlechtsbegrenzter und rezessiv-geschlechtsbegrenzter Vererbung (s. nächstes Kapitel) andererseits zu unterscheiden, erscheint uns also recht gut begründet. Bisher ist jedoch der Ausdruck „geschlechtsgebunden“ in der deutschen Literatur noch nicht verwendet worden. Den von uns so bezeichneten Vererbungsmodus pflegte man vielmehr gleichfalls als „geschlechtsbegrenzt“ zu bezeichnen und dadurch mit dem in den folgenden Kapiteln zu besprechenden terminologisch zusammenzuwerfen. Es erscheint deshalb zur Vermeidung von Mißverständnissen notwendig, auf die Abweichung unserer Terminologie vom bisherigen Sprachgebrauch aufmerksam zu machen.

Übersicht. Eine Zusammenfassung ergibt für die rezessiv-geschlechtsgebundene Vererbung folgende Charakteristika:

Sind beide Eltern (äußerlich) gesund,

so ist die Hälfte der Söhne (also ein Viertel der Kinder) krank.

Ist der Vater krank,
    so sind sämtliche Söhne gesund, sämtliche Töchter Konduktoren.
(Ausnahmsweise könnte bei einem kranken Vater die Mutter
    ein Konduktor sein,
    dann wäre die Hälfte der Söhne und die Hälfte der Töchter
    manifest krank.)
(Ist ausnahmsweise die Mutter krank,
    so sind sämtliche Söhne krank, sämtliche Töchter gesund.)
(Sind beide Eltern krank,
    so sind sämtliche Kinder krank.)
Die Krankheiten sind viel häufiger bei Männern als bei Weibern.
Proband: meist beide Eltern gesund (Mutter Konduktor), beson-
    ders oft der mütterliche Großvater (oder Urgroßvater)
    krank,
    der Regel nach die Hälfte der Brüder, also ein Viertel
    der Geschwister krank,
    der Regel nach sämtliche Kinder gesund.
Probandin: stets Vater krank (und Mutter Konduktor),
    Geschwister mindestens zur Hälfte krank,
    sämtliche Söhne krank, Töchter der Regel nach ge-
    sund.

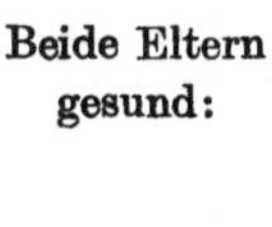
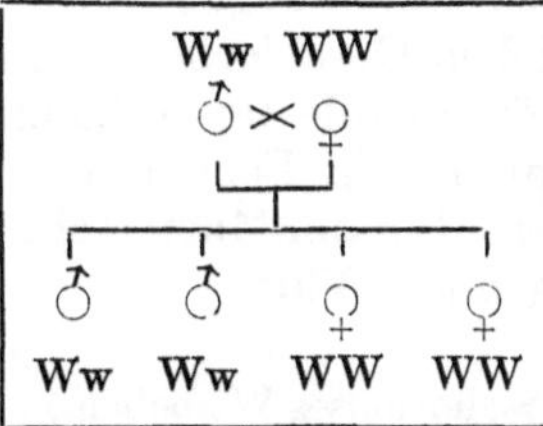
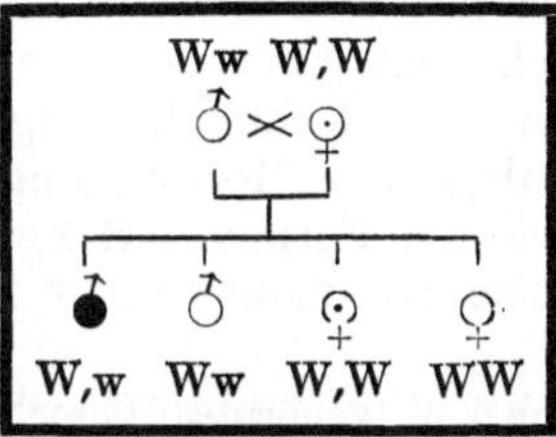
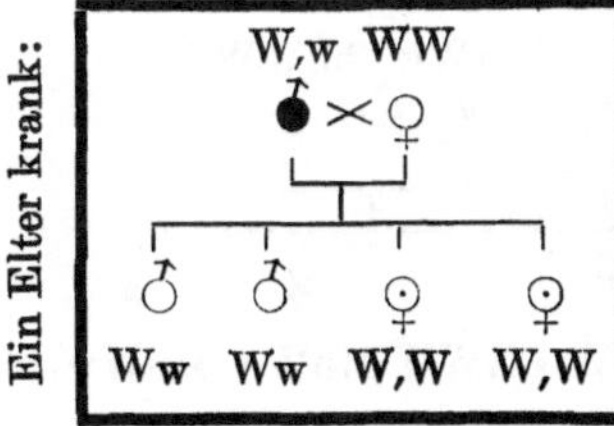
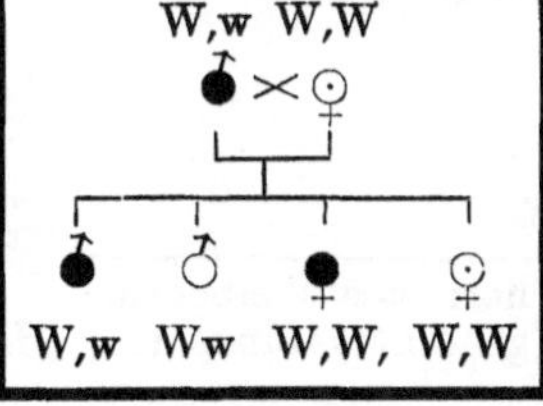
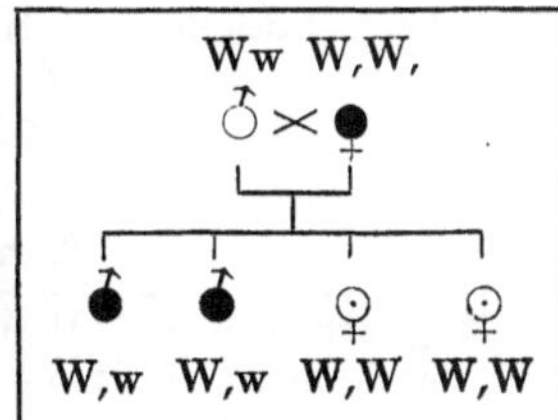
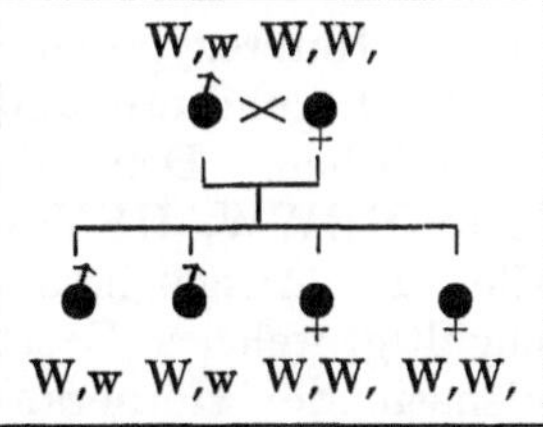

Abb. 65. Übersicht über die rezessiv-geschlechtsgebundene Vererbung.

Dominant-geschlechtsbegrenzte Vererbung.

Zahlenverhältnisse. Von geschlechtsbegrenzter Vererbung kann man da sprechen, wo die Manifestation irgendeiner krankhaften Erbanlage durch das geschlechtsbestimmende Erbanlagenpaar beeinflußt wird, wo also das krankhafte Merkmal gegenüber dem Geschlechtscharakter bei einem Geschlecht hypostatisch ist. Bei diesem Modus der Vererbung sind die krankhaften Erbanlagen zwar in gleicher Anzahl über beide Geschlechter verteilt (im Gegensatz zur geschlechtsgebundenen Vererbung), aber die Manifestation dieser Erbanlagen ist bei einem Geschlecht erschwert oder unmöglich.

Die Geschlechtsbegrenzung kann eine absolute oder eine relative sein. Eine relative Hypostase der Epidermolysisanlage gegenüber dem weiblichen Geschlecht hatte uns schon Abb. 38 gezeigt. Solche relativen Geschlechtsbegrenzungen sind wohl nicht selten, und sind dann schuld an mannigfaltigen Unregelmäßigkeiten der dominanten und der rezessiven Vererbung. Aber es existiert bei manchen Merkmalen auch eine absolute Begrenzung auf eins der beiden Geschlechter. Mit Bestimmtheit hat man ein solches Verhalten bei Tieren nachweisen können. Wenn man z. B. Dorset-Schafe, bei denen beide Geschlechter gehörnt sind, mit den hornlosen Suffolks kreuzt, so sind alle männlichen Lämmer gehörnt, alle weiblichen hornlos. Die Hornanlage der Dorsets erweist sich also, wenn sie heterozygot vorhanden ist, als hypostatisch gegenüber dem weiblichen Geschlecht, während sie beim männlichen Geschlechte sich ungestört manifestieren kann. Bezeichnen wir die Anlage zur Hornbildung mit H, ihr Fehlen mit h, so hat ein Dorset-Bock die Formel HHWw, ein Suffolk-Mutterschaf die Formel hhWW. Die Kreuzung ergibt folgendes Bild:

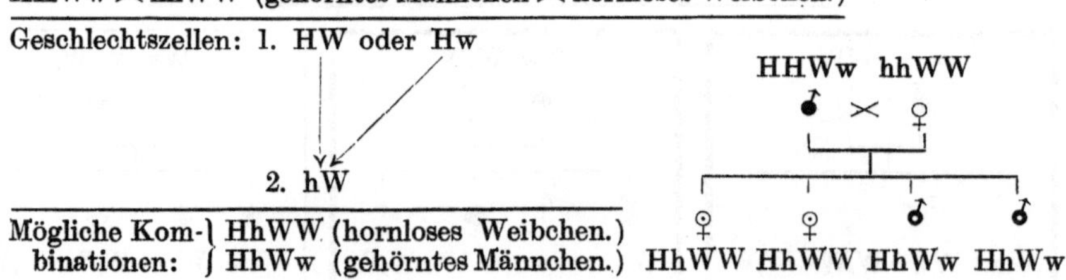

Kreuzt man nun diese Heterozygoten untereinander, so erhält man alle vier Typen, nämlich gehörnte und hornlose Männchen und gehörnte und hornlose Weibchen. Denn die in bezug auf die Hornanlage homozygoten Tiere (HHWW, HHWw und hhWW, hhWw) sind ja im vorliegenden Falle (den Ausgangsrassen entsprechend) gehörnt bzw. ungehörnt, gleichgültig welches Geschlecht vorliegt. Nur bei heterozygotem Vorhandensein der Hörneranlage wird diese durch das Vorhandensein der WW-Anlage an ihrer Entfaltung verhindert.

D-Tafeln bei dominant-geschlechtsbegrenzten Krankheiten. Ob es entsprechende oder ähnliche Verhältnisse auch beim Menschen gibt, ist noch nicht sicher bekannt. Riebold hat die Ansicht ausgesprochen, daß der Kropf diesem Vererbungsmodus folge; freilich kann das, wie ich an anderer Stelle dargelegt habe [1]), nur für die idiotypische sporadische Form der Struma zutreffen, da der endemische Kropf wohl in erster Linie als eine Folge toxisch-infektiöser Einflüsse aufgefaßt werden muß. Von mir ist eine Familie mit sporadischem Kropf beschrieben worden, für welche die Hypothese Riebolds zutreffen könnte (Abb. 66). Da hier, wie bei den seltenen dominanten Krankheiten in der Regel, alle Behafteten Heterozygoten sind, so muß man ererwarten, daß die dominant-geschlechtsbegrenzte Krankheit auch dann im allgemeinen nur bei einem Geschlecht gefunden wird, wenn sie bei homozygotem Vorhandensein der krankhaften Anlage auch beim

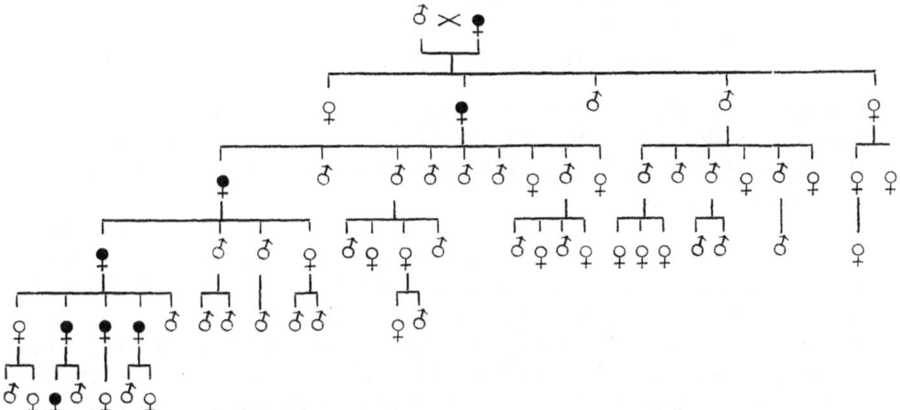

Abb. 66. Idiotypischer sporadischer Kropf. (Eigene Beobachtung.)

andern Geschlecht manifest würde. Innerhalb des befallenen Geschlechts muß sich das Leiden wie eine gewöhnliche Dominante verhalten. Das andere Geschlecht dagegen muß als Konduktor fungieren. Die erste Bedingung trifft für Abb. 66 zu; daß die Hälfte der Brüder der befallenen Weiber Konduktoren sind, ist jedoch aus der D-Tafel dieser Familie nicht ersichtlich. Immerhin könnte auch diese Bedingung erfüllt sein und nur infolge der Kleinheit der Familie keine Gelegenheit gefunden haben, zum Ausdruck zu kommen. Die Annahme, daß der idiotypische sporadische Kropf sich dominant-geschlechtsbegrenzt verhält, ist also möglicherweise richtig, erfordert aber zu ihrer Sicherstellung weitere Forschungen.

Noch relativ am besten gesichert ist das Vorkommen dominant-geschlechtsbegrenzter Vererbung bei gewissen Formen der Hypospadie. Da es sich hier um eine Hemmungsbildung des männlichen Genitales

---

[1]) **Siemens**, Die Erblichkeit des sporadischen Kropfes. Zeitschr. f. indukt. Abstammungs- und Vererbungslehre 18, 65. 1917.

handelt, so ist es nicht weiter verwunderlich, daß sich das Leiden bei
Weibern nicht manifestieren und trotzdem durch sie übertragen wer-
den kann. Die Erbanlage, welche das weibliche Geschlecht bedingt,
unterdrückt also gewissermaßen die Manifestation der Erbanlage für
Hypospadie, verhindert aber nicht ihr Weitertragen auf die nächste
Generation. Als Beispiel für die Erblichkeit der Hypospadie diene
Abb. 67. Die Hypospadie ist hier allerdings nicht nur geschlechts-

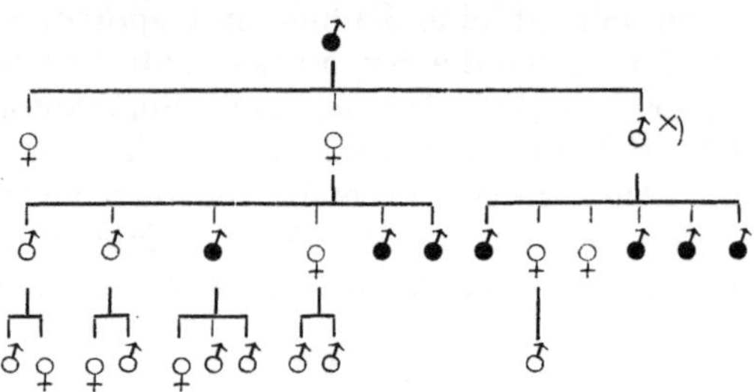

Abb. 67. Hypospadie nach Lesser (Auszug).

begrenzt, sondern sie zeigt auch ausgesprochene Manifestationsschwan-
kungen, da der mit ^{×)} bezeichnete Mann, trotzdem er die krankhafte
Erbanlage auf seine Söhne übertrug, äußerlich keine Anzeichen von
Hypospadie erkennen ließ.

Die Hypospadie kann so hochgradig sein, daß sie die Fortpflanzung unmöglich macht. Auch die hochgradigen Formen aber können
erblich sein; in diesem Falle wird das Leiden, wie es z. B. von Heuermann beobachtet worden ist, nur durch die weiblichen Familienmitglieder, also durch die Schwestern der Behafteten fortgepflanzt. Die
in der medizinischen Literatur häufig vertretene Ansicht, daß Krankheiten, die zu frühem Tode oder zu Fortpflanzungsunfähigkeit führen,
nicht erblich sein können, steht also nicht nur in Widerspruch zu den
Tatsachen der rezessiven Vererbung (Xeroderma pigmentosum, Ichthyosis foetalis) und der rezessiv-geschlechtsgebundenen Vererbung
(Hämophilie); auch mittels des dominant-geschlechtsbegrenzten Modus
ist die Vererbung von Krankheiten möglich, bei denen es die Natur
des Leidens verbietet, daß Behaftete als Krankheitsüberträger funk-
tionieren.

An der Vererbung der idiotypischen sporadischen Struma und der
Hypospadie ließ sich der dominant-geschlechtsbegrenzte Modus ganz
gut demonstrieren. Wirklich sichere Beispiele für diese Art der Krank-
heitsvererbung sind aber nicht bekannt. Die Erforschung dieses Vererbungsmodus beim Menschen befindet sich noch in den ersten Anfängen.

Rezessiv-geschlechtsbegrenzte Vererbung.

Bei der bisher betrachteten geschlechtsbegrenzten Vererbung handelte es sich um eigentlich dominant vererbende Krankheiten, die im
heterozygoten und teils auch im homozygoten Zustande hypostatisch

sind gegenüber dem männlichen bzw. dem weiblichen Geschlecht. Analoges könnte man sich für rezessive Krankheiten theoretisch vorstellen. Man müßte dann die Annahme machen, daß nur die Knaben bzw. nur die Mädchen unter den Individuen, die eine rezessive Erbanlage (wie beispielsweise die zum Xeroderma pigmentosum) homozygot besitzen, auch wirklich manifest krank sind. Ob eine solche rezessiv-geschlechtsbegrenzte Vererbung vorkommt, ist aber vorläufig noch unbekannt.

Vererbung durch den Mannesstamm.

Viel erörtert wurde die Frage, ob es eine besondere Vererbung durch den Mannesstamm gebe, denn eine solche Vererbung würde zur Folge haben, daß sich die betreffenden Erbanlagen in ihrer Verteilung über die Familienmitglieder genau so verhielten, wie es auf Grund unserer namensrechtlichen Gebräuche der Familienname tut. Eine derartige Vererbung konnte aber niemals beobachtet werden. Die Erblichkeit der Habsburger Prognathie erklärt sich z. B. einfach durch gewöhnliche Dominanz, bei welcher das Auftreten der bestimmten Erbanlage innerhalb einer Familie durch zahlreiche Verwandtenehen noch weiter. gehäuft wurde.

Theoretisch würde eine Vererbung durch den Mannesstamm denkbar sein, wenn an der w-Erbeinheit eine Anlage w' aufträte, die über den W-Paarling dominiert:

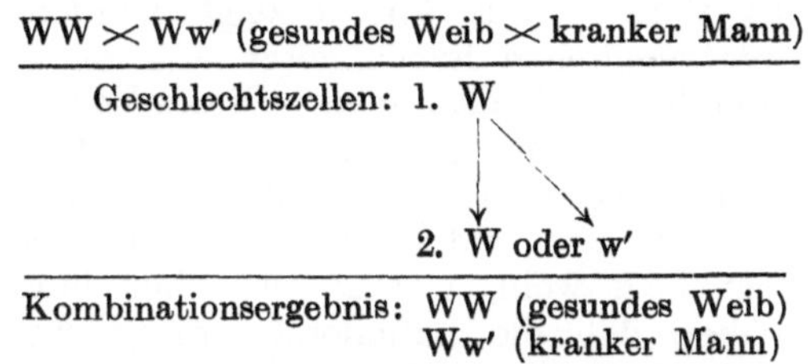

Sämtliche Söhne des kranken Vaters würden also in diesem Falle mit der gleichen Krankheit behaftet sein, das weibliche Geschlecht wäre aber in jedem Falle frei.

Daß ein derartiger Vererbungsmodus beim Menschen vorkommt, ist jedoch schon deshalb nicht wahrscheinlich, weil, soweit die bisherigen Beobachtungen reichen, ein morphologisches Substrat für die w-Einheit überhaupt nicht existiert. Wie wir in dem Kapitel über die cytologischen Grundlagen der Vererbungslehre gesehen haben, steht ja beim Menschen den X-Chromosomen nicht je ein Y-Chromosom gegenüber, wie es bei manchen anderen Organismenformen der Fall ist. Eine über W dominante Anlage an einer w-Einheit könnte also offenbar erst dann entstehen, wenn diese w-Einheit als morphologische Substanz zuvor selbst entstünde, d. h. also, wenn ein Y-Chromosom neu aufträte. Bei der Konstanz, die das Fehlen des Y-Chro-

mosoms innerhalb der Klasse der Säugetiere zu zeigen scheint, muß
es aber als sehr fraglich bezeichnet werden, ob man das Auftreten
eines solchen Chromosoms beim Menschen als Ursache individueller
idiotypischer Krankhaftigkeit annehmen darf.

Vererbung durch den Weibesstamm.

Auch eine besonders durch den Weibesstamm fortschreitende Vererbung hat man vermutet. Die rezessiv-geschlechtsgebundene Vererbung kann ja wohl als ein Spezialfall eines solchen Vererbungsmodus
aufgefaßt werden. Andere in dieser Richtung gehende Theorien sind
jedoch nicht genügend durch Erfahrungen begründet, um in einem Lehr-
buche besondere Beachtung zu verdienen.

Polyide Vererbung.

Die experimentelle Vererbungsforschung bietet uns wenig Anhaltspunkte für die Annahme, daß Erbkrankheiten, die von mehreren selbständig mendelnden pathologischen Erbanlagepaaren zugleich abhängen, häufiger vorkommen. Offenbar haben diese komplizierteren
Erblichkeitsmodi für die menschliche Vererbungspathologie nur eine
geringe Bedeutung. Sollte aber doch einmal ein erbliches Leiden von
zwei pathologischen Anlagepaaren zugleich abhängen, so würde sich
seine Vererbung selten direkt gestalten, würde also dem rezessiven
Vererbungsmodus ähneln. Wie Abb. 5 zeigt, würden bei Abhängigkeit von zwei pathologischen Erbeinheiten $^1/_{16}$ der Kinder gesunder
Eltern die betreffende Krankheit zeigen. Dieses Verhältnis hat Rüdin
bei den Geschwistern Dementia praecox-Kranker gefunden, und er hat
deshalb in Erwägung gezogen, ob nicht die Dementia praecox ein
„dihybrides" d. h. von zwei autonomen Erbanlagepaaren abhängiges
Leiden sei. Doch liegt wohl, worauf wir schon hingewiesen haben,
die Annahme näher, daß die auffallend geringe Zahl kranker Geschwister bei Dementia praecox nicht in einem derartig komplizierten
Vererbungsmechanismus ihren Grund hat, sondern daß eine Anzahl
der in das Symptomenbild der Dementia praecox gehörenden Fälle
nicht bzw in anderer Art idiotypisch bedingt sind als die einfach
rezessiv vererbenden Formen, so daß durch das Zusammenwerfen aller
dieser klinisch nicht zu sondernden Typen die Zahlenverhältnisse ver-
schoben werden.

Eine ganz andere Sache, die aber auch zur polyiden Vererbung
gerechnet werden kann, ist die Beeinflußbarkeit einer krankhaften
erblichen Anlage durch andere nicht pathologische Erbeinheiten.
Von dieser Erscheinung, die wohl nicht selten Schuld ist an den
Manifestationsschwankungen der nach den verschiedensten Modi erblichen Krankheiten, ist schon an anderer Stelle die Rede gewesen
(S. 127, 128).

Polyphäne Vererbung.

Auch in der menschlichen Vererbungspathologie gibt es Beispiele dafür, daß eine krankhafte Erbanlage gleichzeitig mehrere phänotypische Erscheinungen bewirkt. In gewissem Sinne trifft das schon für die dominant- bzw. rezessiv-geschlechtsgebundenen Krankheiten zu. Denn hier ist die pathologische Erscheinung von der gleichen Erbeinheit abhängig, die das Geschlecht bestimmt, die also die primären und sekundären Geschlechtsmerkmale hervorruft. Es gibt aber in der menschlichen Vererbungspathologie auch Fälle, in denen eine idiotypische Anlage gleichzeitig mehrere pathologische Symptome bedingt. Dies ist z. B. bei der rezessiv-geschlechtsgebundenen Hemeralopie der Fall, da dieses Leiden mit Myopie kompliziert zu sein pflegt. Daß bei Albinismus universalis Augenstörungen die Regel sind, wurde schon erwähnt. Ein weiteres Beispiel polyphäner Vererbung zeigt Abb. 63, auf der Anidrosis, Oligotrichie und Zahndefekte in Korrelation miteinander angetroffen werden. Ein wohl gleichfalls hierher gehöriger Fall aus meiner Beobachtung ist auf Abb. 68 wiedergegeben.

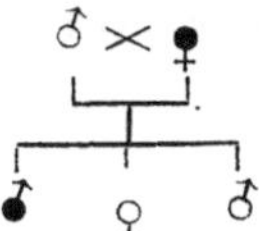

Abb. 68. Keratosis follicularis, Keratosis plantaris, Pachonychien und Lingua plicata. (Eigene Beobachtung.)

Hier fanden sich bei Mutter und Sohn übereinstimmend Keratosis follicularis besonders an Knien und Ellbogen, Keratosis plantaris circumscripta, Pachonychien und Lingua plicata. Ob die Lingua plicata nur eine zufällige Komplikation ist, läßt sich bei der extremen Seltenheit des gesamten Krankheitsbildes freilich nicht sagen.

Heterophäne Vererbung.

Von heterophäner (transformierender, heteromorpher, genereller) Vererbung kann man in solchen Fällen sprechen, in denen sich eine Erbanlage bei den einzelnen damit behafteten Individuen einer Familie in verschiedener Weise phänotypisch manifestiert. So liegt gewissermaßen eine „heterophäne" Vererbung schon dort vor, wo die mit einer krankhaften Erbanlage behafteten Individuen die betreffende erbliche Krankheit bald stärker, bald weniger stark und bald gar nicht ausgeprägt zeigen, dort also, wo infolge Paravariabilität oder infolge Mixovariabilität Manifestationsschwankungen bis zu völligem Fehlen der Manifestation vorkommen. Es gibt aber auch Fälle, in denen die verschiedene phänotypische Ausprägung einer erblichen Anlage scheinbar verschiedene Krankheitsformen, scheinbar also qualitative Unterschiede bei den einzelnen behafteten Mitgliedern einer

Familie bewirkt. In dieser Weise lassen sich z. B. schon die Fälle auffassen, in welchen auf Grund offenbar der gleichen Erbanlage Kolobom der Iris mit Aniridie bei den Mitgliedern ein und derselben Familie abwechselt (Abb. 69); ebenso jene anderen Fälle, in denen die

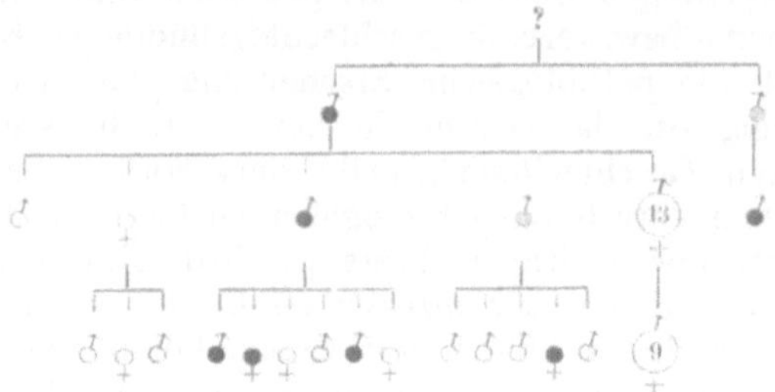

Abb. 69. Aniridie und Colobom (⚥) nach de Beck.

behafteten Individuen bald Hasenscharte, bald Gaumenspalte und bald beide Mißbildungen zugleich aufweisen (Abb. 70). Solche Vorkommnisse sind nicht zu verwechseln mit dem allerdings seltenen Zusammentreffen zweier verschiedener selbständiger Erbkrankheiten

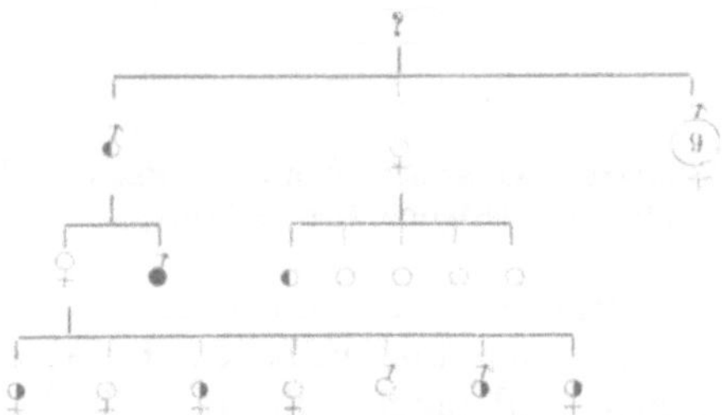

Abb. 70. Hasenscharte (♂) und Gaumenspalte (⚥) nach Raylay.

bei ein und derselben Person. Liegt eine solche Kombination vor, so wird in den folgenden Generationen mehr oder weniger rasch eine Trennung und isolierte Weitervererbung der beiden Leiden erfolgen (Abb. 71).

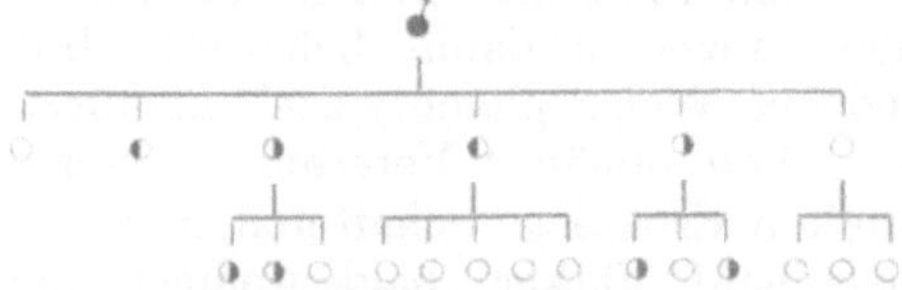

Abb. 71. Hypertrichosis (⚥) und Fehlen bzw. Überzahl von Schneidezähnen (⚥)
nach Michelson.

Noch sicherer sind solche Fälle zur heterophänen Vererbung zu rechnen, in denen die verschiedenen Grade der phänotypischen Manifestation eines anscheinend einheitlichen Krankheitsprozesses sich an verschiedenen

Körperteilen und Organen abspielen. Ein Beispiel hierfür bildet der an die tuberöse Gehirnsklerose sich angliedernde Symptomenkomplex. Man findet nämlich nicht nur bei den an tuberöser Sklerose leidenden Individuen, sondern auch unter ihren im übrigen gesunden Verwandten verschiedene besondere Formen von Naevi, das sog. Adenoma sebaceum oder geschwulstartige Mißbildungen in Herz und Nieren. So wurde in einem Fall der Großvater an Nierengeschwülsten operiert, der Vater litt an tuberöser Hirnsklerose, Nierengeschwülsten (multiplen Mischtumoren), gehäuften Naevi und Adenoma sebaceum, die Tochter gleichfalls an Hirnsklerose, Naevi, Adenom und Nierentumor (Angiofibrom) (Abb. 72).

In einem Falle meiner Beobachtung waren beim Großvater und bei einer Schwester des Probanden gehäufte Naevi (Fibromata pendula colli) zu konstatieren, während die Mutter ein stark entwickeltes Adenoma sebaceum mit Halsfibromen zeigte. Der Proband litt vor-

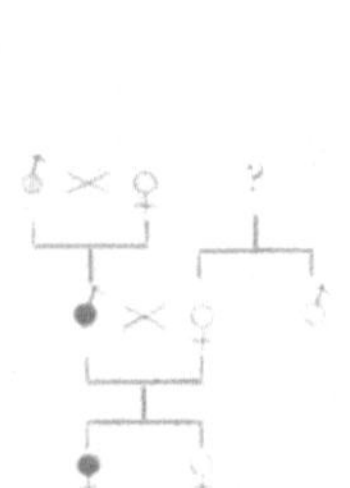

Abb. 72. Tuberöse
Sklerose nach Berg.

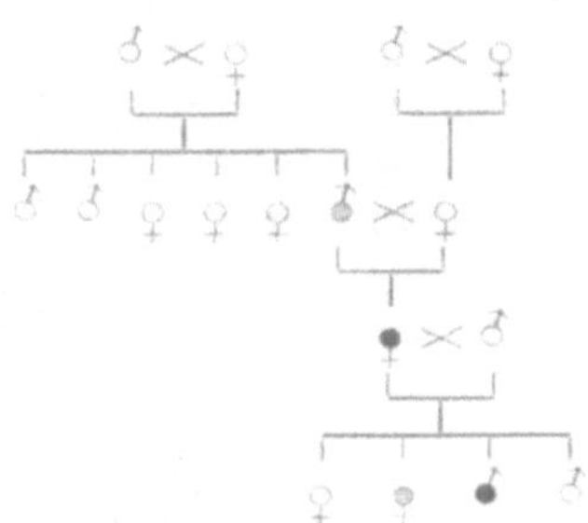

Abb. 73. Tuberöse Sklerose.
(Eigene Beobachtung.)

übergehend an Krämpfen, hatte gleichfalls zahlreiche gestielte Fibrömchen am Halse, leichten Schwachsinn und Adenoma sebaceum, so daß die Diagnose der tuberösen Sklerose gesichert war.

Derartige Fälle, in denen wir Gründe zu der Annahme haben, daß ein einheitlicher erblicher Prozeß zu klinisch verschiedenen Krankheitsbildern führt, bilden den Übergang zu der heterophänen Vererbung im engsten Sinne des Wortes. Denn bisher wandte man die Ausdrücke „transformierende Vererbung" u. dgl. vornehmlich auf solche Fälle an, in denen man glaubte, für wirklich differente Krankheiten, die oft bei verschiedenen Mitgliedern der gleichen Familie auftreten, eine gemeinsame idiotypische Ursache vermuten zu dürfen.

Ob diese Hypothese in einzelnen Fällen berechtigt ist, läßt sich vorläufig noch nicht mit Bestimmtheit sagen. Besonders suchte man mit ihr die Tatsache zu erklären, daß Gicht, Diabetes und Fettsucht so häufig bei verschiedenen Mitgliedern der gleichen Familien angetroffen werden. Man stellte sich dann die Sache so vor, daß diesen drei Krankheiten die gleiche Erbanlage zugrunde liegt, und daß sich dieselbe je nach den gerade wirkenden Außenfaktoren und je nach den gerade vorhandenen anderen Erbanlagen bei den einzelnen behafteten Individuen bald als Gicht, bald als Diabetes und bald als Fettsucht oder schließlich als eine Kombination dieser Leiden manifestiert. Entsprechende Stammbäume sind schon mehrfach veröffentlicht.

Die heterophäne Vererbung ist für viele komplizierte und rätselhafte Dinge eine höchst wohlfeile Erklärungsart. Aus diesem Grunde ist mit ihr schon viel Unfug getrieben worden. Ich möchte nur einen von einem amerikanischen Autor veröffentlichten Stammbaum anführen (Abb. 74). Die Pneumonie ist bekanntlich eine so häufige Erkrankung, daß ihr gelegentliches Auftreten bei drei Schwestern nicht besonders auffällig ist. Daß sich Tuberkulose in der gleichen Familie

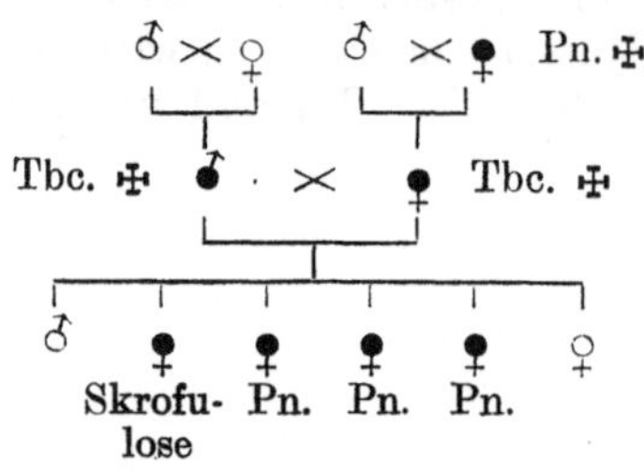

Abb. 74. Pneumonie und Tuberkulose.

nachweisen läßt, ist erst recht nicht verwunderlich, denn die Schwindsucht gehört ja zu den verbreitetsten Krankheiten, die es überhaupt gibt. Auch ist sie infolge ihrer Kontagiosität, wie eine statistische Arbeit von Weinberg gezeigt hat, bei Ehegatten häufiger anzutreffen als der Erwartung entspricht. Konstruiert man also aus der gelegentlichen Kombination solcher alltäglicher Erkrankungen in einer Familie gleich komplizierte vererbungsbiologische Zusammenhänge, so dient man damit kaum dem Fortschritt der Vererbungspathologie, sondern man läuft Gefahr, einen gräßlichen Dilettantismus zu züchten, der für alle außergewöhnlichen Fälle sofort mit einer Reihe billiger „Hilfshypothesen" zur Hand ist.

Nicht selten wird die Existenz einer heterophänen Vererbung überhaupt bestritten. Doch ist dies wohl nur als eine Zurückweisung der mehrfach vertretenen Auffassung zu verstehen, nach welcher die Erbanlagen selbst eine immerwährende Umwandlung mit nachfolgender Wiederherstellung ihrer ursprünglichen Form erleiden sollen. An dieser fehlerhaften Auffassung tragen wohl Ausdrücke wie „transformierende Vererbung" einen Teil der Schuld. Eine solche Transformierung der Erbanlagen ist aber nach allem, was uns die experimentelle Vererbungsforschung gelehrt hat, einfach undenkbar. Es empfiehlt sich deshalb die Bezeichnung „heterophäne" Vererbung anzuwenden, in der schon terminologisch zum Ausdruck kommt, daß hier das, was wechselt, eben der Phänotypus ist. Eine „hetero-ide" Vererbung wäre dagegen eine contradictio in adjecto, denn die Vererbung, die Idiophorie, ist ja ein Vorgang, welcher die idiotypischen Einheiten nicht verändert, sondern im Gegenteil in ihrer ursprünglichen Form durch die Reihe der Generationen erhält; die Veränderung des Idiotypus ist allein Sache der Idiokinese, der „Erbänderung".

Die Ursache der heterophänen Vererbung ist also keine Wandlung der Erbanlagen, sondern wir müssen die Gründe dieser Vererbung in

Wandlungen der Entfaltungsbedingungen einer bestimmten Erbeinheit suchen. Wir müssen uns also eine Erbanlage vorstellen, die in ganz außergewöhnlich hohem Grade und in ganz eigenartiger Weise paravariabel oder mixovariabel ist. Wir fassen also unter der Bezeichnung „heterophäne Vererbung" vorläufig alle jene, meist noch unklaren Fälle zusammen, in denen bei verschiedenen Individuen mit einer vermutlich gleichen Krankheitsanlage die phänotypische Manifestation derselben qualitativ verschiedene Resultate gibt.

Verschiedene Vererbungsmodi bei einer Krankheit.

Eine besonders interessante und bisher noch zu wenig beachtete Erscheinung liegt darin, daß viele menschliche Erbkrankheiten nicht einem einheitlichen Vererbungsmodus folgen, sondern, daß die anscheinend gleiche erbliche Krankheit in der einen Familie sich bezüglich ihrer Vererbung anders verhält als in der anderen Familie. Nicht selten weicht allerdings dabei auch das klinische Bild des Leidens in den verschiedenen Familien etwas voneinander ab; häufig jedoch suchen wir solche klinischen Unterschiede vergeblich,

Fälle, in denen erbliche Krankheiten, die sich klinisch nahestehen, aber sich doch noch voneinander differenzieren lassen, einem verschiedenen Vererbungsmodus folgen, sind mehrfach bekannt geworden. So ist der partielle Albinismus sehr häufig dominant, der universelle wohl immer rezessiv. Von der Hemeralopie gibt es eine unkomplizierte Form, die sich streng dominant vererbt (Abb. 41), und eine mit Myopie kombinierte, die sich rezessiv-geschlechtsgebunden verhält (Abb. 62). Ähnlich liegen die Verhältnisse bei der Ectopia lentis et pupillae, von der Strebel und Steiger einen klinisch eigentümlichen, mit Herzfehlern kombinierten, dominant erblichen Fall beschreiben konnten, während das Leiden sonst, wie ich an anderer Stelle zeigen konnte, höchstwahrscheinlich den rezessiven Erbkrankheiten zuzurechnen ist.

Häufig sind auch die Fälle, in denen eine scheinbar einheitliche Krankheit bald erblich, bald durch äußere Faktoren bedingt auftritt. Dies ist z. B. beim Kropf der Fall, da wir Gründe genug zu der Annahme haben, daß der endemische Kropf eine Infektions- oder Intoxikationskrankheit ist, während es andererseits sicher Formen des sporadischen Kropfes gibt, die sich nach einem der gewöhnlichen Dominanz nahestehenden Modus vererben (Abb. 66). Das gleiche gilt für Coloboma iridis und für Mikrophthalmus. Von diesen oft ausgesprochen erblichen Leiden konnte Pagenstecher durch Naphthalinverfütterung an trächtige Kaninchen bei deren Nachkommen paratypische, nämlich nichterbliche Formen erzeugen. Auch von der Taubstummheit gibt es, wie schon erwähnt wurde, idiotypische und paratypische Formen, und für die Epilepsie gilt bekanntermaßen dasselbe, was schon die Abtrennung der „genuinen Epilepsie" von den anderen Epilepsieformen andeutet; freilich braucht auch die genuine

Epilepsie noch lange kein ätiologisch einheitliches Krankheitsbild zu sein.

Bei manchen Krankheiten zeigen die Erblichkeitsverhältnisse ein besonders krauses und wirres Bild. Das ist z. B. bei der Epidermolysis bullosa traumatica der Fall. Klinisch trennen wir eine Epidermolysis simplex von einer Epidermolysis dystrophica, welche sich von der ersteren Form besonders durch ihre Neigung zu Narbenbildung und zu Verkümmerung und Abfall der Nägel unterscheidet. Die Simplex-Formen vererben sich nun im allgemeinen dominant, die Dystrophica-Formen, wie ich an anderer Stelle gezeigt habe [1], rezessiv. Aber es scheint auch dystrophische Fälle zu geben, die dominant, und selbst solche, die rezessiv-geschlechtsgebunden vererben (Abb. 61). Und unter den Simplex-Fällen herrschen bezüglich der Regelmäßigkeit der Dominanz große Verschiedenheiten, was schon die Abb. 33 und 38 demonstrierten. Schließlich kann man nun auch noch Fälle von Epidermolysis finden, die ihre Entstehung anscheinend einem äußeren Einfluß verdanken (z. B. durch Jodoformgebrauch) und die jede Spur von Erblichkeit vermissen lassen. Ganz ähnlich liegen die Verhältnisse bei der Keratosis palmaris et plantaris.

Aus diesen Tatsachen müssen wir die Lehre ziehen, daß wir niemals glauben dürfen, durch Feststellung der Erblichkeit einer bestimmten Krankheit innerhalb einer bestimmten Familie nunmehr den Erblichkeitsmodus dieses Leidens ein für alle Mal gesichert zu haben. In anderen Familien kann sich das scheinbar gleiche Leiden in seiner Vererbung wesentlich anders verhalten, und es bedarf deshalb noch sehr gründlicher Einzelforschung, bis wir über die Vererbung einer einzelnen Krankheit, wie der Epidermolysis bullosa, Abschließendes sagen können.

Richtlinien für das Sammeln von vererbungswissenschaftlichem Material.

Wenn man über die Vererbungsverhältnisse bei einer Krankheit Klarheit erhalten will, so ist es nötig, nicht nur solche Fälle in den Kreis der Beobachtung zu ziehen, bei denen das betreffende Leiden in besonders auffälliger familiärer Häufung vorkommt, sondern alle Fälle in gleicher Weise und mit gleicher Gewissenhaftigkeit zu registrieren. Durch das Auswählen der „interessanten Fälle", d. h. der Fälle mit besonders großer Erkrankungshäufigkeit, muß natürlich ein falsches Bild von den tatsächlichen Verhältnissen entstehen; wir erhalten dadurch ein einseitig ausgelesenes Material, in dem vor allen Dingen im Verhältnis zu den Gesunden viel zu viel Kranke gefunden werden. Aus diesem Grunde wird vererbungskasuistisches Literaturmaterial bei Auszählung der Mendelschen Proportionen stets mehr

---

[1] Siemens, Über Vorkommen und Bedeutung der gehäuften Blutsverwandtschaft der Eltern bei den Dermatosen. Arch. f. Derm. 132. 1921.

kranke Familienmitglieder aufweisen, als theoretisch zu erwarten wären, weil eben die „interessanten" Fälle mehr Aussicht haben, zur Publikation zu kommen als die übrigen.

Sucht man zur Aufstellung einer großen D-Tafel zu gelangen, was bei dominanten, rezessiv-geschlechtsbegrenzten und ähnlichen Vererbungsmodi stets unser Ziel sein wird, so ist es von großer Wichtigkeit, die anscheinend normalen Zweige der Familie mit derselben Sorgfalt zu durchforschen wie die anderen.

Bei rezessiven Leiden würde man, wie wir sahen, auch durch die genaueste Durchforschung der entfernteren Verwandtschaft meist keinen Schritt vorwärts kommen. Hier muß man deshalb seine Aufmerksamkeit auf Eltern und Geschwister des Probanden konzentrieren. Nicht unwichtig ist es, dabei festzustellen, ob die Eltern noch leben, bzw. ob sie der Proband noch gekannt hat, weil man hierdurch ein gewisses Urteil über die Sicherheit der anamnestischen Angaben gewinnen kann. Auch die Erkundung des sozialen Milieus, dem der Proband entstammt, kann wegen des „pater semper incertus" von Interesse sein. Bei Leiden, die nicht angeboren sind, muß auch die Stellung des Probanden und überhaupt der befallenen Individuen innerhalb der Geschwisterreihe verzeichnet werden, weil dann, wenn z. B. der Proband das jüngste Kind ist, das Freisein der Geschwister viel mehr ins Gewicht fällt, als wenn er das älteste Kind ist, und man infolgedessen einen späteren Ausbruch desselben Leidens bei den Geschwistern mit viel größerer Wahrscheinlichkeit noch erwarten, oder wenigstens für möglich halten muß. Aus entsprechenden Gründen ist das Alter der noch lebenden Geschwister sowie das Todesalter der verstorbenen stets von Wichtigkeit. Nie sollte man bei der Aufstellung einer D-Tafel oder auch nur einer Geschwisterschaft unterlassen, den Probanden, der die Veranlassung zur Erforschung der Familie gegeben hat, besonders kenntlich zu machen.

Ein Punkt, der leider noch oft übersehen wird, ist die Frage nach der Blutsverwandtschaft der Eltern; diese Frage sollte niemals unterlassen werden, wo eine Vererbung nach dem rezessiven oder einem ähnlichen Modus nur irgendwie in Betracht kommen kann.

Im übrigen sind natürlich solche Aufzeichnungen erwünscht, die in jedem Punkte möglichst genau und erschöpfend sind. Wo es irgend angängig ist, sollte Geschlecht und Alter aller verzeichneten Personen angegeben werden. Bei Krankheiten, die nicht angeboren sind, ist der Zeitpunkt ihres ersten Auftretens von besonderer Wichtigkeit. Erwünscht sind auch Angaben über die anthropologischen Verhältnisse, die Rassenzugehörigkeit und die Herstammung der behafteten Individuen, da zwischen diesen Dingen und manchen erblichen Krankheiten offenbar Beziehungen bestehen. So werden z. B. bei den Juden Xeroderma pigmentosum, Dementia praecox und Diabetes melitus angeblich besonders häufig gefunden (was sich aber vielleicht nicht durch eine sog. „Degeneration" der Juden, d. h. durch eine größere Häufigkeit der betreffenden rezessiven Erbanlagen, sondern

einfach durch die größere Häufigkeit der näheren und entfernteren
Verwandtschaftsehen, also durch eine häufigere Manifestierung, erklärt).
Von der Epidermolysis bullosa traumatica — wenigstens der Simplex-
Form — wurde bis vor kurzem behauptet, daß sie nur bei Deutschen
bzw. bei Personen deutscher Abstammung anzutreffen sei; und wenn
auch neuerdings Fälle bei Japanern und sogar bei Negern beschrieben
worden sind, so bleibt doch vorläufig die Tatsache bestehen, daß das
Leiden bei Deutschen besonders häufig beobachtet wurde. Freilich
ließe sich diese Tatsache vielleicht auch dadurch erklären, daß man
der Epidermolysis bisher in Deutschland, dem Lande ihrer Entdeckung,
größere Aufmerksamkeit geschenkt hat als anderswo. Ob hierdurch
die ganze Differenz in der Häufigkeit des Leidens bei Deutschen und
bei Nichtdeutschen erklärt werden kann, muß allerdings bezweifelt
werden.

Die Gründlichkeit, welche bei der Aufstellung vererbungsbiologisch
interessierender Verwandtschaftstafeln erwünscht ist, erfordert Zeit
und Geld. Denn ein Stammbaum, der den Erbgang eines Leidens
demonstriert, wird natürlich an Wert sehr dadurch gewinnen, wenn
sämtliche lebende Personen, die er enthält, vom Autor in Augenschein
genommen und nicht nur auf Grund der stets unzuverlässigen familien-
anamnestischen Angaben verzeichnet sind. Aus diesem Grunde würde
besonders dann bei uns ein wirklicher Fortschritt im Sammeln vererbungspathologischen Materials erzielt werden, wenn es gelänge, nach
amerikanischem Muster „field-workers" (etwa: vererbungswissenschaft-
liche Hilfsarbeiterinnen) an unseren großen Kliniken anzustellen, d. h.
Personen, welche die Erforschung bestimmter Familien, die ihnen
bezeichnet werden, von Berufs wegen betreiben. Denn der Arzt wird
kaum Zeit haben, die hierzu meist notwendigen Reisen selbst aus-
zuführen.

Die Auszählung der Mendelschen Proportionen.

Den Fortschritten unserer Erkenntnis in bezug auf die Erblichkeit vieler Krankheiten steht vielfach der Umstand entgegen, daß bei
der Auszählung der Mendelschen Proportionen, d. h. des Verhältnisses
der Kranken zu den Gesunden, unzulängliche Methoden angewandt
werden. Die Unzulänglichkeit der Methodik kann sich erstens auf
die Auswahl des Materials beziehen, an dem man die Auszählung vor-
nimmt, und zweitens auf die Durchführung dieser Auszählung selbst.

Was zuerst das Material betrifft, so hat sich mit der Zeit immer
deutlicher gezeigt, daß besonders die Verwendung von Literaturmaterial schwere Bedenken hat. Denn die Autoren pflegen sich besonders leicht in solchen Fällen zu einer Publikation zu entschließen,
wo sie in einer Familie ein bestimmtes Leiden in auffälliger Häufung
antreffen (sogenannte literarisch-kasuistische Auslese). So versteht es
sich von selbst, daß wir in diesen publizierten Familien mehr Kranke
antreffen müssen als den wahren Durchschnittsverhältnissen entspricht.

Diese Unzulänglichkeiten des Materials dürfen erst dann als völlig beseitigt gelten, wenn sämtliche mit einer bestimmten Krankheit behaftete Individuen innerhalb einer Bevölkerung durch die Beobachtung erfaßt werden (wie in dem Myoclonusepilepsie-Material Lundborgs), oder wenn die erfaßten Individuen einen wirklich zufälligen Ausschnitt aus der Gesamtheit aller behafteten Individuen darstellen. Dies ist freilich eine Forderung, deren Erfüllung oft auf große praktische Schwierigkeiten stößt.

Aber auch wenn die Materialgewinnung einwandfrei ist, führt eine einfache Auszählung der Kranken und der Gesunden noch nicht zu dem gewünschten Ergebnis. In den Geschwisterschaften rezessiv Kranker z. B., die von einem gleichfalls kranken und einem gesunden Elter abstammen, muß das Verhältnis der Kranken zu den Gesunden unseren früheren Ausführungen (S. 135) zufolge 1 : 1 sein. Nun kann man aber bei der Kleinheit vieler menschlicher Geschwisterschaften nicht verlangen, daß dieses Verhältnis in jeder Geschwisterschaft realisiert ist, genau so wenig, wie man in jeder Geschwisterschaft das Geschlechtsverhältnis 1 : 1 erwartet. Wir werden also in solchen Fällen, in denen ein rezessiv Kranker mit einer heterozygoten Frau nur zwei Kinder hat, nicht regelmäßig darunter eines krank und das andere gesund antreffen, sondern wir werden in manchen solchen Zweikinderehen beide Kinder krank, in anderen beide gesund finden. In dem letzteren Fall würde aber die betreffende Geschwisterschaft unserer Zählung entgehen, weil wir ja, wenn beide Kinder gesund sind, nicht erkennen können, daß auch hier eine Ehe „krank $\times$ heterozygot" vorliegt. Wir müßten also bei unserer Auszählung wiederum zu viele Kranke erhalten.

Zur Korrektur dieses Fehlers sind nun von Wilhelm Weinberg zwei Methoden angegeben worden, die Geschwister- und die Probandenmethode. Die erstere ist nur anwendbar bei einem Material, das eine einzige große D-Tafel betrifft, oder das durch eine Auslese von Familien mit behafteten Individuen gewonnen ist, oder schließlich das sämtliche existierende Fälle vollzählig erfaßt; sie kommt folglich nur ausnahmsweise in Betracht. Eine viel größere praktische Bedeutung hat die Probandenmethode, auf die wir deshalb ausführlicher eingehen müssen.

Die Probandenmethode ergibt sich aus folgenden Überlegungen: Besteht unser Material aus lauter Zweikinderehen, und ist das Verhältnis der Kranken zu den Gesunden 1 : 1, so hat jedes Kind die Wahrscheinlichkeit $\frac{1}{2}$, krank zu sein. Von vier Geschwisterschaften wird also das erste Kind in zweien (d. h. in der Hälfte der Fälle) krank sein, und das zweite auch in zweien. Die Wahrscheinlichkeit, daß beide Kinder in einer Geschwisterschaft krank sind, beträgt $\frac{1}{2} \times \frac{1}{2}$, kommt also in $\frac{1}{4}$ der Fälle, d. h. unter 4 Geschwisterschaften einmal vor (Abb. 75).

Zählen wir nun das Verhältnis der Kranken zu den Gesunden nur in denjenigen Geschwisterschaften aus, in denen wir das Vorhandensein der gesuchten Krankheitsanlage an dem Befallensein eines Geschwisters erkennen, so unterbleibt die Mitzählung der vierten Geschwisterschaft, und wir erhalten das Verhältnis 4 : 2, also das Verhältnis 2 : 1, statt 1 : 1. Zählen wir dagegen die Geschwister der kranken Individuen aus, so ergibt sich folgendes: in der ersten Geschwisterschaft zählen wir zwei kranke Geschwister eines kranken

	Kranke Geschwister kranker Individuen	Gesunde Geschwister kranker Individuen
1.	2	0
2.	0	1
3.	0	1
4.	—	—

Abb. 75. Verteilung der kranken und gesunden Kinder bei 50 % Kranken.

Individuum, da das erste Geschwister krank ist und ein krankes Geschwister hat, und das zweite gleichfalls krank ist und ein krankes Geschwister hat. In der zweiten Geschwisterschaft zählen wir ein gesundes Geschwister von einem kranken Individuum, dagegen kein krankes Geschwister von einem kranken Individuum. In der dritten Geschwisterschaft liegen die Verhältnisse genau ebenso. Wir erhalten deshalb unter den Geschwistern kranker Individuen zwei kranke und zwei gesunde, so daß sich uns das richtige Verhältnis 1 : 1 ergibt.

In den Geschwisterschaften, die von zwei gesunden Eltern abstammen, müssen wir bei rezessiver Vererbung, wie früher gezeigt wurde (S. 136), ein Viertel bzw. 25 % Kranke antreffen. In einer Reihe

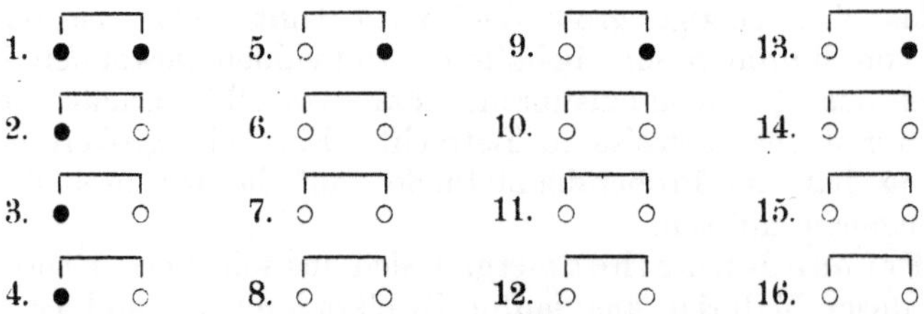

Abb. 76. Verteilung der kranken und gesunden Kinder bei 25 % Kranken.

von Zweikinderehen hat also jedes Kind die Wahrscheinlichkeit $^{1}/_{4}$ krank zu sein, d. h. in jeder 4. Geschwisterschaft wird das erste bzw. das zweite Kind krank sein. Die Wahrscheinlichkeit, daß beide Kinder krank sind, beträgt $^{1}/_{4} \times ^{1}/_{4} = ^{1}/_{16}$, wird also unter 16 Geschwisterschaften nur einmal realisiert werden. Wir müssen deshalb in 16 Zweikinderehen folgende Verteilung der Kranken und der Gesunden erwarten (Abb. 76).

Bei einer gewöhnlichen Auszählung der Kranken zu den Gesunden erhalten wir also das irreführende Verhältnis 8 : 6 anstatt 1 : 3, da neun von den Geschwisterschaften unserer Zählung entgehen würden. Zählen wir dagegen wie oben nur die Geschwister kranker Individuen aus, so erhalten wir 2 kranke: 6 gesunden Geschwistern, also das wahre Verhältnis 1 : 3, bzw. 25% Kranke.

Haben wir in einer Geschwisterschaft einen Probanden, so setzt man also die Gesamtzahl der Geschwister des Probanden (seine „Gesamt-Geschwistererfahrungen") ins Verhältnis zu seinen kranken Geschwistern (den sog. Sekundärfällen). Haben wir mehrere Probanden in einer Geschwisterschaft, d. h. mehrere behaftete Individuen, die direkt durch Zählung in einem Zählbezirk (z. B. in einer Klinik) ermittelt sind, so müssen wir für jeden Probanden erneut die Zählung der gesunden und kranken Geschwister vornehmen. Die auf diese Weise erfolgende Aufbereitung des Materials nach der Probandenmethode zeigt die folgende Tabelle:

Fall	Kinderzahl	Xerodermakranke Geschwister			Falsche Rechnung		Richtige Rechnung	
		Probanden	Sekundärfälle	Summe der Kranken	Positive Fälle	Geschwister	Positive Fälle	Geschwister
1. Ad. . .	2	1	—	1	$1\times0=0$	$1\times1=1$	$1\times(0+0)=0$	$1\times1=1$
2. Be. . .	7	1	—	1	$1\times0=0$	$1\times6=6$	$1\times(0+0)=0$	$1\times6=6$
3. Fr. . .	12	1	5	6	$6\times5=30$	$6\times11=66$	$1\times(0+5)=5$	$1\times11=11$
4. Kn. . .	4	1	2	3	$3\times2=6$	$3\times3=9$	$1\times(0+2)=2$	$1\times3=3$
5. Ma. I.	9	1	1	2	$2\times1=2$	$2\times8=16$	$1\times(0+0)=0$	$1\times8=8$
6. Ma. II.	5	1	1	2	$2\times1=2$	$2\times4=8$	$1\times(0+1)=1$	$1\times4=4$
7. Ok. . .	5	2	—	2	$2\times1=2$	$2\times4=8$	$2\times(1+0)=2$	$2\times4=8$
8. Si. . . .	3	1	—	1	$1\times0=0$	$1\times2=2$	$1\times(0+0)=0$	$1\times2=2$
	47	9	9	18	42 : 116		10 : 43	
					also 36% positiver Fälle		also 23% positiver Fälle	

Anwendung der Probandenmethode.

8. Diagnostik erblicher Krankheiten.

Fehlen äußerer Ursachen. Über die allgemeine Diagnostik erblicher Krankheiten läßt sich nicht viel sagen. Vor allem werden wir bei solchen Leiden die entscheidende Ursache im Idiotypus suchen, bei denen es uns unmöglich ist, die Erscheinungen als Folgen äußerer Momente zu erklären. Jedoch kann dieser Beweis per exclusionem, der sich auf das Fehlen erkennbarer äußerer Ursachen gründet, nach zwei Seiten hin Täuschungen hervorrufen. Erstens kann man die Wirksamkeit äußerer Momente da zu erblicken meinen, wo die Entscheidung doch bei den Erbanlagen liegt. Manche erblichen Anlagen werden ja überhaupt erst durch äußere, wenn auch durchaus gewöhnliche und unvermeidbare Reize ausgelöst. So entsteht z. B. das Xeroderma pigmentosum meist im Anschluß an den ersten längeren Aufenthalt im Freien oder besonders im Anschluß an die erste Sonnenbestrahlung; trotzdem ist die Erblichkeit dieser Krankheit ganz ausgesprochen. Zweitens beweist das Fehlen äußerer Ursachen noch nicht das Vorliegen eines idiotypischen Leidens, weil dieses Fehlen häufig nur ein scheinbares ist, nämlich nur ein Nichtkennen dieser äußeren Faktoren. Es hat doch Zeiten gegeben, in denen uns auch bei der Malaria, dem Typhus, der Lungentuberkulose „äußere Ursachen“ unbekannt waren, und wir wissen, daß die Autoren, die aus diesem Grunde die Erblichkeit z. B. der Tuberkulose behaupteten, sich im Irrtum befanden. So könnten uns die Fortschritte der Forschung auch bei anderen Krankheiten, bei denen uns vorläufig äußere Ursachen unbekannt sind, noch solche Ursachen erschließen; besonders könnte uns die Entdeckung weiterer Infektionserreger über die Nichterblichkeit selbst solcher Krankheiten aufklären, deren familiäres Auftreten immer wieder den Verdacht der idiotypischen Bedingtheit erregt. Viele Ärzte glauben z. B. heutzutage an die Erblichkeit des endemischen Kretinismus, und die Psoriasis galt noch vor gar nicht langer Zeit geradezu als das Paradigma einer erblichen Hautkrankheit; vielleicht wird es mit diesen Annahmen nicht anders gehen, wie mit dem Glauben an die Erblichkeit der Tuberkulose, dem ja in früheren Zeiten selbst die hervorragendsten Ärzte gehuldigt haben. Andererseits ist freilich die Auffindung eines Infektionserregers noch nicht ein Beweis dafür, daß das Erblichkeitsmoment bei der Ätiologie eines bestimmten Leidens in den Hintergrund treten müsse. Kann auch eine Infektionskrankheit als solche wohl kaum jemals als erblich bezeichnet werden, so kann doch die Entstehung eines mikrobiellen Leidens in weitem Maße abhängig sein von einer idiotypischen, erblichen Disposition der Krankheitsträger. Auch Infektionskrankheiten können eben als „idiodispositionelle Krankheiten“ in den Rahmen der Vererbungspathologie hineingehören. So ist die Frage nach der idiotypischen Schwindsuchtsdisposition immer noch eine offene. Daß es idiotypische individuelle Verschiedenheiten in der Resistenz gegenüber der Tuberkuloseinfektion gibt, steht freilich theoretisch außer allem Zweifel; es folgt das einfach aus der Tatsache der Variabilität. Ob aber diese idiotypischen Verschiedenheiten groß genug sind, um praktische Bedeutung zu erlangen, oder ob sie durch die Momente der Exposition und der paratypischen Dispositionsänderungen (Allergie, Immunität) überlagert und verdeckt werden, ist ein Problem, dessen befriedigende Lösung noch aussteht. Als Beispiel einer Infektionskrankheit, bei der die Infektion gegenüber der Disposition eine auffallend geringe Rolle spielt, möchte ich die Pityriasis versicolor nennen. Der Erreger dieser Dermatose, das Mikrosporon furfur, ist ein offenbar sehr verbreiteter Pilz. Trotzdem wird nur ein relativ kleiner Teil aller Menschen von ihm befallen; bei diesen Erkrankten aber leistet er jeder Therapie Widerstand und zeigt so gut wie keine Kontagiosität für die Umgebung; bei Ehegatten wird das Leiden nicht häufiger angetroffen, als seiner allgemeinen Verbreitung entspricht. Allerdings ist es noch ganz unaufgeklärt, ob die Disposition, die der Pityriasis versicolor zugrunde liegt, idiotypischer Natur ist.

Ähnlich, wie bei der Pityriasis versicolor liegen die Verhältnisse bei der Psoriasis und beim Lichen ruber, bei denen es sich ja wahrscheinlich gleichfalls um Infektionskrankheiten handelt. Nur darf man bei diesen Leiden wohl jetzt schon annehmen, daß idiotypische Momente für die ihnen zugrunde liegende Disposition von Bedeutung sind; denn beide Krankheiten, besonders aber die Psoriasis, sind gar nicht selten bei Blutsverwandten beobachtet, während gleichzeitige Erkrankungen von Ehegatten so gut wie unbekannt sind. Das Vorhandensein von „äußeren Ursachen" enthebt uns also nicht in jedem Falle der vererbungspathologischen Forschung.

Andererseits kann das Fehlen der äußeren Krankheitsursachen nie mehr geben als den Verdacht, daß eine Krankheit idiotypisch bedingt sei. Denn es gibt nicht wenige Affektionen, für die uns zwar eine äußere Ursache unbekannt ist, bei denen wir jedoch auch für die Annahme einer idiotypischen Bedingtheit nicht die geringsten Anhaltspunkte haben, so daß die Ätiologie solcher Leiden vorläufig völlig rätselhaft bleibt. Als Beispiel verweise ich nur auf den chronischen Pemphigus oder auf die Vitiligo.

Familiäres Auftreten. Der Verdacht, daß ein Leiden erblich ist, kommt uns ferner angesichts des familiären Auftretens einer Krankheit. Aber auch das familiäre Auftreten kann uns nach zwei Seiten hin Täuschungen aussetzen. Einesteils können wir in vielen Fällen bei einer erblichen Krankheit ein familiäres Auftreten gar nicht erwarten (z. B. bei einer rezessiven Krankheit, wenn die Geschwisterzahl klein ist), andernteils wird auch bei Leiden, bei denen das Moment der Erblichkeit stark in den Hintergrund tritt oder völlig bedeutungslos ist, familiäre Häufung gefunden. Solche familiäre Häufung trifft man vor allem bei Infektionskrankheiten, und dies ist der Grund dafür, daß man früher viele von ihnen für ausgesprochen erblich gehalten hat, so z. B. die Tuberkulose und den Favus, der deshalb auch heute noch den Namen Erbgrind trägt. Aber überhaupt bei allen Erscheinungen, die an und für sich nicht selten sind, muß ja der Zufall hie und da auch eine familiäre Häufung bewirken. So ist z. B. auch der Tod auf dem Schlachtfeld in „familiärer Häufung" beobachtet worden; ich entsinne mich einer Familie, von der der Vater und sämtliche fünf Söhne fielen. Auch seltenere Ereignisse können durch Zufall in einer Familie gehäuft werden; ich kannte eine Familie, die aus drei Söhnen bestand, von denen zwei an Schädelbruch gestorben waren, was doch bei uns sicher eine seltene Todesart ist; der eine war von seiner Amme fallen gelassen worden, der andere stürzte als Leutnant mit dem Pferde. Bei diesen Beispielen freilich ist die äußere Ursache so in die Augen springend, daß trotz des familiären Auftretens niemand an Erblichkeit denkt. Aber es gibt Fälle genug, in denen man nicht recht weiß, ob man die familiäre Häufung als Ausdruck von Erblichkeit oder als Zufall auffassen soll; das letztere hat immer eine um so größere Wahrscheinlichkeit für sich, je häufiger die Krankheit an und für sich ist. So darf man wohl die mehrfach beschriebene familiäre Häufung bei der Struma endemica als ein Spiel solchen „Zufalls" (und eventuell auch noch als Folge einer Kontakt-Kontagiosität dieses Leidens) ansehen — (Abb. 77 könnte geradezu als Musterbeispiel rezessiver Erblichkeit angesehen werden!) —, und vielleicht gilt das gleiche von einem Stammbaum mit Fazialisparese, in dem auch der Ehegatte eines Familienmitgliedes, also ein gar nicht blutsverwandter Mann, von dem Leiden betroffen war (Abb. 78). Ein hierher gehöriges Beispiel wurde auch schon auf Abb. 74 mitgeteilt.

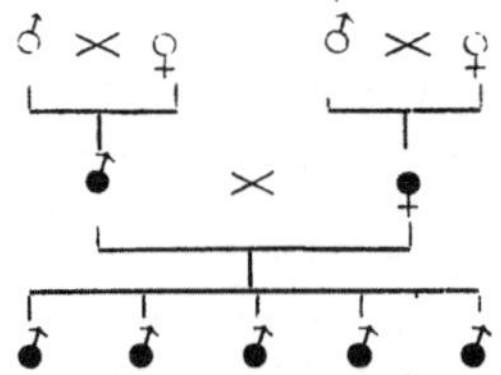

Abb. 77. Endemischer Kropf nach Schittenhelm und Weichardt.

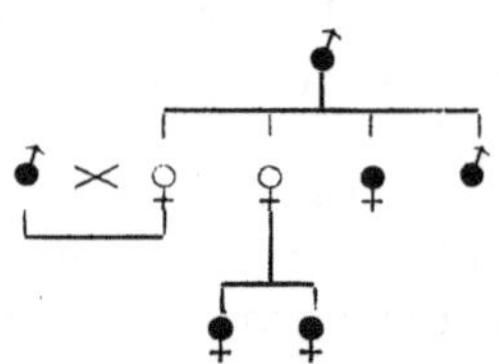

Abb. 78. Fazialisparese nach Simmonds.

Mendelsche Zahlenverhältnisse. Ein überzeugenderer Beweis für Erblichkeit als durch bloßes familiäres Auftreten kann dann gegeben sein, wenn bei familiärem Auftreten das Verhältnis der Kranken zu den Gesunden die Mendelschen Zahlenverhältnisse zeigt. Freilich darf man auch diesem Kriterium nicht zu sehr trauen. Denn bei einer kleinen Individuenzahl können selbst diese Zahlenverhältnisse im einzelnen Fall vorgetäuscht werden, und durch Baur wurde an dem Beispiel der infektiösen Chlorose der Malvaceen gezeigt, daß sogar ansteckende Krankheiten den Anschein des Mendelns erwecken können.

Blutsverwandtschaft der Eltern. Ein besonderes Kennzeichen der Erblichkeit eines Leidens ist die Häufigkeit der Blutsverwandtschaft zwischen den Eltern der Behafteten. Freilich spielt dieses Kriterium nur bei denjenigen Krankheiten eine Rolle, die dem rezessiven Vererbungsmodus folgen, und auch hier nimmt seine Bedeutung ab entsprechend der Häufigkeit, mit der das Leiden an und für sich in einer Bevölkerung angetroffen wird. Sein praktischer Wert bleibt aber dennoch groß, weil die ernsteren rezessiven Krankheiten zwar z. T. gewiß nicht gerade selten sind (z. B. Dementia praecox, idiotypische Epilepsie), aber doch immer noch selten genug, um einen viel größeren Prozentsatz blutsverwandter Eltern aufzuweisen als dem sonstigen Durchschnitt entspricht. Das gehäufte Auftreten von Blutsverwandtschaft unter den Eltern von Individuen, die mit einer bestimmten Krankheit behaftet sind, ist übrigens ein besonders sicheres

Zeichen von Erblichkeit dieser Krankheit. Die idiotypische Bedingtheit eines Leidens muß als bewiesen gelten, sobald eine Häufung der elterlichen Blutsverwandtschaft statistisch sichergestellt ist.

Krankheitsverlauf. Ferner kann der Verlauf einer Krankheit in vielen Fällen zur Diagnose ihrer erblichen Natur hinzugezogen werden. Viele erbliche Leiden sind angeboren, andere wieder fallen dadurch auf, daß sie (zum mindesten bei den Mitgliedern derselben Familie) nahezu in dem gleichen Alter beginnen, oft ist eine allmähliche Entwicklung bis zu stabilem Stehenbleiben besonders charakteristisch.

Klinisches Krankheitsbild. Schließlich sind bei einer großen Reihe idiotypischer Krankheiten, bei denen die Erblichkeit sichergestellt und allgemein anerkannt ist, ganz bestimmte Symptomenbilder bekannt, so daß die klinische Erscheinung so manchen Leidens uns sofort gestattet, ihre idiotypische Bedingtheit zu erkennen. Allerdings gibt es, wie wir dargelegt hatten (S. 165), bei vielen erblichen Krankheiten zahlreiche Unterarten in vererbungsbiologischer Hinsicht, die oft nicht einmal mit bestimmten klinischen Formen Hand in Hand gehen, so daß es wohl auch in Zukunft nicht immer möglich sein wird, aus einem klinischen Krankheitsbilde den Modus der Vererbung mit Sicherheit zu diagnostizieren. Immerhin wird ein weiteres Studium der erblichen Krankheiten unserer Kenntnisse gewiß auch nach dieser, die Diagnostik betreffenden Richtung hin noch wesentlich erweitern.

9. Ätiologie erblicher Krankheiten.

Idiokinese.

Die Ursache der erblichen Krankheiten. Ebenso wie wir unterscheiden müssen zwischen der Erblichkeit einer idiotypischen Anlage und der Erblichkeit einer idiotypischen Eigenschaft, so müssen wir auch die Ätiologie der erblichen Anlage zu einer Krankheit und die Ätiologie der erblichen Krankheit selbst gut auseinander halten. Die Frage nach der Ätiologie einer erblichen Krankheit ist beantwortet, sobald wir den Nachweis der Erblichkeit des betreffenden Leidens erbracht und den Modus dieser Erblichkeit festgestellt haben. Denn die krankhafte Erbanlage ist doch als die entscheidende Ursache jeder erblichen Krankheit anzusehen.

Die Ursache der erblichen Krankheitsanlagen. Die Ätiologie dieser krankhaften Erbanlage ist aber, wie gesagt, eine ganz andere Frage, die uns zurückführt auf das Problem der Ätiologie der Erbanlagen überhaupt. Die experimentelle Erblichkeitsforschung hat uns nun auch über die Entstehung der Erbanlagen neue Kenntnisse gebracht, so daß auch dieses besonders schwierige Problem schon manches von dem Dunkel verloren hat, das noch vor wenigen Jahren über ihm lagerte.

Idiokinese bei Pflanzen und Tieren. Schon Darwin hatte klar erkannt, daß gelegentlich immer wieder völlig neue Anlagen an der Erbmasse der lebenden Organismen entstehen müssen, wenn man überhaupt die Deszendenztheorie, d. h. die Lehre von der Abstammung der höher organisierten Lebewesen von niedriger organisierten aufrecht erhalten wollte, und er hat diese Tatsache als Variabilität (des Idiotypus) bezeichnet und erklärt, daß diese Idiovariabilität die Voraussetzung seiner Selektionstheorie sei. „Die Wirksamkeit der Selektion", sagt er in seinem Buch über das Variieren der Tiere und Pflanzen, „hängt unbedingt von der (Idio-)Variabilität der organischen Wesen ab. Ohne (Idio-)Variabilität kann nichts erreicht werden". Darwin erkannte auch bereits, daß diese Idiovariabilität nicht ursachlos sein kann, und er sagte deshalb in vollständiger Übereinstimmung mit dem Gesetze der Kausalität in seiner „Entstehung der Arten": „Für jede unbedeutende individuelle Verschiedenheit muß es ebenso wie für stärker ausgeprägte Änderungen, welche gelegentlich auftreten, irgend eine bewirkende Ursache geben". Diese Ursache, für die unmittelbar oder mittelbar irgendwelche Umweltfaktoren verantwortlich gemacht werden müssen, bezeichnet man nun, wie bereits erwähnt, als Idiokinese (Erbänderung). Durch die Idiokinese entstehen also neue Erbanlagen, sowohl solche, die die Anpassung vermehren, als auch solche, die die Anpassung vermindern, und durch die Selektion werden sodann die ersteren erhalten und verbreitet, die letzteren ausgemerzt. So wird durch die Selektion der angepaßten unter den neuauftretenden Idiovariationen sowohl das Zustandekommen der generellen Anpassung als auch überhaupt die Phylogenese der Organismen vorstellbar. Das Zusammenwirken von Idiokinese und Selektion genügt also vollständig zu einem prinzipiellen Verständnis der Stammesentwicklung aller Lebewesen.

Die Erforschung der Idiokinese steckt noch in ihren ersten Anfängen. Doch ist es schon einer ganzen Reihe von Forschern gelungen, das Auftreten neuer Idiovariationen an sicher reinem Tier- bzw. Pflanzenmaterial zu beobachten (Baur, Nilsson-Ehle, Fruwirth, Hagedoorn, Morgan u. a.), und Tower ist es sogar geglückt, durch verschiedene äußere Einflüsse bei Insekten willkürlich neue Variationen zu erzeugen, deren Charakter als Idiovariationen durch den experimentellen Nachweis ihrer Erblichkeit sichergestellt werden konnte. Tower experimentierte mit verschiedenen Rassen des Kartoffelkäfers (Leptinotarsa decemlineata). Setzte er die Puppen seiner Käfer einer geringen Erhöhung oder Erniedrigung der Temperatur aus, so zeigten die daraus hervorgehenden Käfer vermehrte Pigmentbildung. Einwirkung sehr hoher Temperatur (35°) auf die Puppen bewirkte dagegen, daß die später ausschlüpfenden Käfer auffallend bleich, pigmentarm waren; sehr niedrige Temperaturen hatten genau die gleiche Wirkung. So weit waren die Ergebnisse Towers nicht weiter auffallend, denn der erzielte Pigmentreichtum bzw. Pigmentmangel erwies sich nicht als erblich, und solche paratypischen Hitze- und Kälte-

Aberrationen sind bei Insekten, besonders bei Schmetterlingen, schon lange bekannt. Setzte Tower jedoch nicht die Puppen, sondern die fertig ausgebildeten Käfer den erhöhten Temperaturen aus, so veränderten sich die Käfer, wie zu erwarten stand, zwar in keiner Weise, ihre Nachkommen boten aber verschiedene Arten von Pigmentvariationen dar, die sich durch das Züchtungsexperiment sämtlich als erblich erwiesen. Die auf die Käfer einwirkenden ungewöhnlichen Außenverhältnisse hatten also Idiovariationen bei den Nachkommen hervorgerufen. Wurden die Weibchen der Kartoffelkäfer nur in der ersten Zeit der Periode, in welcher sie ihre Eier legen, unter abnormen Temperaturen, später jedoch wieder unter normalen Bedingungen gehalten, so zeigten sich auch nur die aus den ersten Eiportionen hervorgehenden Tiere erblich verändert, während der Rest der Eier völlig normale Tiere lieferte. Bei den Eltertieren war demnach durch die hohe Temperatur weder eine sichtbare, noch auch eine unsichtbare erbliche Veränderung entstanden; nur ihre reifenden Geschlechtszellen, die sich offenbar gerade in einer „sensiblen Periode" befanden, hatten eine Variation ihres Idioplasmas erfahren.

Idiokinese beim Menschen. Die neuauftretenden Idiovariationen als deren Ursache sich in den Versuchen Towers bestimmte Außenfaktoren nachweisen ließen, haben ebenso wie die von zahlreichen Autoren gelegentlich beobachteten neuen Idiovarianten mit Anpassung nichts zu tun. Im Gegenteil stellten sie wohl ausnahmslos eine Verminderung der Anpassung dar. Von Morgan und seinen Schülern z. B. wird ausdrücklich hervorgehoben, daß viele der bei ihren Versuchen mit der Taufliege (Drosophila ampelophila) beobachteten neuen Idiovariationen die Lebensfähigkeit der Individuen — oft auch ihre Fortpflanzungsfähigkeit — deutlich herabsetzten, nicht wenige wirkten in jedem Falle letal, so daß homozygote Individuen überhaupt nicht zu erhalten waren. Infolgedessen war die Fortzüchtung der neuen Formen oft überaus mühsam und erwies sich in einer ganzen Reihe von Fällen überhaupt als undurchführbar. In der überwiegenden Mehrzahl aller bisher beobachteten Fälle von Idiokinese handelte es sich also um ein Neuauftreten pathologischer Erbanlagen. Um so mehr hatte man Veranlassung, sich die Meinung zu bilden, daß auch die menschlichen Krankheitsanlagen durch entsprechende Außenfaktoren entstehen könnten. Schon von altersher suchte man ja auf diese Weise die primäre Entstehung krankhafter Erbanlagen zu erklären. Freilich waren diese Erklärungsversuche oft reichlich phantastisch und naiv. Als Ursache der Erbanlage für Hämophilie in der Bluterfamilie Mampel schuldigte man z. B. einen Schreck an, den die Mutter des ersten Bluters während ihrer Schwangerschaft erlitten haben sollte; die Erbanlage für Epidermolysis in der von Blumer veröffentlichten Familie glaubte man auf einen Coitus inter menses zurückführen zu müssen, dessen sich die Eltern des ersten Epidermolytikers angeblich schuldig gemacht hatten. Als besonders beliebter Prügelknabe, der zur Erklärung alles Unerklärlichen herhalten mußte, und auch jetzt noch vielfach herhalten muß, ist die Lues zu nennen; es existiert wohl kaum eine Mißbildung, gleichgültig ob erblich oder nicht erblich, die seit Fourniers Zeiten nicht von diesem oder jenem Autor als Folge einer elterlichen Syphilis angesehen worden wäre.

Die Zeiten, in denen man das „Versehen" der Schwangeren, einen „unreinen" Beischlaf und ähnliche Dinge als idiokinetische Faktoren betrachtet wissen wollte, sind nun freilich vorbei. Dagegen pflegt man eine ganze Reihe anderer Schädlichkeiten chemischer, biologischer und physikalischer Natur für die Entstehung neuer krankhafter Erbanlagen verantwortlich zu machen; ich nenne davon nur Alkohol und Blei, Syphilis und Tuberkulose, Röntgenstrahlen und Tropenklima (speziell für die weiße Rasse). Daß hier sehr viel übertrieben worden ist, unterliegt wohl keinem Zweifel. Vor allen Dingen pflegt man auch heute noch alle gesundheitlichen Schäden, die sich bei dem Nachwuchs von Alkoholikern, Syphilitikern, Tuberkulösen, Tropeneuropäern usw. zeigen, ohne weiteres mit voller Selbstverständlichkeit als erblich anzusprechen, wofür auch der immer noch gebrauchte Ausdruck „hereditäre Syphilis" Zeugnis ablegt. Es besteht aber die Möglichkeit, daß die Minderwertigkeiten z. B. von Alkoholikerkindern, so weit sie sich nicht einfach durch die idiotypische Minderwertigkeit der trinkenden Eltern, also einfach durch Vererbung erklären, vorwiegend paratypischer Natur sind. Besonders Johannsen und der schwedische Pathologe Sjövall haben nachdrücklichst darauf hingewiesen, daß eine direkte Schädigung der Nachkommenschaft durch den Alkohol, falls es gelänge sie nachzuweisen, durchaus nicht durch eine Schädigung des Idioplasmas bedingt sein muß. Gelang es doch Whitney beim Rädertierchen (Hydatina senta) durch Alkoholisierung Variationen zu erzeugen (Erhöhung der Empfindlichkeit gegen Kupfersalze, Verminderung der parthenogenetischen Fortpflanzungstätigkeit), die zwar noch auf mehrere Generationen nachwirkten, sich aber dennoch als nur paratypisch (bzw. paraphorisch) erwiesen, da sie schließlich von selbst wieder verschwanden. Vorläufig ist ja noch nicht einmal sicher, ob überhaupt unter den Kindern von Trinkern, Syphilitikern usw. eine größere Anzahl von Minderwertigen vorkommen, als sich infolge der wahrscheinlich häufigen idiotypischen Minderwertigkeit der Eltern, der eventuellen Ansteckung und dem oft proletarischen Milieu von selbst versteht. Immerhin liegen experimentelle Tatsachen vor, die wenigstens für Alkohol und Röntgenlicht zu beweisen scheinen, daß durch sie unter besonders gewählten Versuchsbedingungen auch das Erbplasma Änderungen erfahren kann. Jedoch darf man sich von dem Mechanismus einer solchen Idiokinese nicht so primitive Vorstellungen machen, wie sie z. B. in alkoholgegnerischen Schriften gewöhnlich zu finden sind; vor allem darf man nämlich gar nicht erwarten, daß eine idiokinetische Beeinflussung, wenn sie einmal stattgefunden hat, sich der Regel nach schon gleich bei den Kindern in Form einer neuen idiotypischen Eigenschaft äußern werde. Allen exakten Beobachtungen sowie allen experimentellen Erfahrungen nach verhalten sich nämlich die meisten aller neuauftretenden Idiovariationen rezessiv, können also in der Generation, in der sie entstehen, noch gar nicht erkannt werden. Bei Morgans Versuchen mit der Taufliege z. B. waren $^4/_5$ aller beobachteten neuen Idiovariationen rezessiv, nur $^1/_5$ dominant; und selbst das muß noch zu hohe Werte für die dominanten Idiovariationen ergeben, weil die rezessiven natürlich leichter übersehen werden. Wir müssen also annehmen, daß auch beim Menschen durch idiokinetische Faktoren in erster Linie rezessive Krankheitsanlagen entstehen. Entsteht jedoch eine solche Krankheitsanlage z. B. bei einem Trinker, so wird sein Kind äußerlich gesund sein, weil ja die krankhafte rezessive Anlage von dem gesunden Paarling, den das Kind von der Mutter empfangen hat, überdeckt wird. Auch die Enkel werden aber gesund erscheinen, wenngleich die Hälfte von ihnen in ihrem Erbbilde heterozygot krank ist, und erst wenn einer dieser Heterozygoten einen Ehepartner heiratet, der zufällig die gleiche Krankheitsanlage in sich trägt, kann man erwarten, daß die Anlage, und zwar nur bei $^1/_4$ der Nachkommen dieser Ehe, sich endlich manifestiert. Die Wahrscheinlichkeit für einen mit einer neuentstandenen seltenen Krankheitsanlage behafteten Trinkernachkommen, eine Frau mit der gleichen Krankheits-

anlage zu heiraten, ist natürlich dann am größten, wenn er eine Verwandte heiratet, die gleich ihm von dem betreffenden Trinker abstammt. In dem günstigsten derartigen Falle, d. h. bei einer Heirat zwischen Vetter und Cousine, würde die durch den Alkohol verursachte rezessive Krankheitsanlage folglich vier Generationen brauchen, bis sie sich erblich manifestieren kann (Abb. 79). Bei den Nachkommen eines Alkoholisten, der zur Zeit Friedrichs des Großen gelebt hat, würde also erst heute die Möglichkeit gegeben sein, daß die durch den Alkohol hervorgebrachte neuartige rezessive Krankheitsanlage homozygot und damit manifest wird. Selbst dieser Fall kommt aber nur bei der

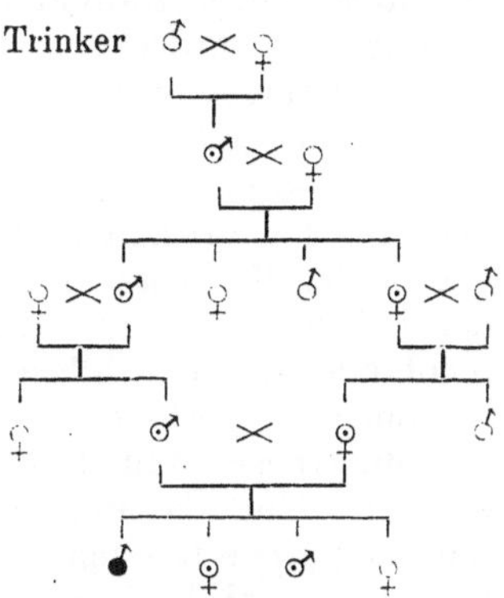

Abb. 79.   Idiokinese durch Alkohol (nach Lenz).

Nachkommenschaft aus nahen Verwandtenehen in Betracht, so daß man, wenn heutigentags eine neue (rezessive) Erbkrankheit außerhalb von Verwandtenehen auftritt, die Annahme machen müßte, daß der idiokinetische Faktor, der die krankhafte Erbanlage hervorgerufen hat, etwa zur Zeit der Reformation oder noch früher wirksam gewesen ist.

Anders würden die Dinge nur dann liegen, wenn eine rezessive Variation bei ihrem Neuentstehen gleich als homozygotes Erbanlagenpaar aufträte. Das Neuauftreten homozygoter Idiovariationen ist aber unseren experimentellen Erfahrungen nach sehr viel seltener als das Neuauftreten heterozygoter Variationen.

Häufigkeit der Idiovariationen. Selbst dann also, wenn der Alkohol sicher ein idiokinetischer Faktor ist, würde die populäre Vorstellung, daß sich die erbliche Minderwertigkeit nun gleich an den Kindern des Säufers erkennen lassen müßte, naiv sein; so etwas könnte man nur bei der Entstehung dominanter oder rezessiv-homozygoter Erbanlagen erwarten, und solche Erbanlagen stellen unseren experimentellen Erfahrungen nach nur einen kleinen Bruchteil aller neuen Idiovariationen dar. Wie häufig nun überhaupt in der Natur und beim Menschen das Auftreten neuer Idiovariationen ist, darüber läßt sich noch nichts Sicheres sagen. Anscheinend kann man es weder als häufig, noch auch als besonders selten bezeichnen. In Baurs Antirrhinum-Material wurden neue Idiovariationen ungefähr einmal unter 500 Pflanzen gefunden. Tower berechnete die Idiovariationen, die bei seinem Kartoffelkäfer spontan, d. h. ohne Anwendung abnormer Temperaturen u. dgl. entstanden waren, auf eine unter 6000 Tieren. Morgan und seine Schüler beobachteten bei ihren Versuchen mit Drosophila zwar eine große Reihe von neuauftretenden Erbvariationen; als aber Morgan solche künstlich erzeugen wollte, indem er seine Fliegen den verschiedensten abnormen Milieufaktoren aussetzte, konnte er unter 30 000 Individuen kein einziges mit einer neuen erblichen Abweichung entdecken. Gleichgültig aber, ob sich das Neuentstehen von Erbanlagen etwas mehr oder etwas weniger oft ereignet: sicher ist, daß bei jeder Art gelegentlich immer wieder neue Erbvariationen auftreten können und auftreten müssen. Die „Artfestigkeit", von der man in der medizinischen Literatur oft liest, ist also ein ganz verfehlter Begriff; wäre er das nicht, so würde eine Stammesentwicklung der Lebewesen nicht möglich sein, und die Deszendenztheorie wäre nicht eine durch zahllose Indizien wohlbewiesene Lehre, sondern eine unsinnige Hypothese.

Idiokinese und Selektion. Aber die Idiokinese existiert ohne Zweifel. Und da nun die Angepaßtheit eines lebenden Wesens eine sehr komplizierte Sache ist, die durch das Auftreten eines neuen Erbmerkmals viel leichter gestört als vervollkommnet werden kann, so folgt daraus, daß die übergroße Mehrzahl aller neuauftretenden Idiovariationen die Erhaltungswahrscheinlichkeit der betreffenden Individuen herabsetzen muß, medizinisch ausgedrückt: daß die übergroße Mehrzahl aller neuauftretenden Idiovariationen pathologisch ist. Daß dem so ist, haben auch, wie bereits dargelegt, alle bisherigen Beobachtungen und Experimente bestätigt. Aus diesem Grunde muß jede Rasse zu jeder Zeit einer (wenn auch ganz allmählichen) Vermehrung erblicher Krankhaftigkeit, also einer langsamen „Degeneration" entgegengehen, wenn nicht die reinigende Macht der Selektion durch Ausmerzung der kranken und durch Förderung der Fruchtbarkeit der gesunden Individuen eingreift. Die dauernde Gesunderhaltung einer jeden Rasse ist folglich nur denkbar durch eine fortgesetzte Wirksamkeit der Selektion im allgegenwärtigen Daseinskampfe.

Wenn wir also auch die idiokinetischen Faktoren im einzelnen und die Art ihrer Wirksamkeit noch nicht genauer kennen, so dürfen wir uns doch das Zustandekommen neuer Krankheitsanlagen nicht anders vorstellen als eben durch den Vorgang der Idiokinese, weil diese Erklärungsart die einzige ist, die sich mit dem Gesetz der Kausalität und mit unseren vererbungsbiologischen Erfahrungen vereinbaren läßt, und die uns vor dem abstrusen Glauben an eine aus eigener Kraft fortschreitende oder durch „Vererbung erworbener Eigenschaften" zustande kommende Degeneration bewahrt. Freilich kann die Idiokinese offenbar nur an einzelnen Individuen, bald hier, bald dort eine neue krankhafte Erbanlage hervorbringen, so daß innerhalb einer Bevölkerung eine größere Zahl krankhafter Erbanlagen auf diesem Wege nur äußerst langsam, im Laufe von Jahrhunderten oder gar von Jahrtausenden entstehen könnte, wenn dies von der Idiokinese allein abhängig wäre. Die Idiokinese kann daher eigentlich nur als die Ursache individueller idiotypischer Krankhaftigkeit bezeichnet werden; zu einer allgemeineren Verbreitung idiotypischer Krankheiten ist dagegen allein die Selektion fähig, und zwar eine gewissermaßen „umgekehrte" Selektion, d. h. eine Auslese, die die Vermehrung der Kranken begünstigt und die Fortpflanzung der Gesunden hemmt. Diese verhängnisvolle Form der Selektion hat Alfred Ploetz als Kontraselektion bezeichnet, und wir können deshalb sagen, daß die Kontraselektion die Ursache genereller idiotypischer Krankhaftigkeit ist. So kommt man schließlich dazu, in der Kontraselektion die einzige entscheidende Ursache der Degeneration, d. h. einer mit den Generationen zunehmenden Häufung krankhafter Erbanlagen zu erkennen; denn gerade die Häufung wird eben durch die Kontraselektion und nicht durch die Idiokinese bewirkt.

Selektion.

Fekundative Selektion. Es ist Darwins unsterbliches Verdienst, als Erster die entscheidende Bedeutung der Selektion für die Umwandlung der Rassen und Arten erkannt zu haben. Selektion ist aber nicht, wie vielfach noch angenommen wird, identisch mit Tötung des Individuums. Ein frühzeitiger Tod ist nur eines der Mittel der Selektion. Das Wesen der Selektion liegt allein in dem Umstande, daß das ausgemerzte Individuum in der nächsten Generation nicht durch eine genügende Anzahl von Nachkommen vertreten ist, in denen seine erblichen Charaktere noch über seinen Tod hinaus erhalten werden, so daß auf diese Weise die Bestandteile seines Idiotypus der Welt verloren gehen. Jede Auslese ist also letzten Endes eine Fruchtbarkeitsauslese (fekundative Selektion).

Eliminatorische und elektive Selektion. Man unterscheidet nun eine eliminatorische Auslese von einer elektiven. Das Wesen der Elimination (Ausmerzung) beruht auf einer Hemmung der Fruchtbarkeit der betreffenden Individuen, das Wesen der Elektion (Aus-

wahl) auf einer Förderung dieser Fruchtbarkeit. Was für einen enormen
Einfluß auf die Gestaltung der späteren Generationen schon ganz ge-
ringfügige Unterschiede in der durchschnittlichen Fruchtbarkeit zweier
erblich verschiedener Gruppen haben müssen, kann man sich durch
eine einfache Berechnung klar machen. Wenn sich die durchschnittliche Kinderzahl zweier unter den gleichen Verhältnissen lebender
und mit gleicher Individuenzahl vertretener Rassen wie 3 : 4 verhält,
so bildet schon nach einer Generation die weniger fruchtbare Rasse
nur noch 43 % statt 50 % der Gesamtbevölkerung, nach drei Generationen nur noch 30 %; nach zehn Generationen ist sie auf den nur
noch schwer nachweisbaren Anteil von 7 % herabgesunken. Innerhalb
größerer Zeiträume genügen schon die geringfügigsten Verschiedenheiten in der Fruchtbarkeitsrate, um wesentliche Änderungen in den
Mengenverhältnissen zweier idiotypisch verschiedener Gruppen zu bewirken. Verhielte sich die durchschnittliche Kinderzahl zweier gleich
stark vertretener Rassen z. B. wie 3,3 : 3,4, d. h. also wie 1 : 1,03, so
würde sich nach 23 $\frac{1}{2}$ Generationen die fruchtbarere Rasse gegenüber
der anderen bereits verdoppelt haben.

Wie diese theoretisch so leicht darstellbaren Fruchtbarkeits-
verschiebungen in Wirklichkeit aussehen, läßt sich leicht an einem
Beispiel zeigen. So berechnete der englische Statistiker Pearson,
daß in England die Hälfte der gesamten nächsten Generation von nur
12 % der augenblicklichen Gesamtbevölkerung erzeugt wird. In der
dritten Generation machen die Nachkommen jener 12 % schon 78 %
der Gesamtbevölkerung aus, in der vierten Generation 96 %. Das
fortschreitende Aussterben der oberen Gesellschaftsschichten
kann demnach nicht zweifelhaft sein. Es muß ja auch schon aus der
geringen durchschnittlichen ehelichen Kinderzahl dieser Kreise ge-
schlossen werden (vgl. meine Arbeit über „Die Familie Siemens"), da
infolge des Umstandes, daß viele Kinder jung sterben oder ledig
bleiben, nach den Berechnungen von Fahlbeck, Graßl u. a. 3,3 bis
3,5 Kinder pro Ehe im Durchschnitt nötig sind, um unter unseren Verhältnissen eine Bevölkerungsgruppe bloß auf der Höhe ihrer
augenblicklichen Zahl zu erhalten. Die Wirkungen der Fruchtbarkeits-
selektion lassen sich also auch in der Gegenwart leicht aufzeigen.

Die Selektion kann nur wirksam sein, wo Individuen mit idiotypischen Verschiedenheiten vorhanden sind. Innerhalb eines idiotypisch einheitlichen Materials, also innerhalb eines Biotypus, bleibt
die Selektion ohne Erfolg, weil die phänotypischen Verschiedenheiten
der einzelnen Individuen, die hier ausgelesen werden, ja nur paratypischer Natur sind. Wir haben diese Tatsache an Johannsens Versuchen mit Bohnen schon früher erläutert (S. 91). Wählen wir aus
einem Bohnen-Biotypus, bei dem die Gewichte der einzelnen Bohnen
infolge der verschiedenartigen Gunst der Umweltfaktoren zwischen 30
und 50 cg schwanken, die größten Bohnen zur Weiterzucht aus, so
werden wir dennoch an den späteren Generationen immer wieder das
gleiche durchschnittliche Gewicht von 40 cg antreffen, vorausgesetzt

natürlich, daß die Aufwuchsbedingungen (Düngung, Klima usw.) bei den Eltern und Nachkommengenerationen die gleichen sind. Ebenso erfolglos würde die Selektion sein, die wir innerhalb eines zweiten Bohnen-Biotypus treiben wollten, dessen Samengewichte zwischen 20 und 40 cg schwanken, und dessen durchschnittliches Bohnengewicht infolgedessen 30 cg beträgt. Bilden wir jedoch aus diesen beiden Bohnen-Biotypen ein Gemisch, ein erblich nicht einheitliches Bohnen-„Volk" („Population"), so würde die Wirkung der Selektion eine sehr gründliche sein. Setzt sich unser Bohnenvolk zu gleichen Teilen aus den genannten Biotypen zusammen, so würde das Durchschnittsgewicht aller unserer Bohnen in der Mitte zwischen 30 und 40 cg liegen, es würde also 35 cg betragen. Wählen wir aber zur Aussaat nur diejenigen Samen, die weniger als 30 cg wiegen, so haben wir unter dem Saatmaterial nur Bohnen des Biotypus II; die nächste Generation wird also ein Durchschnittsgewicht von nur 30 cg haben. In Populationen, d. h. in idiotypisch verschieden zusammengesetztem Material, wirkt also die Selektion als eine Sortierung von Biotypen und kann als eine solche einen weitgehenden sofortigen Erfolg haben. Der Erfolg kann aber auch unwiderruflich sein. Denn würden wir es in unserm Beispiel unterlassen haben, Bohnen von dem Biotypus I zu einer späteren Aussaat zurückzulegen, so würde es absolut kein Mittel geben, unsere durchschnittlichen Bohnengewichte (bei Gleichbleiben der Außenverhältnisse) wieder von 30 auf 35 cg (das Durchschnittsgewicht unserer Population) oder gar auf 40 cg (das Durchschnittsgewicht des Biotypus I) heraufzubringen; die willkürliche Erzeugung bestimmter Erbanlagen steht ja nicht in unserer Macht.

Die Populationen, welche wir bei den höheren Organismen antreffen, bestehen nun freilich nicht aus einer größeren Reihe von Biotypen, deren jeder innerhalb des großen Gemisches sein Eigenleben führt. Die ursprünglich gewissermaßen vorhanden gewesenen Biotypen haben sich vielmehr nach allen Richtungen hin miteinander gekreuzt, und die mannigfaltigen Erbeinheiten, durch die sie sich unterschieden, wurden durch diese Zeugungsgemeinschaft kaleidoskopartig durcheinandergewürfelt. Die Wirkung der Selektion bleibt aber auch in diesen bunten „mendelnden Populationen" im Prinzip die gleiche. Gilt für ein mendelndes Gemisch, auf das keine Selektion einwirkt, das „Gesetz von der konstanten Zusammensetzung einer Population sich frei kreuzender und gleich angepaßter Individuen", so wirkt die Selektion, die ja in Wirklichkeit nie fehlt, auch hier als Aussortierung bestimmter idiotypischer Stämme und kann auch hier durch das Aussterben bestimmter Erbanlagen in kurzer Zeit unwiderrufliche Resultate erzielen. So können durch konsequente Elimination bestimmter Merkmale (z. B. der höheren Grade geistiger Begabung, der Unternehmungslust, der Arbeitsenergie) in kurzer Zeit auch einer menschlichen Population unwiderbringliche Werte verloren gehen.

Die Unwiderruflichkeit der Selektionswirkung versteht sich bei allen dominanten und epistatischen Merkmalen von selbst. Sobald diese Merkmale infolge einer zur Erhaltung ungenügenden Fruchtbarkeit ihrer Träger eliminiert sind, ist es mit ihnen auf immer vorbei: sie sind für alle Zeiten verschwunden, wenn nicht der recht unwahrscheinliche Fall eintritt, daß diese gleichen Anlagen durch Idiokinese wiederum neu entstehen und durch konsequente Selektion aufs neue verbreitet werden. Aber auch die Elimination rezessiver und hypostatischer Merkmale führt rasch zu einem Seltenerwerden und schließlich, wenn auch langsam, zu einem Verschwinden der betreffenden Charaktere, weil durch die Ausmerze der Homozygoten die durchschnittliche Zahl aller in der Bevölkerung vorhandenen Anlagen des betreffenden Merkmals vermindert wird. Durch die Selektion wird also stets auch eine durchschnittliche **Änderung des Ausgangsmaterials** bewirkt, auf Grund deren die der Elimination verfallenen Merkmale nur immer seltener in die Erscheinung treten können, bis sie schließlich völlig verschwinden.

Degeneration. Im Zusammenhange mit diesen Tatsachen erscheint das Problem der sog. Degeneration in einem ganz neuen Lichte. In der älteren medizinischen Literatur kann man über den Begriff der Degeneration den phantastischsten Anschauungen begegnen, deren Schatten sich bis in die Gegenwart hinein erstrecken. Solche unnaturwissenschaftlichen Anschauungen knüpften sich vor allem an die Lehren gewisser französischer Ärzte an, welche in der Degeneration ein aktives, über gewissen Familien wirkendes Verhängnis sahen.

(Anteposition.) Derartige fatalistische Betrachtungsweisen wurden u. a. genährt durch die Beobachtung der sog. **Anteposition** oder **Antezipation**. Hiervon spricht man dann, wenn ein erbliches Leiden bei den Personen der jüngsten Generationen in einem früheren Lebensalter auftritt als bei den Eltern oder Großeltern. Abb. 80 zeigt einen derartigen Stammbaum; die eingetragenen Ziffern geben an, in welchem Alter die Krankheit bei der betreffenden Person auftrat. Diese Anteposition, die viel Kopfzerbrechen hervorgerufen hat, wurde durch die neuere Vererbungsforschung als ein bedeutungsloses Kunstprodukt entlarvt. Sie kommt dadurch zustande, daß die Personen der älteren Generationen unbewußt nach dem Gesichtspunkt eines späten Eintritts der betreffenden Krankheit ausgelesen sind. Denn solche Personen, bei denen die Krankheit in jungen Jahren einsetzt, haben eben im allgemeinen keine Aussicht, Kinder zu erzeugen, und infolgedessen als Eltern oder Großeltern in einem zur Demonstration der Erblichkeit aufgestellten Stammbaum zu figurieren.

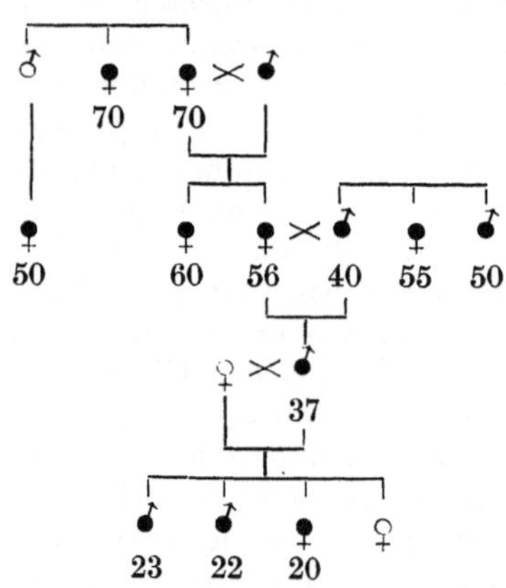

Abb. 80. Diabetes mellitus nach v. Noorden.

Wenn wir aber die Degeneration naturwissenschaftlich auffassen wollen, dann müssen wir versuchen, ihr Zustandekommen unter Zuhilfenahme naturwissenschaftlicher Begriffe und nicht mit mystischen Spekulationen zu erklären. Derjenige naturwissenschaftliche Begriff aber, welcher hier in erster Linie und wohl allein in Betracht kommt, ist, wie wir gesehen hatten, der Begriff der Kontraselektion. Wir sehen uns deshalb vor die Frage gestellt, ob bei uns infolge kontraselektorischer Auslesewirkungen die Prozentzahl erblicher Krankheiten und erblicher Minderwertigkeiten in fortschreitender Zunahme begriffen ist.

Die Frage nach der Zunahme erblicher Krankhaftigkeit hat, besonders von psychiatrischer Seite, schon eine umfangreiche Literatur hervorgerufen, ohne daß sie bisher mit Sicherheit entschieden werden konnte. Gerade deshalb aber dürfen wir annehmen, daß eine Vermehrung der erblich bedingten Krankheiten, falls sie wirklich bestehen sollte, keinen großen Umfang erreicht, denn sonst würde sie sich doch wohl kaum dem überzeugenden Nachweise entzogen haben. Nun drohen aber Entartung und Rassenverfall in erster Linie gar nicht von einer Vermehrung der groben Krankheiten, sondern von einer Verminderung jener überdurchschnittlichen geistigen Befähigung, durch die sich einst die Griechen und Römer und jetzt die Völker des europäisch-amerikanischen Kulturkreises vor den anderen Rassen auszeichnen. Schon von Darwin wissen wir ja, daß es die Auslese der unbedeutend besser Veranlagten und die Beseitigung der ebenso unbedeutend weniger gut Veranlagten ist und nicht die Erhaltung bzw. Ausmerzung scharf markierter und seltener Ausnahmeformen, welche zur Verbesserung oder, im umgekehrten Fall, zur Verschlechterung einer Spezies führt. Wenn nun auch, wie gesagt, eine Zunahme der eigentlichen Krankheiten höchst fraglich ist, so darf man doch andererseits als sicher hinstellen, daß sich bei uns die geringen und geringsten Formen erblicher Minderwertigkeit der Begabung und des Charakters, die im allgemeinen noch nicht als krankhaft angesehen werden, infolge der sozialen Kontraselektion fortgesetzt vermehren. Da es sich hierbei aber nicht um Krankheiten im eigentlichen klinischen Sinne handelt, und da ferner eine Änderung der ungünstigen Auslese nicht durch persönliche Initiative des einzelnen Arztes, sondern nur durch soziale Mittel und zwar auf dem Wege der Gesetzgebung möglich ist, so wirft sich die Frage auf, ob das Problem der Entartung, wie es uns in der Gegenwart entgegentritt, überhaupt als ein Teilgebiet der medizinischen Wissenschaft betrachtet werden muß.

Gesundheitspolitik. Die letzten Jahrzehnte haben uns schon an zahlreichen Beispielen gezeigt, daß sich die Heilkunde, wenn ihr an einer wirklichen Durchführung ihrer Indikationen gelegen ist, sehr häufig dazu gezwungen sieht, sich politischer Mittel zu bedienen. So hat sich allmählich der Zustand herausgebildet, daß man ein ganzes Teilgebiet der inneren Politik geradezu als medizinische Politik oder Gesundheitspolitik bezeichnen kann. Die Säuglings- und

Jugendfürsorge, die Bekämpfung der Infektionskrankheiten, z. B. Pocken, Tuberkulose und Syphilis, die Verhütung von Arbeits- und Berufsgefahren, die Kranken- und Unfallversicherung, das Ernährungs- und Wohnungswesen haben staatliche Regelung erfahren, und hier waren es selbstverständlich in erster Linie die Ärzte, die die politischen Maßnahmen diktiert haben. Genau so wie für die Gesundheit und Leistungsfähigkeit der gegenwärtigen Generation ist aber der Ärztestand verantwortlich für die Gesundheit und Tüchtigkeit der kommenden Geschlechter, und er darf sich deshalb nicht scheuen, auch eine Beeinflussung der sozialen Auslese durch staatliche Mittel zu versuchen, wenn die soziale Auslese erst einmal als Ursache eines drohenden Volksverfalls erkannt ist. Denn die Beseitigung von Krankheiten und Schwächen ist eine Angelegenheit der medizinischen Wissenschaft, gleichgültig, ob der Arzt dem Apotheker ein Rezept, oder ob er dem Staatsmann ein Gesetz diktiert. Die Kenntnis der Ausleseverhältnisse beim Menschen ist deshalb ein Teilgebiet der Heilkunde, das infolge seiner theoretischen und praktischen Bedeutung größere Aufmerksamkeit verlangt, als es bisher in der ärztlichen Literatur gefunden hat.

Kontraselektion. Da das Wesen der Selektion, wie wir gesehen hatten, allein in den Unterschieden der Fruchtbarkeit idiotypisch verschiedener Gruppen gesehen werden muß, so macht es selektionistisch keinen Unterschied, ob ich ein Individuum totschlage, ob ich durch Kastrierung oder Asylierung seine Reproduktion verhindere, oder ob ich es durch sozial-wirtschaftliche Verhältnisse veranlasse, Geburtenverhütung zu treiben. Das Verhältnis der Fruchtbarkeit der erblich Gesunden und Begabten zu derjenigen der erblich Kranken und Minderbegabten ist es letzten Endes allein, was über die idiotypische Gesundheit und die Begabung der zukünftigen Generationen entscheidet.

Diesem Satz zufolge muß man aber denjenigen Rassen, welche die Träger der gegenwärtigen europäisch-amerikanischen Kultur sind, eine infauste Prognose stellen. Galton drückte die Sache so aus, daß bei uns die Fortpflanzung der Bevölkerung hauptsächlich von solchen Personen besorgt werde, „die sich wenig um ihre Zukunft kümmern und die wenig strebsam sind. So verschlechtert sich die Rasse allmählich, indem sie mit jeder Generation weniger tüchtig für hohe Zivilisation wird, wenn auch die äußere Erscheinung einer solchen sich noch erhält, bis die Zeit kommt, wo das ganze politische und soziale Gebäude einstürzt". „Unsere Nation", sagt er weiter, „hat aufgehört, in demselben Maße Intelligenz hervorzubringen, wie wir es vor 50—100 Jahren taten. Der geistig hervorragendere Teil der Nation pflanzt sich nicht mehr in demselben Verhältnis fort wie früher; die weniger fähigen und weniger energischen Klassen sind fruchtbarer als die wertvolleren." Aus diesem Grunde spricht auch Wallace von dem fortschreitenden Aussterben „jener intelligenten Voraussicht, die für die Zukunft sorgt", und H. Stanley sagt: „Wir haben vor uns das traurige Schauspiel, daß die große Masse des Nachwuchses sich aus den untersten Klassen rekrutiert, da die obersten Klassen zum Teil entweder gar nicht (bzw. zu spät) heiraten oder doch keine (bzw. zu wenig) Kinder haben ... Eine solche Sachlage ist für jede Gesellschaft mit großer Gefahr verbunden. In der demokratischen Zivilisation unserer Tage bedeutet sie einfach ihren Selbstmord." Darwin schließlich deutet in seiner „Geschlechtlichen Zuchtwahl" das therapeutische Programm an, indem er schreibt: „Alle sollten sich der Kindererzeugung[1]) enthalten, die ihren Kindern die äußerste Armut nicht ersparen können; denn die Armut ist nicht nur ein großes Übel, sondern sie trägt auch zu ihrer eigenen Vergrößerung bei, da sie zur Unbedachtsamkeit im Kindererzeugen führt. Andererseits werden die minderwertigen Glieder der Gesellschaft die besseren zu verdrängen suchen, wenn sich die Klugen des Kindererzeugens enthalten, die Unbedachten aber Kinder erzeugen." Und so kommt Galton zu dem Schluß: „Wenn überhaupt eine Heilung möglich ist, so kann sie nur durch eine Umgestaltung in der relativen Fruchtbarkeit der einzelnen Bevölkerungsgruppen herbeigeführt werden."

Kontraselektion zwischen den sozialen Ständen. Dies sind warnende Stimmen von jenseits des Kanals, aus dem Geburtslande der „Eugenik", und wir fragen deshalb: Wie liegen die Dinge bei uns? Es ist nun aber eine vielfach durch die Statistik belegte Tatsache, daß bei uns, wie bei allen Völkern des europäisch-amerikanischen Kulturkreises, die Kinderzahl infolge der willkürlichen Geburtenbeschränkung im Durchschnitt umgekehrt proportional ist zu der sozialen Stellung der Eltern. In Paris fiel z. B. um 1890 die Zahl der ehelichen Geburten von 140 (auf 1000 Frauen) in sehr armen Distrikten auf 69 in sehr reichen (Bertillon), etwa 20 Jahre später, also kurz vor dem Kriege, von 108 auf 35 (Clémentel), in Wien von 200 auf 71, in Berlin von 222 auf 122, in München gar von 207 auf 49. In den französischen Provinzen sank die Fruchtbarkeit von 120 (auf 1000 Frauen) in den Departements mit armer Bevölkerung auf 82 in den wohlhabenden Departements (Goldstein). Nach einer anderen Berechnung belief sich die Geburtenzahl in den Departements mit etwa 1 Fr. Mobiliar- und Fenstersteuer pro Kopf auf 236 und fiel mit steigendem durchschnittlichem Steuerertrag systematisch ab, um in den Departements mit 5—6 Frs. der genannten Steuer nur noch 132 zu betragen (Tallquist). Für Kopenhagen berechnete Westergaard die Verhältniszahlen von 409 Geburten bei den Maurergesellen zu 258 Geburten bei den sozial besonders angesehenen Klassen (Beamte, größere Kaufleute und dgl.), in den dänischen Provinzstädten

---

[1]) Darwin sagt eigentlich „Ehe"; doch entspricht dieser Ausdruck heutzutage nicht mehr dem Sinn seiner Worte, da wir uns unterdessen daran gewöhnt haben, Heiraten und Kindererzeugen nicht ohne weiteres als identische Begriffe anzusehen.

und Landdistrikten fand er ganz entsprechende Unterschiede. Für Holland wurden ähnliche Zahlen von Verrijn Stuart publiziert: in Rotterdam und Dordrecht fielen die Kinderzahlen in den Ehen von mindesten 25 jähriger Dauer von 5,6 in den reichen bis auf 4,2 in den armen Wohlstandsgruppen, in 40 holländer Landgemeinden von 5,2 bis auf 4,5. Die entsprechende Berechnung für Kopenhagen ergibt eine durchschnittliche Kinderzahl von 5,3 für die Handarbeiter und von nur 4,6 für Beamte, Kaufleute, Lehrer; auch die Ärzte gehören zu denjenigen Berufsständen, welche den biologischen Kampf ums Dasein nicht mehr bestehen können, wie die Zahlen von Rubin und Westergaard ausweisen. Die besonders geringe Fruchtbarkeit speziell der Begabten zeigt die vielbesprochene Statistik von Steinmetz, nach der die holländischen Hochschullehrer, höchsten Staatsbeamten und Künstler eine besonders unzulängliche, hinter dem Durchschnitt des Landes weit zurückbleibenden Fruchtbarkeit aufweisen:

Durchschnittliche Kinderzahl der Familien:	
Niederste Wohlstandsklasse	5,4
Durchschnitt aller Wohlstandsklassen .	5,2
Höchste Wohlstandsklasse	4,3
Künstler	4,3
Höchste Staatsbeamte und Generäle . .	4,0
Universitätsprofessoren	3,6
23 Gelehrte und Künstler ersten Ranges	2,6

Kontraselektion zwischen den sozialen Ständen.

Entsprechendes lehrt die Statistik von Bertillon, nach der 445 der berühmtesten Franzosen nur etwa 1,5 Kinder pro Ehe hatten. Einen kasuistischen Beitrag zu dieser Frage bildet auch ein Aufsatz über meine eigene Familie[1]), in dem gezeigt werden konnte, daß dieses ausgebreitete und wohl in allen seinen Mitgliedern sozial angesehene Geschlecht nur noch eine Fruchtbarkeit von 2,8 Kindern pro Ehe aufweist und damit hinter dem Durchschnitt des Landes (vor dem Kriege) erheblich zurückbleibt. In einer recht umfassenden Weise wurde die Unfruchtbarkeit der sozial hochstehenden Familien durch Theilhaber dargelegt, der das Aussterben der fast durchwegs sozial hochgestellten deutschen Juden statistisch belegen konnte. Auch eine englische Arbeit von Elderton und Pearson führte zu dem Resultat, daß die Zahl der Kinder, welche ein Mensch zu erzeugen pflegt, im umgekehrten Verhältnis steht zu seinem sozialen Wert.

Es spielt sich bei uns also derselbe Vorgang ab, der dem Untergang der alten Kulturvölker vorausgegangen ist, und dem die Proletarier ihren Namen verdanken (proles, Brut; proletarius, Nachkommen-

---

[1]) Siemens, Die Familie Siemens, a. a. O.

schaftserzeuger). Und man kann es wohl kaum für ein post hoc, ergo propter hoc halten, wenn heutzutage die Rassenhygiene den geistigen Verfall der alten Kulturvölker mit diesen Fruchtbarkeitsverhältnissen in einen kausalen Zusammenhang bringt. Freilich wäre es ein offenkundiger Unsinn, wenn man behaupten wollte, daß ein Mann, der den gebildeten Ständen angehört, darum erblich klüger, energischer, leistungsfähiger, vorausschauender sein müßte, als ein Mann mit schwieligen Fäusten. Daß aber im Durchschnitt starke idiotypische Unterschiede zwischen den einzelnen Ständen und Berufsgruppen bestehen, kann wohl nicht bezweifelt werden. Denn es läßt sich nicht gut vorstellen, daß der gesellschaftliche und der wirtschaftliche Erfolg im Leben (und überhaupt auch schon die Berufswahl!) von den großen ererbten Begabungsunterschieden, die ja sicher bestehen, schlechtweg unabhängig sein soll. So sind wohl alle maßgebenden Autoren, die sich mit diesen Problemen beschäftigt haben, zu der Überzeugung gekommen, daß in der Unterfruchtigkeit der geistig führenden und überhaupt der gebildeteren Stände unser Verhängnis liegt. Ich nenne nur Namen wie Darwin, Wallace, Galton, de Candolle, Ammon, Ploetz, Schallmayer, Steinmetz, v. Gruber, Erwin Baur. Auf induktivem Wege wurde die Tatsache eines größeren Durchschnittsmaßes angeborener Begabung in den höheren Ständen besonders gesichert durch die Untersuchungen von Eugen Fischer, Niceforo, Hartnacke, W. Peters und W. Stern, durch die jeder Zweifel an einer gewissen Korrelation zwischen sozialer Lage und Erbwert behoben worden ist[1]).

Kontraselektion zwischen den Berufsgruppen. Das Verhängnis der Kontraselektion wird aber dadurch noch viel bedrohlicher, daß nicht nur die einzelnen Stände in dem angedeuteten Sinne verschieden fruchtbar sind: auch innerhalb jedes einzelnen Standes haben diejenigen Berufsgruppen, in denen an die Leistungsfähigkeit des Einzelnen durchschnittlich höhere Ansprüche gestellt werden, geringere Kinderzahlen als die übrigen. Als Beispiel verweise ich auf die Tatsache, daß auf einen verheirateten höheren Beamten der bayerischen Staatseisenbahn 1,9, auf einen mittleren 2,1, auf einen unteren 3,4 Kinder kommen. Bei der Deutschen Reichspost- und Telegraphenverwaltung wurden ganz entsprechende Verhältniszahlen gefunden, nämlich 1,7, 1,9 und 2,4. In Kopenhagen verhält sich die Kinderzahl der Maurermeister zu der der Maurergesellen wie 3,5 zu 4,1; in den dänischen Provinzstädten fand man für die Kinderzahl der Schustermeister und der Schustergesellen Verhältniszahlen von 3,9 zu 4,2; in den Landdistrikten verhielten sich die Kinderzahlen der Häuschenbesitzer zu denen der bloßen Feldarbeiter wie 3,9 zu 4,3 (Westergaard). Derartige Erscheinungen lassen sich aber durch-

---

[1]) Vgl. auch das in der soeben erschienenen „Sozialanthropologie" von Ploetz hierüber zusammengestellte Material.

gehend beobachten. Ganz allgemein sind also die höheren Beamten durchschnittlich kinderärmer als die mittleren, die mittleren kinderärmer als die kleinen; die selbständigen Handarbeiter sind durchschnittlich kinderärmer als die Fabrikarbeiter, die ansässigen Bauern kinderärmer als die Landarbeiter, die gelernten Arbeiter kinderärmer als die ungelernten. Diese demnach unser ganzes Volk ergreifende Selektion, welche bewirkt, daß überall die ausgelesenen, daher durchschnittlich (!) leistungsfähigeren Bevölkerungsgruppen einen zahlenmäßig geringeren Nachwuchs stellen als die übrigen, kann doch unmöglich ohne Einfluß auf die durchschnittliche Beschaffenheit der kommenden Geschlechter bleiben! Sie muß vielmehr eine Abnahme des Leistungsfähigkeits- und Begabungsdurchschnitts, einen Rassenverfall, eine Entartung des Volkes zur Folge haben.

Ausdehnung der Selektionswirkung. Hiergegen kann man auch nicht etwa geltend machen, daß eine solche ungünstige Selektion schon lange bei uns bestünde. Gewiß sind auch schon früher wertvolle Adels- und Bürgerfamilien durch Zölibat, Kinderarmut und Kriege mehr als andere Familien dezimiert worden. Aber hier war es doch im Höchstfalle eine kleine Oberschicht, die ausstarb, so daß die Gesamtheit der Bevölkerung nur wenig davon berührt wurde. Was die heutzutage wirkende Selektion dagegen gefährlich macht, das ist die ungeheuere Breite ihrer Basis; es ist der Umstand, daß die ganze bessere Hälfte, ja vielleicht das ganze bessere Dreiviertel unseres Volkes keine zur Erhaltung genügende Fruchtbarkeit mehr aufbringt. In diesem Sinne ist die Überkreuzung der sozialen und der biologischen Auslese bei uns eine ausgesprochen moderne Erscheinung.

Unwiderruflichkeit der Selektionswirkung. Auch können wir uns nicht mehr mit der Hoffnung trösten, daß aus den tieferen Schichten des Volkes immer wieder von neuem befähigte Naturen in genügender Zahl hervorgehen werden. In diesen tieferen Schichten ist ja, wie wir gesehen hatten, die gleiche Kontraselektion wirksam. Zudem hat uns die moderne Vererbungsforschung gelehrt, daß man nicht ungestraft Selektion treiben darf, da jede längere Zeit hindurch in einer bestimmten Richtung wirkende Auslese mit absoluter Notwendigkeit auch die Zusammensetzung des Ausgangsmaterials verändert (S. 184).

Die Proletarisierung unseres Nachwuchses. Die Erscheinung, welche ich als die Proletarisierung unseres Nachwuchses bezeichnet habe[1]), kann also mit Recht als die eigentliche Ursache einer rasch fortschreitenden Vermehrung der erblichen Minderwertigkeiten bei uns angesehen werden. Die Proletarisierung des Nachwuchses ist also das entscheidende Moment in der Frage nach der Ätiologie des Rassenverfalls bei den europäisch-amerikanischen Völkern der Gegenwart. Auf die Frage nach der Ursache

---

[1]) Siemens, Die Proletarisierung unseres Nachwuchses, Arch. f. Rassenu. Gesellschaftsbiol. 12, 43. 1916/17.

unseres drohenden Untergangs gibt es deshalb, ebenso wie auf die
Frage nach der Ursache des Untergangs der antiken Kulturvölker
nur eine klare naturwissenschaftliche Antwort; und die lautet,
daß die entscheidende Ursache des „Völkertodes", die entscheidende
Ursache der „Degeneration" in nichts anderem liegt, als in dem
Aussterben der besten, leistungsfähigsten Familien (bzw. Erbstämme),
d. h. also in der ganz ungenügenden Menschenproduktion
innerhalb der führenden Klassen.

Kontraselektion zwischen den Völkern. Die Kontraselektion
spielt sich aber nicht nur innerhalb der Völker ab, indem durch die
willkürliche Kleinhaltung der Kinderzahl diejenigen Familien sich mehr
und mehr austilgen, die sich durch höhere Leistungsfähigkeit, Berufs-
tüchtigkeit, Intelligenz, Tatkraft, Selbstbeherrschung und Voraussicht
auszeichnen; auch zwischen den Völkern ist eine Fruchtbarkeitsauslese wirksam, welche die kulturfähigen Stämme langsam verschwinden
und durch weniger bewährte ersetzen läßt. Die Yankees und Franzosen nehmen an Zahl ab, die Deutschen, Skandinavier und Engländer
zeigten schon vor dem Kriege einen rapid fortschreitenden Rückgang
ihrer Fruchtbarkeit; die Länder mit starken asiatischen Einschlägen
dagegen, die Polen, Tschechen, Russen, Ungarn und Südslaven drängen
infolge ihrer starken Vermehrung überall mit Erfolg nach Westen.
Die Unterschiede in der durchschnittlichen Fruchtbarkeit der einzelnen
europäischen Nationen zielen also auf eine Verdrängung und schließ-
liche Austilgung der kulturfähigsten Völker hin, d. h. derjenigen, die
mit den letzten Resten der schöpferisch besonders begabten nordischen
Rasse am stärksten untermischt sind.

Kontraselektion zwischen den großen Rassen. Aber nicht nur
in den Kampf der Völker, auch in den Erhaltungskampf der großen
Rassen greift die Fruchtbarkeitsauslese machtvoll ein. Vor den Toren
Europas harrt die gewaltige Masse der gelben Rasse, die in ihrem
Ahnenkultus ein kräftig wirkendes Hindernis gegen das Umsichgreifen
der Geburtenverhinderungs-Sitte besitzt. Durch ihre ungehemmte
Vermehrung vermag sie eine wuchtige Expansionskraft zu gewinnen
und über die Grenzen Asiens zu fluten, um das Erbe Europas in
Besitz zu nehmen; angesichts solcher Ausblicke kann man der Zu-
kunft der weißen Rasse, die ihre Geburtenziffern von Jahr zu Jahr
verkleinert, gewiß keine gute Prognose stellen. Vielmehr scheint sich
durch die folgerechte fekundative Kontraselektion zwischen den großen
Rassen ein weltgeschichtliches Schauspiel vorzubereiten, das selbst den
schmachvollen Verfall des „ewigen Rom" in Schatten stellt: der
„Untergang des Abendlandes". Denn wie einst die Kultur der alten
Griechen, so wird auch die europäisch-amerikanische Kultur, die das
Gesicht der weißen Rasse zeigt, mit ihren Trägern dahinschwinden.
Wir haben also wenig Grund, auf unsere Kultur stolz zu sein, solange
sie auf so schwachen Füßen steht; solange sie, statt die Existenz
unserer Enkel und die Fortentwicklung ihres Erbes zu sichern, unsere
Nachkommen, in ihrer Leistungsfähigkeit geschwächt und an Zahl ver-

mindert, der mongolischen Gefahr ausliefert. Wenn wir nicht Sorge tragen für eine ausreichende Vermehrung der begabtesten Zweige der weißen Rasse, dann trifft uns in seiner ganzen Schwere der vorwurfsvolle Zuruf Nietzsches: „Überstolzer Europäer des 19. Jahrhunderts, du rasest! Dein Wissen vervollständigt nicht die Natur, sondern tötet nur deine eigene".

10. Therapie erblicher Krankheiten.

Therapie.

Man unterscheidet seit alters her eine symptomatische Therapie von einer kausalen.

Symptomatische Therapie. Die symptomatische Therapie erblicher Krankheiten hat keinerlei Anregung aus der modernen Vererbungsforschung erhalten: Die Myopie und die Ectopia lentis werden wie früher durch die entsprechenden Augengläser, soweit das geht, korrigiert; die Hypospadie und der erbliche sporadische Kropf werden wie früher durch eine chirurgische Technik, deren Ausbildung von der modernen Erblichkeitsforschung ganz unabhängig vor sich geht, nach Möglichkeit beseitigt; die Hämophilie und das Xeroderma pigmentosum stellen uns wie früher vor den Anblick immerwährender Lebensgefahr bzw. eines frühzeitigen Todes, ohne daß wir viel helfen können. Die Fortschritte der modernen Erblichkeitsforschung geben uns keine neuen symptomatisch-therapeutischen Waffen.

Kausale Therapie. Anders aber steht es mit der **kausalen The-rapie** erblicher Leiden. Der vertiefte Einblick, den uns der Mendelismus in das Wesen und den Charakter der Erbmasse verschafft hat, läßt uns mit viel größerer Klarheit, als das früher möglich war, die Wege erkennen, die zu einer ursächlichen Heilung erblicher Mängel führen müssen.

Die kausale Therapie erblicher Krankheiten kann nur das eine Ziel haben, die Causa morbi, also die krankhafte Erbanlage zu beseitigen. Nun lassen sich aber, wie wir gesehen haben, alle Einflüsse, durch welche lebende Wesen getroffen und irgendwie verändert werden können, in drei große Gruppen einteilen, nämlich in **parakinetische, idiokinetische und selektive Faktoren.** Die Beseitigung krankhafter Erbanlagen kann deshalb, theoretisch betrachtet, nur auf dem Wege der **Parakinese,** der **Idiokinese** oder der **Selektion** erfolgen.

1. Parakinese.

Die großen experimentellen Erfahrungen der Mendelforschung haben gezeigt, daß eine Veränderung der Erbanlagen durch die gewöhnlichen Milieufaktoren, welche Gestalt und Funktion der Lebewesen fortwährend beeinflussen, nicht stattfindet. So ist es uns nicht mehr erlaubt anzunehmen, daß eine Myopie bei den Nachkommen weniger ausgeprägt sein wird, wenn der behaftete Elter durch Vermeiden der Nahearbeit und durch sachgemäße Korrektion seine Augen schont; daß die Epidermolysis bullosa bei den Kindern weniger stark auftreten wird, wenn der behaftete Elter durch größtmögliche Vermeidung aller Insulte die Blaseneruptionen bei sich in Schranken hält. Aus demselben Grunde mußte auch der Glaube verlassen werden, daß die großen personalhygienischen Fortschritte, welche uns die soziale Gesetzgebung vor dem Kriege gebracht hatte, von günstigem Einfluß auf die idiotypische Beschaffenheit unseres Nachwuchses hätten sein können. Andererseits freilich brauchen wir auch nicht zu fürchten, daß die ungünstige Wandlung, die uns Krieg und Revolution in bezug auf unsere hygienischen Verhältnisse gebracht haben, notwendig zu einer Entartung führen müsse. Von dem Augenblick an, in dem die sog. Vererbung erworbener Eigenschaften als Irrtum erkannt wurde, war es klar, daß die persönliche Hygiene ohne gesetzmäßigen Einfluß auf die erbliche Beschaffenheit der Nachkommen bleibt. Die von medizinischen Autoren auch jetzt noch viel vertretene Ansicht, nach welcher die Personalhygiene der Eltern zum Teil gleichzeitig eine Erbhygiene („Konstitutionshygiene") der Kinder und daher in weiterem Sinne gleichzeitig eine Rassenhygiene darstellt, ist also falsch. Eine solche Ansicht ist unvereinbar mit den experimentellen Erfahrungen die uns zeigten, daß die Erfolge, welche wir durch irgendwelche Maßnahmen am Individuum erzielen, nur paratypische, nebenbildliche Änderungen bewirken, während für die Vererbung, die Idiophorie, nur idiotypische, erbbildliche Charaktere in Betracht kommen.

Fortpflanzungshygiene. Zu den die Individuen parakinetisch beeinflussenden Faktoren gehört auch der wesentlichste Teil dessen, was man als Fortpflanzungshygiene bezeichnet. Da die Sterblichkeit besonders der jüngsten Kinder einer Geschwisterreihe durchschnittlich größer ist, als die der ältesten Kinder (mit Ausnahme des Erstgeborenen), so glaubte man eine relative Gesundung der Rasse erzielen zu können, wenn es gelänge, die höheren Geburtennummern ausfallen zu lassen. Auch erhob man die verschiedensten „rassenhygienischen" Forderungen auf die angebliche Beobachtung hin, daß die Kinder besonders junger oder besonders alter Eltern oft erblich minderwertig waren. Alle diese fortpflanzungshygienischen Dinge haben aber höchstens für die Personalhygiene Interesse. Ploetz konnte nachweisen, daß die größere Sterblichkeit der jüngsten Kinder einer Geschwisterschar lediglich äußeren Faktoren zuzuschreiben ist, da sie in den Familien der Fürstenhäuser auch bei sehr hohen Kinderzahlen fehlt. Und die Annahme, daß die Erbwerte bei Früh- und Spätzeugungen verschieden sein sollen, schlägt allen Tatsachen der Vererbungsforschung ins Gesicht. Höchstens ließe sich denken, daß bei älteren Individuen häufiger Gelegenheit zur Einwirkung idiokinetischer Faktoren vorhanden gewesen ist. Auf einer solchen vagen Vermutung lassen sich aber keine Häuser bauen. Eine erbliche Gesundung der Menschen ist also durch die Fortpflanzungshygiene nicht zu erhoffen.

2. Idiokinese.

Wir kommen deshalb zu der Frage, ob es nicht Möglichkeiten
gibt, den Idiotypus, das Erbbild, selbst direkt zu verändern. So
empfahl Lossen derartige Versuche durch wenig intensive Röntgenbestrahlung der Keimdrüsen in Bluterfamilien zu machen, um die angeblich dominante Krankheitsanlage „in eine rezessive umzuwandeln“.
Solche phantasiereichen Ideen erinnern doch aber wohl etwas zu stark
an die Erschaffung des Homunkulus. Denn wenn auch, wie wir gesehen hatten (S. 177), einzelnen Forschern die künstliche Erzeugung
idiotypischer Variationen bei Insekten gelungen ist, so gingen diese
neuauftretenden Idiovariationen natürlich nicht in einer bestimmten,
vom Experimentator gewünschten Richtung vor sich. Im Gegenteil,
durch diese Versuche wurde die Zahl der Probleme, vor welche uns
die Idiokinese stellt, in gewisser Beziehung noch vergrößert. Tower
konnte z. B. beobachten, daß der scheinbar gleiche äußere Einfluß
nicht selten bei den Nachkommen der ihm ausgesetzten Tiere ganz
verschiedene neue Erbanlagen erzeugte; umgekehrt ereignete es sich
wiederholt, daß ganz verschiedene äußere Einflüsse (z. B. das eine Mal
Kälte, das andere Mal Wärme) bei den Nachkommen verschiedener
Tiere die gleichen Idiovariationen hervorriefen. Morgan gelang es
bei 30 000 Fliegen überhaupt nicht, eine Idiovariation zu erzeugen,
trotzdem er in dieser Absicht die allerverschiedensten Außeneinflüsse
anwandte: täglich mehrmalige Betäubung mit Äther, extreme Temperaturen, ultraviolettes Licht, Radium- und Röntgenstrahlen, Salze,
Zucker, Säuren, Alkalien[1]). Unsere Unkenntnis über die Natur und
Wirkungsweise der idiokinetischen Faktoren tritt aber in ein noch
grelleres Licht, wenn wir uns daran erinnern, daß von zahlreichen
Autoren das Auftreten neuer Idiovariationen bei solchen Pflanzen und
Tieren beobachtet wurde, die einfach unter den gewöhnlichen Umwelt-
bedingungen aufwuchsen. Bei Towers Versuchen war schon auffällig, daß zur idiokinetischen Wirkung nicht immer extreme Lebens-
lagen notwendig waren, sondern daß gelegentlich schon Temperatur-
erhöhungen von 5—6° dazu genügten. Auch hier wurden außerdem
Erbänderungen, wenngleich selten, bei den Nachkommen von Individuen gefunden, die durchaus nicht irgendwelchen veränderten Außenbedingungen exponiert gewesen waren. Das Auffallendste aber ist,
daß diese „spontanen“ Idiovariationen in ihren Erscheinungen im allgemeinen völlig mit den durch extreme Lebenslagefaktoren künstlich
erzeugten übereinstimmten.

Homologe Idiovariationen. Überhaupt wurde ein mehrmaliges
Auftreten der gleichen Erbvariation von den verschiedensten Forschern
beobachtet. Bei der Taufliege entstand eine Erbanlage, die sich durch
leuchtend rote Augen manifestierte, mehrmals neu, z. B. das eine Mal

---

[1]) In anderen Versuchsreihen scheint ihm die Idiokinese durch Radium-
bestrahlung gelungen zu sein.

in einer purpuräugigen, ein anderes Mal in einer sepiaäugigen Rein-
kultur. Baur fand bei seinem Löwenmäulchen, daß diese Neigung
zu bestimmten Idiovariationen bei einzelnen Familien besonders groß
war, da die gleiche Erbabweichung mehrmals in derselben Löwen-
mäulchensippe neu entstand. Übrigens beobachtet man ja überhaupt
bei allen näher verwandten Organismen das Auftreten „homologer"
Idiovariationen. Die typische Variabilität der domestizierten Tiere
und Pflanzen bietet hierfür ein anschauliches Beispiel. Wir finden
Albinismus bzw. Scheckung in der gleichen Weise bei Pferden, Kühen,
Schweinen, Hunden, Katzen, Kaninchen, Ratten und weiterhin bei Hühnern, Tauben und selbst Pflanzen (Malvaceen). Bei den Mäusen treffen
wir im großen und ganzen die gleichen Farbenvariationen an, wie
z. B. bei den Kaninchen; wir kennen weiße, gelbe, hell- und dunkel-
braune, blaue, schwarze, schwarzlohfarbige und wildfarbige Tiere dieser
beiden Arten. Bei den Pflanzen liegen die Dinge nicht anders; fast
alle häufiger kultivierten Laubbäume haben ihre Trauerrassen, Pyra-
midenrassen, schmalblättrige, geschlitztblättrige, krausblättrige und
rotblättrige (z. B. Blutbuche, Bluteiche) Rassen. Ein „homologes Idio-
variieren" ist also eine sehr verbreitete Erscheinung. Es folgt aus
solchen Beobachtungen, daß manche Chromosomen bzw. manche Chromomeren besonders stark zu einer Änderung ihrer Konstitution auf
Grund äußerer Einwirkungen neigen.

Das Auftreten einer Idiovariation ist also nicht allein von der Art
der gerade vorhandenen idiokinetischen Faktoren abhängig, sondern
auch von der Art, wie das zu beeinflussende Idioplasma auf die Einwirkung dieser Faktoren reagiert. Bei Individuen der gleichen Art,
der gleichen Rasse oder der gleichen Familie schlagen also die Idiovariationen nicht selten die gleiche Richtung ein, selbst wenn die
idiokinetischen Faktoren uns verschieden erscheinen.

Man darf sich aber durch diese Tatsache nicht zu der Ansicht
verführen lassen, daß das Auftreten der Idiovariationen nun doch,
zum Teil wenigstens, wirklich spontan, d. h. ohne äußere (idiokinetische)
Ursache auf Grund eines in der Natur der Lebewesen vorhergesehenen
Planes erfolgen könne. Das wäre eine Ansicht, die jeder naturwissenschaftlichen Auffassung Hohn spräche. Von vornherein wäre es ja
absurd, in der Natur einen planmäßigen Zweck zu vermuten, der bei
nicht durch die Selektion kontrollierter Wirksamkeit alle Arten im
Laufe der Zeit zugrunde richten müßte, da ja, wie wir gesehen hatten,
die überwiegende Mehrzahl der neuen Idiovarianten pathologisch ist.
Die zuweilen beobachtete Wiederholung der gleichen Idiovariation selbst
unter scheinbar verschiedenen Bedingungen erklärt sich wohl einfach
dadurch, daß das Idioplasma wie alles Lebende natürlich nur zu einer
beschränkten Anzahl von Reaktionen fähig ist. Wir sehen ja auch
nicht höhere Zwecke darin, daß gleiche Exantheme zuweilen durch
die Wirkung ganz verschiedener toxischer Stoffe entstehen. Und auch
der Umstand, daß einzelne Teile des Idioplasmas offenbar besonders
leicht durch die idiokinetischen Faktoren affiziert werden, daß also

einzelne Chromomeren besonders labil sind, braucht uns nicht seltsam
zu erscheinen; zeigen doch auch die einzelnen Knochen des Körpers,
oft ohne daß wir wissen warum, eine sehr verschiedene Neigung zu
Frakturen, ohne daß wir daraus das Recht ableiten, in der erhöhten
Disposition einzelner Teile das Wirken immanenter Zwecke zu erkennen.

Auf alle Fälle lehrt uns aber die Neigung einzelner Idioplasma-
stämme zu bestimmten Variationen recht eindringlich, was für ein
ungeheuer schwieriges und dunkles Gebiet die Idiokinese vorläufig für
uns noch ist. Bei diesem Stande der Dinge wäre es doch wirklich
abenteuerlich anzunehmen, daß der Arzt in absehbarer Zeit es fertig
bringen könnte, willkürlich eine bestimmte Erbanlage in einer bestimmten von ihm gewünschten Richtung abzuändern.

Idiokinese und Umwelt. Von manchen Autoren wird die Ansicht vertreten, daß günstige personalhygienische Umweltverhältnisse
bei den Nachkommen günstige, d. h. die Anpassung vermehrende Idiovariationen hervorrufen, während ein für das Individuum selbst un-
günstiges Milieu besonders solche idiokinetische Faktoren enthalten
soll, die ungünstige, also pathologische Bildungen an der Erbmasse
der Nachkommen bewirken. Derartige Anschauungen widersprechen
aber jeder Erfahrung. So sind z. B. Riesenformen durchaus nicht
immer der Gunst der Umwelt zu verdanken, wie man an den Feuer-
ländern und an den nordafrikanischen Massainegern erkennen kann.
Umgekehrt schützt selbst das Domestikationsmilieu, das doch die Erhaltung des einzelnen Individuums besonders erleichtert, nicht vor der
Entstehung von Idiovariationen, die ganz allgemein (wenn auch nicht
für das Domestikationsmilieu selbst) also pathologisch bezeichnet werden
können (Albinismus, Krummbeinigkeit der Dackel, Zwergrassen). Auch
bei den Tier- und Pflanzenexperimenten zeigte sich ja, daß das Zustandekommen einer Idiovariation ganz unabhängig davon ist, ob und
wie die sie verursachende äußere Einwirkung zugleich auch den individuellen Organismus ändert, in dem sich die Erbsubstanz befindet.
Zudem ist ja die überwiegende Mehrzahl aller neuauftretenden Idiovariationen sowieso pathologisch. Die Ansicht, daß eine für das Individuum günstige Umwelt auch eine Verbesserung der Erbwerte bewirken müßte, widerspricht also unbedingt den Tatsachen; wir müssen
vielmehr annehmen, daß jede Umwelt idiokinetische Faktoren enthalten kann, und daß diese Faktoren in jeder Umwelt die Neigung
haben, zu pathologischen Resultaten zu führen.

Selbst wenn es aber gelingen sollte, die Idiokinese so zu beeinflussen, daß hier und da günstige Idiovariationen entständen, so würde
damit zwar für die betreffenden Individuen ein erfreulicher Erfolg zu
verzeichnen sein, der Allgemeinheit, der Rasse wäre damit jedoch kaum
gedient. Denn eine Verbesserung der Rasse kann, wenn man nicht
mit Zeiträumen rechnet, die sich über zahllose Generationen erstrecken,
ebensowenig durch Idiokinese allein zustandekommen wie die Degeneration, weil Veredelung und Entartung einer Rasse durch die

Häufung außergewöhnlich wertvoller bzw. minderwertiger Erbanlagen zum Ausdrucke kommen, und weil eine solche Häufung, wenigstens innerhalb historischer Zeiträume, allein durch die Selektion bewirkt werden kann. Man müßte denn an eine Idiokinese denken, die plötzlich zahlreiche oder alle Individuen einer Rasse in einer bestimmten Richtung idiotypisch verändert; mit einer solchen Annahme befände man sich aber wiederum im Reiche luftigster Spekulationen.

Ausschaltung der Idiokinese. Eine willkürliche Verbesserung der Erbanlagen eines Volkes durch bewußte Leitung der idiokinetischen Faktoren, ist also vorläufig nichts als ein müßiges Spiel der Phantasie Etwas ganz anderes ist die von vielen Autoren erhobene Forderung, alle Einflüsse, von denen man idiokinetische Wirkung vermuten darf, nach Möglichkeit von den noch zeugungsfähigen Menschen überhaupt fern zu halten. Theoretisch ist diese Forderung nicht unbegründet, denn da ja die überwiegende Mehrzahl aller neuentstehenden Idiovariationen die Anpassung vermindert, so würde die möglichste Ausschaltung der Idiokinese einen Schutz vor der Entstehung neuer Krankheitsanlagen bedeuten. Praktisch aber könnten wir auf diesem Wege nur vorwärts kommen, wenn wir die wichtigsten idiokinetischen Faktoren des Menschengeschlechts kennen würden. Wie traurig es aber hiermit vorläufig noch bestellt ist, wurde schon früher geschildert. Was wir bisher über die einzelnen idiokinetischen Faktoren beim Menschen wissen, ist eigentlich doch nur das berühmte: Ich weiß, daß ich nichts weiß. Vielfach ist man allerdings auch bis zu dieser Erkenntnis noch nicht vorgedrungen, und immer wieder entstehen aus diesem Mangel in Gemeinschaft mit phantasiereichen Hypothesen umfassende Menschheitsverbesserungsvorschläge, die geeignet sind, die Rassenhygiene bei allen nüchternen Köpfen zu diskreditieren. Vor allem wird oft die vorläufig ganz unbeweisbare Meinung vertreten, daß in einem für den Phänotypus ungünstigen Milieu idiokinetische Faktoren häufiger anzutreffen seien als unter günstigen Lebensbedingungen. Mit Hilfe dieser Hypothese konnte man, auch ohne auf die sogenannte Vererbung erworbener Eigenschaften zurückgreifen zu müssen, das Leben in den Großstädten, den Mangel an körperlicher Bewegung, die Abhetzung im Beruf, die „Reizüberschüttung“, die Über- bzw. Unterernährung, den Pauperismus, das Massenelend und ähnliche Dinge von neuem bezichtigen, an der Entstehung immer neuer krankhafter Erbanlagen schuld zu sein. Man stellte sich also vor, daß ein Milieu, welches viele ungünstig wirkende parakinetische Faktoren enthält, regelmäßig auch mit gehäuften idiokinetischen Faktoren erfüllt sei. In dieser Richtung kommen wir aber um so weniger über eine vage Vermutung hinaus, als man auch gerade ein für das Individuum besonders günstiges Milieu oft für die Häufung idiokinetischer Faktoren verantwortlich gemacht hat. Ein solches günstiges Milieu, in dem die Erhaltung und Pflege jedes einzelnen Individuums besonders gesichert erscheint, stellt ja das Domestikationsmilieu dar, und man hat vielfach geglaubt, die enorm große

Idiovariabilität der domestizierten Pflanzen und Tiere (einschließlich
des Menschen) auf die vermehrte Idiokinese innerhalb dieses Milieus
zurückführen zu müssen. Wie ich an anderer Stelle gezeigt habe[1]),
kann allerdings die besonders große erbliche Verschiedengestaltigkeit
der domestizierten Rassen auch rein selektionistisch erklärt werden,
d. h. durch die im Zustande der Domestikation veränderten Ausleseverhältnisse, und ohne die Hypothese, daß die idiokinetischen Faktoren im Domestikationsmilieu besonders zahlreich seien. Entschieden
sind aber alle diese Dinge noch viel zu wenig induktiv erforscht, um
zur Begründung praktischer Forderungen dienen zu können.

Ebenso unbekannt wie die Häufung der idiokinetischen Faktoren
in diesem oder jenem Milieu sind die für den Menschen in Betracht
kommenden idiokinetischen Faktoren im einzelnen. Daß der Alkohol,
das Röntgenlicht und die Syphilis derartige Faktoren enthalten, und
(besonders der Alkohol) in dieser Hinsicht sogar von praktischer Bedeutung für die idiotypische Beschaffenheit unseres Nachwuchses sein
sollen, sind vorläufig nicht viel mehr als Vermutungen, die sich zudem oft, wie im vorigen Kapitel (S. 179) gezeigt wurde, auf höchst naive
biologische Vorstellungen gründen.

Selbst aber, wenn es möglich wäre, alle idiokinetischen Faktoren
wegzuzaubern, so wäre damit praktisch so gut wie nichts gewonnen.
Wir sahen ja, daß die Bedeutung der Idiokinese für die Umwandlung
von Rassen innerhalb historischer Zeiträume äußerst gering ist; daß sie
deshalb als Ursache für eine Entartung, d. h. für eine Zunahme genereller idiotypischer Krankhaftigkeit praktisch gar nicht in Betracht kommen kann. Durch Verhütung jeglicher Idiokinese würde also höchstens
erreicht, daß die quantitativ sicher minimale Zunahme erblicher Krankhaftigkeit, die aufs Schuldkonto der idiokinetischen Faktoren gesetzt
werden kann, aufhört. Für eine positive Gesundung würde auf diese
Weise nichts gewonnen. Vor allem aber würde das rasche Fort-
schreiten der Entartung, welches die Kontraselektion durch die
Vermehrung der schon vorhandenen krankhaften Idiovariationen bewirken kann, durch das Aufhören der Idiokinese gar nicht berührt
werden. Die Bemühungen, die Idiokinese willkürlich zu beeinflussen
oder möglichst vollständig auszuschalten, sind deshalb ohne aktuelle
Bedeutung für die Rassenhygiene. Die Rassenhygiene muß vielmehr,
wenn sie erfolgreich kausale Therapie krankhafter Minderwertigkeit
treiben will, ihre ganze Stoßkraft auf die Lenkung der Ausleseverhältnisse konzentrieren. Denn allein die Selektion ist dazu imstande, innerhalb weniger Generationen die idiotypische
Zusammensetzung einer Rasse wesentlich zu verändern.

---

[1]) Siemens, Über die Bedeutung von Idiokinese und Selektion für die
Entstehung der Domestikationsmerkmale. Zeitschr. f. angewandte Anatomie
u. Konstitutionslehre 4, 278. 1919.

3. Selektion.

Ist es uns also einerseits nicht möglich, durch Behandlung der erblichen Krankheit einen Einfluß auf die Krankheitsursache, nämlich die krankhafte Erbanlage auszuüben, und wird es uns andererseits wohl niemals glücken, durch Leitung der Idiokinese an die krankhafte Erbanlage selbst heranzukommen und sie zu verändern, zu sanieren, so steht uns als dritter und letzter Weg zur Beseitigung krankhafter Erbanlagen nur noch die Selektion offen: Die Beseitigung der krankhaften Erbanlage kann dadurch erfolgen, daß man die Träger dieser Erbanlage aus dem Fortpflanzungsprozeß der Rasse ausschaltet, indem man sie durch soziale Mittel hindert, Kinder zu erzeugen.

Auch dieser Weg hat allerdings seine Bedenken. Erstens gibt es im allgemeinen kein erbkrankes Individuum, bei dem, wenn es einen gesunden Ehepartner heiratet, nicht mindestens die Hälfte der Kinder die Wahrscheinlichkeit hätte, von dem betreffenden Erbleiden frei zu sein (nur die seltenen Homozygoten bei dominanten Leiden haben ausschließlich kranke Kinder). Zweitens pflegen gerade bei denjenigen erblichen Krankheiten, die wegen ihrer Schwere und relativen Häufigkeit besonders große praktische Bedeutung haben (z. B. Dementia praecox, idiotypischer Schwachsinn, idiotypische Taubstummheit), sämtliche Kinder des Erkrankten gesund zu sein, da es sich hier im allgemeinen um rezessive Affektionen handelt. Schließlich sind bei einer sehr großen Anzahl sicher erblich bedingter Leiden die Vererbungsmodi noch so wenig erforscht, daß der gewissenhafte Arzt sich scheuen wird, Schicksal zu spielen, wo er doch selbst noch im Dunkeln tappt.

Immerhin darf man nicht übersehen, daß bei einzelnen Krankheiten unsere Kenntnisse genügend geklärt sind, um uns das Recht und sogar die Pflicht zu gewissen Indikationen zuzusprechen. So mußten wir den Begriff der Belastung einer Revision unterziehen, da es Individuen gibt, die, sofern sie äußerlich gesund sind, auch bei schwerster familiärer Belastung in ihren Erbwerten vollständig normal sein müssen. Dies ist bei allen klar dominanten Krankheiten der Fall. Die schwerste Belastung besagt hier also nicht das geringste. Die Ehe eines Patienten mit einem solchen zwar selbst gesunden, aber aufs stärkste belasteten Individuum kann man also unbedenklich gestatten, da die größte Wahrscheinlichkeit dafür besteht, daß alle Kinder und alle weiteren Nachkommen von dem Familienleiden frei sein werden.

Ist also in solchen Fällen die Vererbungsprognose der gesunden Individuen trotz ihrer „Belastung" sehr gut, so werden doch die behafteten stets die Wahrscheinlichkeit haben, zur Hälfte gleichfalls behaftete Kinder zu bekommen, wenn sie auch noch so große Sorgfalt auf die Auswahl ihres Ehegatten verwenden. Die „Blutauffrischung" ist hier infolgedessen eine vergebliche Mühe und die Heirat einer Cousine würde, wenn diese nur äußerlich gesund ist, die Aussichten für die Kinder in bezug auf die Familienkrankheit nicht im geringsten verschlechtern.

Verhinderung von Verwandtenehen. Die Ausmerzung der gesunden Familienmitglieder wäre bei dominanten Krankheiten also eine unnütze Härte. Ganz anders liegen aber die Selektionsverhältnisse bei den rezessiv erblichen Leiden. Die Entstehung dieser Leiden ist, wie schon früher ausgeführt wurde, erfahrungsgemäß besonders häufig bei den Sprößlingen aus Verwandtenehen. Man hat deshalb in einer Einschränkung solcher Ehen eine Möglichkeit der kausalen Therapie erblicher Krankheiten erblicken wollen. Dieser Weg ist aber schon deshalb bedenklich, weil durch solche Ehen möglicherweise auch eine Homozygotisierung erwünschter erblicher Anlagen bewirkt wird; solche Vermutung legen besonders die in der Tierzucht gemachten Erfahrungen nahe. Abgesehen hiervon kann man die Ehe zwischen einem rezessiv Kranken und einem völlig Gesunden aber auch darum nicht als ursächliche Therapie erblicher Leiden bezeichnen, weil die Kinder aus solchen Verbindungen zwar äußerlich sämtlich gesund, in ihrem Erbbilde aber sämtlich mit der krankhaften Erbanlage behaftet sind, so daß es nur eine Frage der Zeit ist, wann diese Erbanlage durch Zusammentreffen mit einer gleichen bei der Zeugung wiederum zur Entstehung eines homozygoten und somit das alte Familienübel von neuem zeigenden Individuums führt. Durch die Heirat von rezessiv Kranken mit Gesunden bzw. durch die Verhinderung von Verwandtenehen innerhalb rezessiv belasteter Familien wird also die Manifestierung der erblichen Krankheit bloß um einige Generationen hinausgeschoben. Die Inzucht dagegen beschleunigt die Manifestation und somit, falls es sich wirklich um ein ernstes Leiden handelt, die Ausmerzung der Krankheit. Durch die Inzucht wird also keineswegs eine Rassenverschlechterung herbeigeführt, wie viele medizinische Autoren meinen. Im Gegenteil! Dem Interesse des Individuums entspricht es allerdings, durch die Verbindung mit einem auch erblich gesunden Ehepartner die eigene krankhafte Erbanlage bei den Kindern übertünchen zu lassen; und der Arzt hat deshalb ein Recht, vor Verwandtenehen innerhalb rezessiv belasteter Familien zu warnen. Im Interesse der Rasse liegt es aber nicht, daß pathologische Erbanlagen durch gesunde überdeckt, sondern daß sie ausgemerzt werden.

Erbhygienische Eheberatung. Nach dem Gesagten gibt es Fälle genug, wo eine erbhygienische Eheberatung von seiten des rassenhygienisch vorgebildeten Arztes am Platze wäre und infolge des geradezu mittelalterlich anmutenden Aberglaubens, der noch allgemein über Belastung, Vererbung und Inzucht herrscht, von Segen sein würde. Hierdurch könnte nun zwar einzelnen Personen genützt, niemals aber eine allgemeine günstige Selektionswirkung auf die Rasse ausgeübt werden. Solche umfassenden Wirkungen kann man nur von staatlichen Gesetzen erwarten, die auf die Fruchtbarkeitsverhältnisse größerer Bevölkerungsgruppen Einfluß gewinnen.

Rassenhygiene. Die kausale Therapie erblicher Krankheit und erblicher Minderwertigkeit kann, theoretisch gesprochen, auf zweierlei Art selektionistisch gehandhabt werden: 1. dadurch, daß man die Fortpflanzung der Kranken und Minderwertigen hemmt (Elimination), 2. dadurch, daß man die Fortpflanzung der Gesunden und Befähigten fördert (Elektion). Beide Wege haben ihre Anhänger und Fürsprecher gefunden. Die Bestrebungen, die das Ziel haben, eine möglichste Sterilisierung der Kranken und Minderwertigen herbeizuführen, kann man unter dem Namen eliminatorische oder negative Rassenhygiene zusammenfassen; man nennt sie auch englisch-amerikanische Rassenhygiene, weil sie in diesen Ländern besonders populär ist. Ihr steht die elektive oder positive Rassenhygiene gegenüber, die besonders eine Hebung der Fruchtbarkeit der Tüchtigen bezweckt, und die, da sie besonders von deutschen Autoren ausgearbeitet wurde, auch als deutsche Rassenhygiene bezeichnet werden kann.

Eliminatorische Rassenhygiene. Die Forderungen der eliminatorischen Rassenhygiene zielen vor allem auf eine Unfruchtbarmachung erblich Kranker und erblich Minderwertiger hin und auf rassenhygienisch indizierte Eheverbote. Die Unfruchtbarmachung soll aber nicht, wie noch vielfach angenommen wird, durch Kastration erfolgen, sondern durch den leichten Eingriff der Vasektomie (bei Frauen durch die Salpingektomie, die allerdings keine kleine Operation ist) oder durch Röntgenbestrahlung der Keimdrüsen, welch letzteres Verfahren jedoch nur eine vorübergehende Sterilisierung bewirkt. Daß Versuche dieser Art nicht einfach von der Hand zu weisen sind, wird wohl schon durch die Tatsache belegt, daß in Deutschland gegenwärtig z. B. schätzungsweise 2—300000 Schwachsinnige und etwa 30000 Geisteskranke verheiratet sein sollen. Außer Sterilisierung könnten auch Eheverbote dazu beitragen, die Fruchtbarkeit der Minderwertigen herabzudrücken; denn wenn auch durch Eheverbote nicht die Erzeugung illegitimer Kinder verhindert werden kann, so bewirken sie doch eine entschiedene Hemmung der Fruchtbarkeit derjenigen Individuen, die durch die Verbote betroffen werden. Freilich hat in Deutschland die Forderung der Eheverbote wenig Anklang gefunden aus den Gründen, die oben dargelegt wurden (S. 199); man beschränkt sich bei uns daher meist auf die Forderung obligater Gesundheitszeugnisse vor der Eheschließung von denen man hofft, daß sie das rassenhygienische Gewissen der Bevölkerung schärfen und den Heiratskandidaten veranlassen werden, auch die Gesundheit seines Ehepartners mehr, als es bisher üblich war, zu berücksichtigen. Doch haben namhafte Rassenhygieniker auch gegen solche Gesundheitszeugnisse Bedenken geäußert, vor allem weil sich dadurch gerade gewissenhafte Personen leicht von der Eheschließung könnten abhalten lassen, während die leichtsinnigen, die in der Überzahl sind, sich doch nicht daran kehren.

Elektive Rassenhygiene. Es ist nun ein weit verbreiteter Irrtum, daß dort, wo sich erbliche Krankheit oder Minderwertigkeit vermehrt, die eliminatorische Rassenhygiene, d. h. also die Verhinderung der

Kranken und Minderwertigen an der Fortpflanzung genügen würde,
um eine Gesundung herbeizuführen. In Wirklichkeit bietet uns aber
die Tatsache einer Ausmerzung der Kranken noch gar keinerlei Ge-
währ für die Fortexsitenz der Gesunden. Während wir mit der Ausmerzung der Kranken beschäftigt sind, könnten uns ja ohne unser
Zutun auch die Gesunden und die Begabten infolge ungenügender
Fruchtbarkeit dahinschwinden. Die Statistik des Geburtenrückgangs
beweist aber, daß diese Gefahr schon vor dem Kriege bestand; um
wieviel mehr besteht sie jetzt, nach dem Zusammenbruch! Eine wirksame kausale Therapie erblicher Krankheit und erblicher Minderwertigkeit ist deshalb nur auf dem Wege der elektiven Rassenhygiene
zu erwarten, d. h. die kranken und untüchtigen Erbstämme müssen
in erster Linie dadurch beseitigt werden, daß man den gesunden und
tüchtigen zu einer ausreichenden Vermehrung verhilft. So hat schon
Galton den klaren Satz ausgesprochen: „Das Ziel der Rassenhygiene ist die Herbeiführung möglichst vieler Einflüsse,
welche die nützlichsten Klassen des Gemeinwesens veranlassen können, einen größeren Anteil zu der Erschaffung
der nächsten Generation beizutragen" als die übrigen Klassen.
Es ist deshalb auch kein stichhaltiger Einwand gegen die Forderungen
der Rassenhygiene, wenn man sagt, daß heutzutage eine Vermehrung
unseres Volkes überhaupt unerwünscht sei. Denn die Rassenhygiene
kann niemals eine Vermehrung als solche wünschen, sondern
immer nur die Vermehrung der durchschnittlich tüchtigeren
und leistungsfähigeren Menschengruppen.

Rassenhygienische Geburtenpolitik.

Die Geburtenpolitik. Die entscheidende Ursache für die ganz
ungenügende Fruchtbarkeit der wertvollsten Bevölkerungsgruppen bei
uns liegt nun aber in der willkürlichen Beschränkung der ehelichen Kinderzahl. Diesem Übel kann man deshalb nicht durch
irgendeine „Bevölkerungs"politik wirksam entgegentreten, sondern allein
durch eine Politik, die eine Vermehrung der ehelichen Geburten
in allen sozial wertvollen Kreisen anstrebt. Der Kernpunkt der elektiven Rassenhygiene liegt deshalb in einer rassenhygienischen
„Geburtenpolitik"[1]).

Die Gründe dafür, warum bei uns gerade diejenigen Berufsgruppen
am energischsten die Geburtenverhütung betreiben, die ein nach den
verschiedensten Richtungen hin ausgesiebtes Menschenmaterial dar-
bieten, sind anerkanntermaßen zu einem großen Teile wirtschaftlicher
Natur. Freilich gibt es in allen Ständen auch Menschen genug, die
aus Mangel an Familiensinn, aus Genußsucht, aus plumpem Individualismus und Materialismus die Kleinhaltung ihrer Familie betreiben,

---

[1]) Siemens, Bevölkerungspolitik oder Geburtenpolitik? „Die Grenz-
boten", 77, H. 27. 1918.

aber es ist eine alltägliche Erfahrung, daß die Zahl derjenigen Männer und Frauen, die nur oder vornehmlich unter dem Zwange der wirtschaftlichen Lage und aus Verantwortlichkeitsgefühl dem bereits geborenen Kinde gegenüber auf weiteren Nachwuchs verzichten, in den geistig führenden Berufen bei uns sehr groß ist. Es ist deshalb die erste Aufgabe der Rassenhygiene der Gegenwart, solchen Familien eine genügende Reproduktion wirtschaftlich möglich zu machen. Diese Aufgabe nun läßt sich erfüllen trotz des finanziellen Bankrotts, in dem wir uns befinden. Die wirtschaftlichen Beweggründe zur Geburtenverhütung ziehen ihre Nahrung nämlich im wesentlichen nicht, wie meist fälschlich angenommen wird, aus einem Mangel an Existenzmitteln für eine größere Kinderschar. Im Gegenteil: gerade der Mittelstand und die höheren Stände, in denen doch die Existenzmittel reichlicher als bei der übrigen Bevölkerung vorhanden sein müssen, weisen ja die kleinsten Geburtenziffern auf. Die wirtschaftlichen Beweggründe zur Geburtenbeschränkung sind deshalb vornehmlich in dem Umstand zu suchen, daß die kinderreichen Familien genötigt sind, ihre Lebensansprüche im Verhältnis zu den kinderreichen Familien desselben Berufsstandes herabzuschrauben. Dieser Unterschied in der wirtschaftlichen Lage zwischen den kinderreichen und den kinderarmen Familien ein und desselben Berufsstandes spielt aber in den höheren Ständen eine viel größere Rolle als im Proletariat, weil die Aufzuchtskosten der Kinder mit der sozialen Stellung der Familie im allgemeinen rascher ansteigen als die Einnahmen des Vaters. Im Proletariat fehlt außerdem vielfach überhaupt die Einsicht in die wirtschaftliche Bedeutung der Geburtenverhütung, die Kenntnis ihrer Methoden und die Energie und Selbstdisziplin, die zu ihrer Durchführung nötig sind.

Auf Grund dieser Tatsachen scheinen zur Entkräftigung der wirtschaftlichen Motive, die zur Geburteneinschränkung treiben, alle Maßnahmen geeignet, die einen Lastenausgleich zwischen Kinderreichen und Kinderarmen (bzw. Kinderlosen) innerhalb eines Berufsstandes herbeiführen. Es ist also zur Bekämpfung des Geburtenrückganges der Tüchtigen nicht nötig, aus dem vielgeplagten Staat eine neue Art von Unterstützung, Prämie oder Rente herauszupressen, sondern es genügt eine relativ stärkere Belastung der Kinderarmen und Kinderlosen, welche so groß sein muß, daß die Beschränkung der Kinderzahl auf 2 oder gar 1 keinen wesentlichen wirtschaftlichen Vorteil vor den kinderreicheren Berufsgenossen mehr gewährt. Es versteht sich von selbst, daß eine solche erhöhte Belastung der Kinderarmen gleichzeitig auf der anderen Seite eine entsprechende Entlastung der Kinderreichen bedeutet. Die Förderung eines solchen Lastenausgleichs ist deshalb nicht nur eine Forderung der Rassenhygiene, sondern auch eine ganz selbstverständliche Forderung der sozialen Gerechtigkeit. Denn diese Gerechtigkeit verlangt, daß die schwersten Lasten auf die stärksten Schultern verteilt werden. Die wirtschaftliche Leistungsfähigkeit eines

Menschen steht aber in allen Ständen und Berufen im umgekehrten
Verhältnis zu seiner Kinderzahl.

Rassenhygienische Finanzpolitik. Auf die Vorschläge, die zur
Herbeiführung eines Lastenausgleichs zwischen großen und kleinen
Familien gemacht worden sind, kann im Rahmen dieses Lehrbuches
der Vererbungspathologie natürlich nur ganz aphoristisch eingegangen
werden; ausführlicher habe ich diese Dinge in meinen „Grundlagen
der Rassenhygiene" dargestellt. Der genannte Lastenausgleich kann
erstens dadurch herbeigeführt werden, daß in Zukunft bei den direkten
Abgaben nicht wie bisher allein berücksichtigt wird, welches Ein-
kommen in einem Haushalt zusammenfließt, bzw. wieviel Vermögen
vorhanden ist, sondern auch wieviel Personen davon erhalten werden
müssen. Die Abgaben sollten demnach möglichst in so viel gleichen
Teilen eingezogen werden, als Familienmitglieder davon zehren. Zweitens kann der gewünschte Lastenausgleich dadurch gefördert werden,
daß bei der Besoldung (vorerst besonders der Beamten) der Familien-
stand noch viel mehr als bisher berücksichtigt wird. Die Gehalts-
empfänger sollten neben ihrem Grundgehalt einen im Verhältnis zu
diesem möglichst hohen Familienzuschuß erhalten, der nach der Kinderzahl abzustufen ist. Gehaltserhöhungen sollten bis auf weiteres ausschließlich den Familienzuschuß betreffen. Weiterhin sollte, da die
Rücksicht auf die Erbteilung häufig ein Grund zur Geburtenverhütung
ist, festgesetzt werden, daß ein Teil der Hinterlassenschaft einer Person,
die weniger als 4 (oder 5) Kinder hinterläßt, zugunsten der übrigen
Nahverwandten bzw. des Staates auszuscheiden ist. Dieser Anteil
dürfte nicht zu klein bemessen werden. Läßt sich eine solche Umgestaltung unseres individualistischen Erbrechtes zu einem organischen
nicht durchführen, so sollte wenigstens die Erbschaftssteuer nach geburtenpolitischen Gesichtspunkten ausgebaut werden. Und zwar sollte
die Besteuerung beim Erbgang von den Eltern auf die Kinder um so
höher sein, je weniger Kinder die Eltern hinterlassen, in je weniger
Erbanfälle also der Nachlaß zerfällt. Familien mit 4 und mehr Kindern sollten von jedem Verlust beim Erbgang durch Abgabe an den
Staat unbedingt verschont bleiben.

Rassenhygienische Siedlungspolitik. Schließlich sollte, um den
fortschreitenden Geburtenrückgang bei den Bauern aufzuhalten, der
Staat eine großzügige rassenhygienische Siedlungspolitik betreiben. Diese Siedlungspolitik müßte aber nach geburtenpolitischen
Gesichtspunkten durchgeführt werden. Es sollten deshalb in Zukunft
neue Siedlungen nach den Vorschlägen von Fritz Lenz und Max
v. Gruber nur als unkündbare und unteilbare „bäuerliche Lehen" ab-
gegeben werden, auf denen ein untilgbarer, je nach der Kinderzahl teilweise oder ganz erlassener Bodenzins lastet, und deren Erblichkeit an
die Bedingung geknüpft ist, daß der Lehensbesitzer eine noch näher
zu bestimmende, zur Erhaltung der Familie ausreichende Kinderzahl
großgezogen hat.

Rassenhygienische Ethik. Solche wirtschaftlichen Reformen können natürlich nur dann den gewünschten Erfolg haben, wenn sie Hand in Hand gehen mit einer sittlichen Erneuerung unseres Volkes durch Pflege einer generativen Ethik. Der bald egoistische, bald altruistische Materialismus, dem heute so viele verfallen sind, sowie der eigensüchtige Individualismus, der für die Kultur der „Persönlichkeit" besinnungslos das Erbe der Welt opfert, müssen einem neuen Geiste Platz machen, dem rassenhygienischen Geiste, der sein Genügen findet in der Unterordnung der eigenen Person unter jenes hohe, außerpersönliche Ziel, das das Fortbestehen unserer Familie und unserer Rasse nebst ihrer Kultur zum Inhalt hat. Wenn uns die Arbeit auf dieses Ziel hin zu einem Vergnügen und zum idealen Zweck unseres Lebens wird, dann müssen aus solchem Willen zur Gattung heraus auch die Kraft und die Vernunft entstehen, die nötig sind, um die geburtenpolitischen Maßnahmen großzügig durchzuführen.

Rassenhygiene als Lehrfach. In erster Linie aber hängt die Durchführbarkeit der rassenhygienischen selektionistischen Forderungen von dem Maße der Einsicht ab, zu dem man die öffentliche Meinung und besonders die Masse der Gebildeten bringen kann. Die erste Bedingung der Erhaltung unserer Rasse auf ihrer jetzigen Höhe ist deshalb die tatkräftige Verbreitung solider rassenhygienischer Kenntnisse. Bisher waren es fast ausschließlich Ärzte, die in Deutschland die wissenschaftliche Führung der Rassenhygiene in Händen hielten; aber sie alle waren auf diesem Gebiet Autodidakten. Noch haben die Rassenhygiene und die ihr zugrunde liegende Vererbungs- und Selektionslehre nicht den ihr gebührenden Platz in Schule und Hochschule gefunden. Das rassenhygienische Verständnis und Interesse ist selbst in Akademikerkreisen noch erschreckend gering, wenn man bedenkt, daß doch die Rassenhygiene eine Wissenschaft ist, von deren Ausbau und praktischer Ausnutzung die künftige Existenz unserer Enkel und Kinder im wahrsten Sinne des Wortes abhängt. Es muß deshalb als die erste und dringenste Forderung der Rassenhygiene bezeichnet werden, daß an allen deutschen Hochschulen Lehrstühle für Rassenhygiene errichtet werden, und daß die Rassenhygiene samt ihren Grundlagen, der Vererbungs- und der Selektionslehre, als Pflichtfach für die Hörer aller Fakultäten bzw. als Prüfungsfach bei allen nur irgend in Betracht kommenden Examinas eingeführt wird. Nur wenn die Durchsetzung dieser Forderung bald gelingt, dürfen wir hoffen, daß einmal eine Zeit kommt, in der wir nicht wie jetzt gezwungen sind, tatenlos zuzusehen, wie die gesündesten, leistungsfähigsten und wertvollsten Elemente unseres Volkes durch die grausame Torheit biologisch unsinniger Gesetze und Wirtschaftsformen vom Erdboden vertilgt werden.

C. Anhang.

Überblick über die spezielle Vererbungspathologie.

Eine zusammenfassende größere Arbeit über die spezielle Vererbungspathologie existiert vorläufig noch nicht. Was über die Erblichkeit der einzelnen menschlichen Krankheiten bisher bekannt geworden ist, findet sich über die medizinische Literatur der Welt weithin zerstreut. Alle diese Angaben zu sammeln und kritisch zu bearbeiten, wäre eine wertvolle aber außerordentlich zeitraubende Aufgabe. Eine größere Reihe der älteren Veröffentlichungen würde freilich kaum zu verwenden sein; und auch von den aus letzter Zeit stammenden würden viele einen recht zweifelhaften Wert besitzen, da sich die wichtigsten Daten nur zu oft auf eine unzuverlässige Anamnese gründen. Neben der Sammlung und Verwertung der alten werden deshalb vor allem noch zahlreiche neue Beobachtungen nötig sein, wenn wir unsere Kenntnisse über die Erblichkeit der einzelnen Krankheiten vertiefen wollen. Die Zeit für eine umfassende spezielle Vererbungspathologie des Menschen scheint also noch nicht gekommen.

Um so notwendiger dünkt es mich, der allgemeinen Vererbungspathologie eine Übersicht über diejenigen Krankheiten beizufügen, für die erbliches Auftreten schon als charakteristisch erkannt wurde. Ich habe mich dabei im allgemeinen auf die Aufzählung solcher Leiden beschränkt, die in der medizinischen Literatur häufiger als erblich angeführt werden, deren Erblichkeit also bereits eine mehr oder weniger große praktische Bedeutung hat. Auf Vollständigkeit macht demgemäß die Übersicht keinerlei Anspruch.

Ein Einteilungsprinzip, welches die erblichen Krankheiten ihrer inneren Zusammengehörigkeit nach ordnen würde, gibt es nicht. Die Einteilung nach der Art der Vererbung führt zu einem ganz unübersichtlichen Bilde, zumal nicht wenige Krankheiten sich bald nach dem einen, bald nach dem anderen Modus vererben; in ein solches System würde man außerdem die zahlreichen Krankheiten nicht einreihen können, die zwar sicher erblich sind, deren Vererbungsmodus aber noch nicht genügend erforscht ist. Vor allem wissen wir aber auch noch gar nicht, ob diese Einteilung der erblichen Krankheiten in dominante, rezessive, geschlechtsgebundene usw. wirklich der inneren Zusammengehörigkeit dieser Leiden entspricht, ob z. B. die dominante Epidermolysis und die dominante Hemeralopie wirklich im Grunde einander näher verwandt sind, als die dominante Epidermolyse und die rezessive Epidermolyse.

Ich habe mich deshalb bei der Aufstellung der Übersicht nur von rein praktischen Erwägungen leiten lassen. Infolgedessen habe ich die erblichen Krankheiten eingeteilt in sechs große Gruppen (1. Haut- und Geschlechtskrankheiten, 2. Augenkrankheiten, 3. Ohrenkrankheiten, 4. Nerven- und Geisteskrankheiten, 5. innere Krankheiten, 6. Knochen- und Gelenkkrankheiten) und habe innerhalb dieser Gruppen die einzelnen Leiden, um ihre Auffindbarkeit zu erleichtern, einfach nach dem Alphabet geordnet. Bei solchen Krankheiten, deren Vererbungsmodus schon näher erforscht werden konnte, wurde eine kurze Notiz über die Art der Vererbung beigefügt. Freilich halten wir diese Angabe des Vererbungsmodus niemals für verbindlich gegenüber jedem einzelnen Fall des betreffenden Leidens; im Gegensatz zu der noch herrschenden Ansicht stehen wir ja auf dem Standpunkt, daß es eigentlich falsch ist, „die" Epidermolysis bullosa simplex als dominant oder „die" Dementia praecox als·rezessiv zu bezeichnen, da klinisch einheitlich erscheinende Krankheitsbilder oft oder wohl gar der Regel nach in den verschiedenen Fällen von ganz verschiedenen Erbanlagen hervorgerufen sein können. Daher bedeutet z. B. die Angabe „dom." hinter einer Krankheit nicht mehr, als daß sich die bisher beschriebenen Formen dieses Leidens überwiegend als dominant erblich erwiesen; das schließt aber nicht aus, daß neue Fälle der gleichen Krankheit sich anders verhalten könnten.

1. Haut- und Geschlechtskrankheiten.

Adenoma sebaceum (multipler symmetrischer Gesichtsnaevus) — unregelmäßig dom., heterophän.

Albinismus partialis (der Haut oder der Haare) — zuweilen dom., einzelne Formen wohl rez.

— **universalis** — rez.

Alopecia praesenilis — dominant-geschlechtsbegrenzt?

Anidrosis (mit Hypotrichosis) — rez. geschlechtsgeb.

Anonychie, s. Onychoatrophie.

Aplasia mammae — ?

— **pilorum intermittens** s. Monilethrix.

Atherom — in seltenen Fällen dom.

Atrophia cutis diffusa — zuw. wohl rez.

Blepharochalasis — dom.?

Chondrome — zuweilen dom.

Dermatitis herpetiformis Duhring — ausnahmsweise dom. erblich.

Dermatosis Darier — zuw. dom.

Diastema — angebl. dom.

Elephantiasis, s. Trophödem.

Epheliden — anscheinend dom.

Epidermolysis bullosa traumatica simplex — meist dominant.
— bullosa traumatica dystrophica — rez., selten rezessiv-
　　geschlechtsgebunden.
Epispadie — ?
Epithelioma Brooke — zuw. dom.?
Erythrodermie ichthyosiforme congénitale — rez.
Exostosis multiplex — zuw. dom.
Fistula colli congenita — zuw. dom.?
Gynäkomastie — ?
Hasenscharte (Lippenspalte) und Wolfsrachen (Kieferspalte) —
　　zuw. unregelmäßig dom.
Hydroa aestivale, s. vacciniforme — zuw. rez.?
Hyperidrosis manuum et pedum — zuw. dom.?
Hyperkeratosis unguium — zuw. dom.
Hypertrichosis — zuw. dom., zuw. rez.
Hypospadie — dominant-geschlechtsbegrenzt?
Hypotrichosis — zuw. dominant, zuw. rez.
—, s. Anidrosis.
Ichthyosis, s. Keratosis diffusa.
Icterus congenitalis (Cholämie) — zuw. dom.
Keloide — zuw. dom.?
Keratosis diffusa congenita (Ichthyosis foetalis) — rez.
— — vulgaris (Ichthyosis vulgaris) — zuw. dom., zuw. rez.?
— palmaris et plantaris — meist dominant, zuw. rez.?
— pilaris — dom.?
Kryptorchismus — ?
Leukonychie — zuw. dom.
Lingua scrotalis — zuw. dom.?
Lipome — zuw. dom.
Monilethrix — dom.
Morbus Milroy, s. Trophödem.
Naevi — verschieden.
Neurofibromatosis (Recklinghausen) — zuw. dom.
Oedema cutis circumscriptum (Quincke) — zuw. dom.
Onychoatrophie — zuw. dom.
Onychogryphosis symmetrica, s. Hyperkeratosis unguium.
Phimosis —?
Polythelie — ausnahmsweise dom.?
Porokeratosis — dom.
Scheckung (Albinismus partialis) — dom.
Schweißfuß, s. Hyperidrosis manuum et pedum.
Strophulus, s. Urticaria.
Syringom — zuw. dom.?
Teleangiektasien — zuw. dom.
Trommelschlägelfinger — zuw. dom.
Trophödem — dom.
Urticaria (auch Urticaria factitia) — ?

Uterus bicornis — ?

Xanthom — gelegentlich anscheinend dom., einzelne Formen vielleicht rez.?

Xeroderma pigmentosum — rez.

Zahnanomalien: Fehlen von Backzähnen — zuw. dom.

— Fehlen bzw. Überzahl von Schneidezähnen — zuw. dom.?

2. Augenkrankheiten.

Albinismus des Auges (s. auch Nystagmus) — rez.-geschlechtsgeb.

Amblyopie — ?

Aniridie — oft dom.

Anophthalmus — zuw. wohl rez.

Astigmatismus — zuw. unregelm., zuw. regelm. dom.

Atresie des Tränenschlauches — zuw. rez.?

Atrophia nervi optici — zuw. rez.-geschlechtsgeb. (wie die Hämophilie).

— — — bei Turmschädel, s. diesen.

Buphthalmus, s. Hydrophthalmus.

Cataracta congenitalis (centralis, zonularis) — meist dom.

— praesenilis und senilis — oft dom.

Colobom der Iris — oft dom.

— des Opticus — ausnahmsweise dom.

Degeneratio corneae — z. T. dom., z. T. regellos.

Dichromasie, s. Farbenblindheit.

Distichiasis — zuw. dom.

Ectopia lentis (ohne Ectopia pupillae) — oft dom., ausnahmsweise wohl auch rez.

Ectopia lentis et pupillae — wahrscheinlich rez.

Epicanthus — dom.?

Farbenblindheit (Dichromasie, Trichromasie) — rez.-geschlechtsgeb., ausnahmsweise dom.

— totale (Day-blindness, mit zentraler Schwachsichtigkeit und Nystagmus) — rez.

Gerontoxon — zuw. dom.

Glaukom — zuw. dom.

Hemeralopie mit Myopie — rez.-geschlechtsgeb.

— ohne Myopie — dom.

Heterochromie — zuw. dom.

Heterotopie des Sehnerven und der Fovea centralis — zuw. dom.

Hornhauttrübung, angeborene — anscheinend zuw. unregelmäßig dom., vielleicht auch zuw. rez.

Hydrophthalmus — anscheinend rez., zuw. wohl rez.-geschlechtsgeb.

Hyperopie — zum Teil dom.

Irideremie, s. Aniridie.

Keratitis nodularis, s. Degeneratio corneae.

Luxatio lentis (spontane, nicht angeborene Linsenverlagerung) —
zuw. dom.

Megalocornea (Megalophthalmus) — wohl rez.-geschlechtsgeb., zuw.
auch dom.?

Membrana pupillaris persistens — in einem Teil der Fälle wohl rez.

Mikrophthalmus — zuw. rez., zuw. dom.

Myopie — zuw. regelmäßig, häufiger unregelmäßig dom.

Neuritis optica hereditaria, s. Atrophia nervi optici.

Nystagmus (ohne Albinismus und ohne Day-blindness) — dom.

Ophthalmoplegia externa hereditaria — dom.

Pigmentatrophie des Auges (Retinitis pigmentosa) — rez., ausnahmsweise dom.

— — —, totale Aderhautatrophie mit Gesichtsfeldeinschränkung und
Nachtblindheit — zuw. anscheinend dom., zuw. rez.

Ptosis congenita — zuw. dom.

Refraktionsanomalien (Myopie, Hyperopie, Astigmatismus) — zuw.
dom.

Retinitis pigmentosa, s. Pigmentatrophie.

Sklera, blaue (mit Osteopsathyrose, oft später Vertaubung) — meist
dom.

Strabismus — oft liegt erbliche Hypermetropie oder erbliche Schwachsichtigkeit zugrunde.

Trichromasie — wohl rez.-geschlechtsgeb. wie die Dichromasie.

3. Ohrenkrankheiten.

Akustikusatrophie — zuw. Ursache der erblichen Taubstummheit.

Otosklerose (progressive Schwerhörigkeit) — dom.

Taubstummheit (idiotypische Form) — rez.

4. Nerven- und Geisteskrankheiten.

Aplasia axialis extracorticalis congenita (Pelizäus-Merzbachersche Hypoplasie der weißen Gehirnsubstanz, mit Tremor, Nystagmus, spastischen Lähmungen) — rez.-geschlechtsgeb.

Ataxia Friedreich — zuw. dom., zuw. rez., zuw. auch rez.-geschlechts-
gebunden.

Atrophia musculorum progressiva — teils dom., teils (z. B. die
sog. neurotische Muskelatrophie) rez.-geschlechtsgeb.

Chorea Huntingtoni — dom.

Dementia praecox — rez.

Dystrophia musculorum progressiva — dom.?

Epilepsie (genuine) — rez.

Hemizephalie — rez.?

Hemmungsschwäche (Wandertrieb) — rez.-geschlechtsgeb.

Hérédo-ataxie cérébelleuse — zuw. dom.

Hirnsklerose, tuberöse — heterophän dom.

Hysterie — dom.-geschlechtsgeb.?

Idiotia amaurotica familiaris — rez.
Idiotie und Imbezillität s. Schwachsinn.
Jähzorn — dom.?
Linkshändigkeit (Rechtshirnigkeit) — unregelmäßig dom.
Manisch-depressives Irresein — dom.-geschlechtsgeb.?
Mikrocephalie — zum Teil wohl rez.
Muskelatrophie — s. Atrophia musculorum.
Myatonia congenita — wohl rez.?
Myoclonusepilepsie — regelmäßig rez.
Myoplegia familiaris (paroxysmale familiäre Lähmung) — dom.
Myotonia congenita (Thomsensche Krankheit) — meist dom.
  — dystrophica mit Katarakt — wohl dom.
Nystagmus myoklonie (Lenoble-Aubineau) — dom.?
Paralyse, Spastische Spinal-, — rez., zuw. dom.
Paralysis agitans — zum Teil rez.
  - musculorum pseudohypertrophica Gowers s. Pseudohyper-
    trophia.
Paramyotonie (Paranexotonie) — unregelmäßig dom.
Pelizäus-Merzbachersche Krankheit, s. Aplasia axialis.
Pseudohypertrophia muscularis Gowers — rez. geschlechtsgeb.,
    zuw. dom.?
Schwachsinn — manche Formen rez.
Stottern und Stammeln —?
Thomsensche Krankheit, s. Myotonia congenita.
Tremor hereditarius — zuw. dom.
Turmschädel — anscheinend dom.
Wandertrieb s. Hemmungsschwäche.
Wortblindheit — zuw. dom.

5. Innere Krankheiten.

Achylia gastrica —?
Adipositas s. Obesitas.
Akromegalieartige Zustände — zum Teil rez.
Alkaptonurie — rez., in einem Fall anscheinend dom.
Arteriosklerose — ?
Asthma —?
Athritis urica — zuw. dom., heterophän?
Cholaemia congenita — meist dom.
Cystinurie — dom.
Diabetes insipidus (Polyurie) — zuw. dom.
  — mellitus — zuw. dom.
Diathesis haemorrhagica — zuw. dom.
Emphysema pulmonum —?
Endocarditis, Neigung zu — dom.-geschlechtsgeb.?
Fettsucht, s. Obesitas.
Hämatoporphyrinurie — rez.?

Hämaturie — zuw. dom.?

Hämophilie — wohl rez.-geschlechtsgeb., ausnahmsweise dom.

Hermaphroditismus mascularis externus — anscheinend zuw. rez.

Icterus haemolyticus familiaris s. Cholämie.

Isoantikörper (Struktur A, von Dungern) — dom.

Kretinismus, sog. sporadischer —?

Kropf, s. Struma.

Morbus Basedowii — vielleicht dom.-geschlechtsgeb.

Muskeldefekte — zuw. unregelmäßig dom.?

Obesitas — vielleicht dom.-geschlechtsgeb.

Oligohydramie (vielleicht Ursache von Klumpfüßen, Kontrakturen
usw.) —?

Pentosurie —?

Polyurie, s. Diabetes insipidus.

Situs viscerum inversus — zuw. rez.?

Splenomegalia familiaris — oft dom.

Struma sporadica idiotypica — dom.-geschlechtsbegr.?

Tuberculosis pulmonum (Locus minoris resistentiae) — anscheinend
dom.

6. Knochen- und Gelenkkrankheiten.

Achondroplasie — zuw. dom., doch wohl auch rez.

Ankylosen der Kleinfingergelenke — unregelm. dom.

Ateleiosis (echter Zwergwuchs) — rez., zuw. dom.

Brachydactylie (verschiedene klinische Typen) — regelm. dom.

Camptodactylie (Krummheit des kleinen Fingers) — unregelm. dom.

Chondrodystrophie, s. Achondroplasie.

Clinodactylie (Abbiegung der Endphalangen des kleinen Fingers) —
dom.

Dysostose cléido-cranienne —?

Ektrodactylie — unregelm., zuw. regelm. dom.

Flughaut, s. Syndaktylie.

Gigantismus, s. Riesenwuchs.

Halsrippe —?

Hyperphalangia pollicis symmetrica — zuw. unregelm. dom.

Hypophalangie, s. Brachydactylie.

Klumpfuß (Klumphände) — zuw. unregelm. dom.?

Luxatio coxae congenita — zuw. unregelm. dom.?

— patellae —?

Mikromelie, s. Achondroplasie.

Mehrlingsgeburten — wohl rez.

Monodactylie — dom.

Nanismus, s. Zwergwuchs.

Osteopsathyrosis (mit blauer Sklera, oft später Vertaubung) —
meist dom.

Patella, Fehlen der — zuw. dom.

Polydactylie (Hexadactylie) — teils regelm., teils unregelm. dom.

Prognathismus inferior (mit Hypertrophie der Unterlippe; Habsburger Gesichtstypus) — dom.

Pterygium, s. Syndaktylie.

Rachitis — ?

Riesenwuchs — verschiedene Ursachen　　zuw. rez.

Rundrücken — zuw. unregelm. dom.

Schwimmhaut, s. Syndaktylie.

Spalthand, Spaltfuß, s. Ektrodaktylie.

Syndaktylie — zuw. dom.

Trichterbrust — unregelm. dom.

Unterkieferkleinheit — angeblich dom.?

Zwergwuchs, s. Achondroplasie und Ateleiosis.

Überblick über die vererbungsbiologische Terminologie.

Der weiteren Verbreitung vererbungsbiologischer Kenntnisse unter den Ärzten steht vor allem die Reichhaltigkeit und Kompliziertheit der vererbungsbiologischen Terminologie im Wege. Es wird deshalb dem Leser angenehm sein, ein alphabetisches Verzeichnis der wichtigsten Termini mit kurzer beigefügter Erklärung ihres Sinnes zu besitzen. Die deutschen Bezeichnungen entlehne ich zu einem wesentlichen Teil meiner populären Schrift über die „biologischen Grundlagen der Rassenhygiene".

Amphimixis (Kopulation) — Befruchtung, Vereinigung der Gameten.

A-Tafel — Aszendenztafel, Ahnentafel, tafelmäßige Aufzeichnung aller direkten Vorfahren eines Probanden.

Biotypus — Erbstamm, Elementarrasse; kleinste, erblich völlig einheitliche Gruppe von Individuen.

Chromomer — kleinstes austauschbares Teilchen eines Chromosoms.

Chromosomen — Kernstäbchen, Kernbändchen, wahrscheinliche Träger der Erbanlagen.

Determinante — Erbanteil, Erbanlage, kleinster austauschbarer Teil einer Erbeinheit.

Dominant — überdeckend (nur anzuwenden, wenn ein Erbanlagen-Paarling den anderen Paarling des gleichen Erbanlagenpaares überdeckt, vgl. Epistase).

Dominanz — Überdecken (bezieht sich nur auf das Verhalten der beiden Paarlinge eines Erbanlagenpaares zueinander).

D-Tafel — Deszendenztafel, tafelmäßige Aufzeichnung aller Nachkommen einer bestimmten Person, des „Stammvaters".

Elektion — Auswahl, positive Auslese, Ausbreitung bestimmter erblicher Formen infolge besonders großer Fruchtbarkeit.

Elimination — Ausmerze, negative Auslese, Verminderung und Aussterben bestimmter erblicher Formen infolge Unterfruchtigkeit.

Epistase — Überdecken (bezieht sich auf das Verhalten von Elementen verschiedener Erbanlagenpaare zueinander, vgl. Dominanz).

Epistatisch — überdeckend (nur anzuwenden, wenn eine Erbanlage eine andere überdeckt, die nicht zum gleichen Erbanlagenpaar gehört).

Erbfaktor, s. Id.

Erbplasma, s. Idioplasma.

Faktor, s. Id.

Fluktuation, s. Paravariation.

Gameten — Geschlechtszellen;. die halbierten elterlichen Erbmassen.

Gen, s. Id.

Genotypus, s. Idiotypus.

Geschlechtsbegrenzte Vererbung — die betreffende Erbanlage ist nicht in den Geschlechtschromosomen lokalisiert, aber von denselben in ihrer Manifestation abhängig.

Geschlechtschromosomen — Träger derjenigen Erbanlagen, welche über das Geschlecht entscheiden.

Geschlechtsgebundene Vererbung — bedingt durch eine Erbanlage, die in den Geschlechtschromosomen lokalisiert ist.

Heterophäne Vererbung — verschiedenartige phänotypische Ausprägung der gleichen Erbanlage.

Heterozygot — verschiedenanlagig (bezieht sich nur auf die Verschiedenheit der beiden Paarlinge ein und desselben Erbanlagenpaares).

Heterozygotie — Verschiedenanlagigkeit, Bastardnatur, vgl. heterozygot.

Homozygot — gleichanlagig (bezieht sich, wie heterozygot, auch nur auf die Paarlinge eines Erbanlagenpaares).

Homozygotie — Gleichanlagigkeit; besteht dann, wenn beide Paarlinge eines Erbanlagenpaares gleich sind.

Hypostase — Überdeckbarkeit, Überdecktheit, Latenz (bezieht sich auf das Verhalten zweier Anlagen, die in verschiedenen Erbanlagenpaaren lokalisiert sind).

Hypostatisch — überdeckbar, überdeckt (vgl. Hypostase).

Id — Erbanlage, Faktor, Gen.

Idiokinese — Erbänderung; zusammenfassende Bezeichnung für die letzten Ursachen des Auftretens neuer Erbanlagen.

Idiophorie — Vererbung, Übertragung der elterlichen Erbanlagen (Ide) auf die Kinder.

Idioplasma — Erbplasma, Erbsubstanz, Erbmasse.

Idiotypisch — erbbildlich; das, was in der Erbmasse angelegt ist.

Idiotypus — Erbbild, Erbanlagenbestand, die erbliche Beschaffenheit eines Lebewesens oder einer Gruppe.

Idiovariation — Erbvariation, Erbabweichung.

Induktion, s. Paraphorie.

Inzest — extreme Form der Verwandtschaftszucht, engste Inzucht.

Inzucht — Fortpflanzung durch Zeugungen unter Verwandten.

Keimplasma, s. Idioplasma.

Kombination, Kombinationsvariation, s. Mixovariation.

Kontraselektion — Gegenauslese, widernatürliche Auslese; Vermehrung der erblichen Formen, die auf die Dauer sich nicht erhalten können, bzw. Verminderung und Aussterben der auf die Dauer besonders erhaltungsgemäßen.

Mixovariation — Abweichung, die durch das Zusammenwirken, durch eine bestimmte Mischung verschiedener Erbanlagen bedingt ist.

Modifikation, s. Paravariation.

Monohybrid — von Bastardnatur in bezug auf ein Erbanlagenpaar.

Monoid — von einem Id, von einer Erbanlage abhängig.

Mutation, s. Idiovariation.

Parakinese — Nebenänderung, zusammenfassende Bezeichnung für die Ursachen der Änderung eines Lebewesens in nichterblicher Weise.

Paraphorie — Nachwirkung paratypischer Eigenschaften.

Paratypisch — nebenbildlich; nicht durch die Erbanlagen, sondern durch Milieufaktoren bedingt.

Paratypus — Nebenbild, die nichterbliche Beschaffenheit eines Lebewesens.

Paravariation — Nebenvariation, Nebenabweichung; Variation, die nicht durch das Erbbild, sondern durch Milieufaktoren bedingt ist.

Phänotypus — Erscheinungsbild; Gesamtheit der am Individuum realisierten erblichen und nichterblichen Eigenschaften.

Polyid — von vielen Iden (Erbanlagen) abhängig.

Polyphän — viele phänotypische Charaktere gleichzeitig bedingend.

Population — Gemenge, Bestand, Zeugungskreis, Bevölkerung, Gemisch verschiedener Biotypen.

Präinduktion, s. Paraphorie.

Proband — Ausgangsperson; die Person, von der man bei Erforschung eines Verwandtenkreises ausgegangen ist.

Rezessiv — überdeckbar, überdeckt (nur anzuwenden, wenn eine Erbanlage von ihrem zum gleichen Erbanlagepaar gehörigen Partner überdeckt wird).

Rezessivität — Überdeckbarkeit, Überdecktheit, Latenz (bezieht sich nur auf das Verhalten der beiden Paarlinge eines Erbanlagenpaares zueinander, vgl. Hypostase).

Selektion — Auslese, Vermehrung bzw. Verminderung bestimmter Erbstämme durch besonders große (Elektion) bzw. besonders geringe (Elimination) Fruchtbarkeit derselben.

Soma — Körper als Gegensatz zum Erbplasma (Idioplasma).

Somation, s. Paravariation.

Variation — Abweichung; Abweichen eines Individuums von der Gruppe, zu der es gehört.

V-Tafel — Verwandtschaftstafel; jede Form genealogischer Aufzeichnung, insonderheit die Vereinigung von A-Tafel und D-Tafel.

Zygote — Ausgangszelle eines neuen Lebewesens, Produkt der Vereinigung der beiden Gameten, d. h. der beiden halbierten elterlichen Erbmassen.

Überblick über die vererbungspathologische Literatur.

Eine Literaturübersicht, die einem einführenden Lehrbuch beigegeben wird, kann nur den Zweck haben, dem Leser das Auffinden der wichtigsten Arbeiten, die näher in das behandelte Gebiet einführen oder die Grundlage der vorgetragenen Anschauungen bilden, zu erleichtern. Von dieser Idee habe ich mich bei der Aufstellung einer Übersicht über die vererbungspathologische Literatur leiten lassen. Ich habe mich demgemäß mit gewollter Ausschließlichkeit auf die Anführung solcher Werke beschränkt, die mir entweder zum weiteren Eindringen in Einzelfragen der Vererbungspathologie besonders geeignet erscheinen, oder die ich für grundlegend halte für die Erschließung unseres Wissensgebietes. Um dem Leser die Auswahl aus den zitierten Werken noch weiter zu erleichtern, habe ich den meisten Arbeiten eine kurze Notiz über ihre Bedeutung oder ihren Inhalt beigefügt.

Das Schrifttum über allgemeine Konstitutions- und Vererbungspathologie ist bisher noch nicht groß. Viel umfangreicher ist die Literatur über die Vererbungsbiologie, die Selektionslehre und die Rassenhygiene, die alle drei mit der allgemeinen Vererbungspathologie untrennbar verbunden sind. Was die spezielle Vererbungspathologie anlangt, so mußte auf die Zitierung der einzelnen kasuistischen Arbeiten, die außerordentlich zahlreich und über die Journalliteratur der ganzen Welt zerstreut sind, verzichtet werden. Will man sich hier über Einzelheiten unterrichten, so findet man die notwendigen Literaturangaben am ehesten in den Referatenteilen des Archivs für Rassen- und Gesellschaftsbiologie und der Zeitschrift für induktive Abstammungs- und Vererbungslehre, weiterhin im Treasury of human Inheritance (63). Die Literatur speziell der erblichen Hautkrankheiten bringen Bettmann (6) und Gossage (15), die der Augenkrankheiten Groenouw (16) und Nettleship (41), die der Nervenkrankheiten Jendrassik (28). Einige Literaturangaben über erbliche Augenleiden finden sich auch in meinem Aufsatz über die Ätiologie der Ectopia lentis et pupillae (56); eine Darstellung der rezessiven Vererbung bei den Hautkrankheiten habe ich, allerdings ohne größere Literaturnachweise, in meiner Arbeit über die elterliche Blutsverwandtschaft bei den Dermatosen (57) gegeben, eine Darstellung der geschlechtsabhängigen Vererbung in meiner demnächst erscheinenden Abhandlung „Über rezessiv-geschlechtsgebundene Vererbung bei Hautkrankheiten" (57a).

Literatur.

1. Ammon, Otto, Die Gesellschaftsordnung. 3. Aufl. Jena 1900.
2. — Die natürliche Auslese beim Menschen. Jena 1893. — (Teilweise veraltet, trotzdem noch lesenswert.)
3. Bateson, W., Mendels Vererbungstheorie. Leipzig 1914. — (Das klassische englische Lehrbuch der Vererbungsbiologie; enthält auch einen Abdruck der Mendelschen Originalarbeiten.)

4. Bauer, Julius, Die konstitutionelle Disposition zu inneren Krankheiten. Berlin 1917. — (Außerordentlich reichhaltige Sammlung konstitutionspathologischen Literaturmaterials.)

5. Baur, Erwin, Einführung in die experimentelle Vererbungslehre. III. Aufl. Berlin 1920. — (Zur ersten Einführung in die moderne Vererbungslehre ganz besonders geeignet.)

6. Bettmann, Die Mißbildungen der Haut. Jena 1912. — (Mit reichlichen Literaturangaben über erbliche Hautkrankheiten.)

7. Braeucker, Wilhelm, Die Entstehung der Eugenik in England. Hildburghausen 1917. — (Gute historische Arbeit.)

8. de Chapeaurouge, A., Einiges über Inzucht und ihre Leistungen auf verschiedenen Zuchtgebieten. Hamburg 1909. — (Gute Darstellung der Bedeutung der Inzucht für die praktische Tierzüchtung.)

9. Darwin, Charles, Die Entstehung der Arten. Übersetzt von Carus. Stuttgart 1876.

10. — Die Abstammung des Menschen und die geschlechtliche Zuchtwahl. Übersetzt von Carus. Stuttgart 1883.

11. — Das Variieren der Tiere und Pflanzen im Zustande der Domestikation. Übersetzt von Carus. Stuttgart 1906. — (Grundlegende, immer noch lesenswerte Werke.)

12. Fischer, Eugen, Die Rehobother Bastards und das Bastardierungsproblem beim Menschen. Jena 1913. — (Klassische Untersuchungen zur Kenntnis der Wirkung menschlicher Rassenmischung.)

13. Galton, Francis, Genie und Vererbung. Übersetzt von Neurath. Leipzig 1910. — (Grundlegendes Werk über die Erblichkeit der Begabung und über die Rassenhygiene.)

14. Goddard, H. H., Die Familie Kallikack. Langensalza 1914. — (Beitrag zur Kenntnis der Vererbung psychischer Minderwertigkeit und ihrer Bedeutung für die Allgemeinheit.)

14a. Goldschmidt, Einführung in die Vererbungswissenschaft. 3. Aufl. Leipzig 1920.

15. Gossage, A. M., The inheritance of certain human abnormalities. Quart. Journ. Med. 1, 331. 1908. — (Übersicht über die spezielle Vererbungspathologie, besonders der Haut.)

16. Groenouw, Erbliche Augenkrankheiten. Graefe-Saemischs Handb. 2. Aufl. Abt. 1, 11, 215. 1904. — (Mit reichlichen Literaturangaben.)

17. Grotjahn, Prof. Dr. A., Geburtenrückgang und Geburtenregelung. 2. Aufl. Berlin 1920. — (Ausführlichste Arbeit über den Geburtenrückgang.)

18. v. Gruber, Max, Ursachen und Bekämpfung des Geburtenrückgangs im Deutschen Reich. München 1914. — (Besonders gute Darstellung der mit dem Geburtenrückgang zusammenhängenden rassenhygienischen Probleme.)

19. — Über Siedlungsreform. Zeitschr. f. Wohnungswesen in Bayern 13.

20. — u. Rüdin, Ernst, Fortpflanzung, Vererbung, Rassenhygiene. 2. Aufl. München 1911. — (Teilweise veraltet, aber wertvolle Materialsammlung.)

21. Guyer, Michael, Accessory chromosomes in man. Biological Bulletins. 1910. — (Über die Geschlechtsbestimmung beim Menschen.)

22. Haecker, Valentin, Allgemeine Vererbungslehre. Braunschweig 1911. — (Geht besonders ausführlich auf die zytologischen Fragen ein.)

23. Hansen, Georg, Die drei Bevölkerungsstufen. Ausg. von Dr. H. Kraemer. München 1915. — (Wichtige Arbeit, trotz ihrer Irrtümer.)

24. Hartnacke, Wilhelm, Zur Verteilung der Schultüchtigen auf die sozialen Schichten. Zeitschr. f. pädagogische Psychologie u. experimentelle Pädagogik. 1917. — (Zur Frage der Korrelation zwischen sozialer Lage und Erbwert.)

25. von Hoffmann, Geza, Die Rassenhygiene in den Vereinigten Staaten von Nordamerika. München 1913.

26. — Die rassenhygienischen Gesetze des Jahres 1913 in den Vereinigten Staaten von Nordamerika. Arch. f. Rassen- u. Gesellschaftsbiologie 11. 1914.

27. **von Hoffmann**, Geza, Das Sterilisierungsprogramm in den Vereinigten Staaten von Nordamerika. Ebenda 11. 1914. — (Ausführliche Darstellungen der in Amerika besonders populären eliminatorischen Rassenhygiene.)
28. **Jendrassik**, Ernst, Die hereditären Krankheiten. Handb. d. Neurologie 2. Berlin 1911. — (Mit reichlichen Literaturangaben.)
29. **Johannsen**, Wilhelm, Elemente der exakten Erblichkeitslehre. Jena 1909. — (Grundlegendes Werk, das auch die Variationsstatistik ausführlich berücksichtigt.)
30. **Lamarck**, J. B., Philosophie zoologique. Paris 1809. — (Im wesentlichen nur historisch interessant.)
31. **Lenz**, Fritz, Über die krankhaften Erbanlagen des Mannes und die Bestimmung des Geschlechts beim Menschen. Jena 1912. — (Grundlegende Arbeit über die geschlechtsgebundene Vererbung und über die wissenschaftlichen Fundamente der Rassenhygiene.)
32. — Rassewertung in der hellenischen Philosophie. Arch. f. Rassen- u. Gesellschaftsbiologie 10.
33. — Die Bedeutung der statistisch ermittelten Belastung mit Blutsverwandtschaft der Eltern. Münch. med. Wochenschr. 1919, Nr. 47.
33a.— Eine Erklärung des Schwankens der Knabenziffer. Arch. f. Rassen- u. Gesellschaftsbiologie 11, 629. 1914/15.
34. **Lundborg**, H., Medizinisch-biologische Familienforschungen innerhalb eines 2232köpfigen Bauerngeschlechts in Schweden. Jena 1913. — (Beitrag zur Kenntnis der Vererbung psychischer Minderwertigkeit und ihrer Bedeutung für die Allgemeinheit.)
35. **Martius**, Friedrich, Konstitution und Vererbung in ihren Beziehungen zur Pathologie. Berlin 1914. — (Grundlegendes Werk der Konstitutionspathologie.)
36. **Matiegka**, H., s. Ploetz (48a). — (Zur Frage der Korrelation zwischen sozialer Lage und Erbwert.)
37. **Mendel**, Johann (Gregor), Versuche über Pflanzenhybriden. 1865. — (Abgedruckt in: Bateson, Mendels Vererbungstheorien, und in: Ostwalds Klassiker der exakten Wissenschaften 121.)
38. — Über einige aus künstlicher Befruchtung gewonnene Hieracium-Bastarde. 1869. Ebenda.
39. **Moebius**, Paul Julius, Über Entartung. Wiesbaden 1909. — (Ältere geistvolle Schrift.)
40. **Nachtsheim**, Hans, Die Analyse der Erbfaktoren bei Drosophila und deren zytologische Grundlage. Zeitschr. f. ind. Abstammungs- u. Vererbungslehre 20, 118. 1919. — (Sammelreferat über die bisherigen Ergebnisse der Vererbungsexperimente Morgans und seiner Schüler.)
41. **Nettleship**, E., On some hereditary diseases of the eye. Trans. Ophth. Soc. London 29. 1909. — (Teilweise Übersicht über die spezielle Vererbungspathologie des Auges.)
42. **Niceforo**, Alfredo, Die Anthropologie der nichtbesitzenden Klassen. Leipzig 1910. — (Zur Frage der Korrelation zwischen sozialer Lage und Erbwert.)
43. **Peters**, W., Einführung in die Pädagogik. Leipzig 1918. — (Desgleichen.)
44. **v. Pfaundler**, Über Wesen und Behandlung der Diathesen im Kindesalter. Verh. d. 28. Deutsch. Kongr. f. inn. Med. Wiesbaden 1911.
45. **Plate**, Ludwig, Selektionsprinzip und Probleme der Artbildung. 3. Aufl. Leipzig 1908. — (Gründliche Darstellung der Selektionslehre.)
45a.— Vererbungslehre. Leipzig 1913.
46. **Platon**, Staat. Ins Deutsche übertragen von Karl Preisendanz. Jena 1909. — (Grundlegung einer Gesetzgebung, die von rassenhygienischen Ideen getragen wird.)
47. **Ploetz**, Alfred, Die Begriffe Rasse und Gesellschaft und die davon abgeleiteten Disziplinen. Arch. f. Rassen- u. Gesellschaftsbiologie 1904.
48. — Ziele und Aufgaben der Rassenhygiene. Deutsche Vierteljahrsschrift für öffentliche Gesundheitspflege 43, 164. 1910. — (Begründung der Rassenhygiene als einer eigenen Disziplin.)

48a. **Ploetz**, Alfred, Sozialanthropologie. Kultur der Gegenwart III. V. Bd. „Anthropologie". Berlin u. Leipzig 1920.
48b.— Neomalthusianismus und Rassenhygiene. Arch. f. Rassen- u. Gesellschaftsbiologie 10, 166. 1913.
49. **Rüdin**, Ernst, Studien über Vererbung und Entstehung geistiger Störungen. I. Zur Vererbung und Neuentstehung der Dementia praecox. Berlin 1916. — (Enthält eine ausführliche gute Darstellung der Probandenmethode.)
50. **Schallmayer**, Wilhelm, Vererbung und Auslese (im Lebenslauf der Völker). 3. Aufl. Jena 1918. — (Erste große systematische Darstellung der Rassenhygiene. Gegenwärtig wichtigstes rassenhygienisches Werk.)
51. **Siemens**, Hermann Werner, Die Proletarisierung unseres Nachwuchses. Arch. f. Rassen- u. Gesellschaftsbiologie 12, 43. 1916/17.
52. — Biologische Terminologie und rassenhygienische Propaganda. Ebenda 12, 257. 1916/17.
53. — Die biologischen Grundlagen der Rassenhygiene und der Bevölkerungspolitik. München 1917.
54. — Über die Grundbegriffe der modernen Vererbungslehre. Münch. med. Wochenschr. 1918. 1402.
55. — Reichsfinanzreform und Bevölkerungspolitik. Potsdam (1918).
56. — Über die Ätiologie der Ectopia lentis et pupillae, nebst einigen allgemeinen Bemerkungen über Vererbung bei Augenleiden. Graefes Arch. f. Ophthalm. 103, 359. 1920.
57. — Über Vorkommen und Bedeutung der gehäuften Blutsverwandtschaft der Eltern bei den Dermatosen. Arch. f. Dermatol. u. Syph. 1921.
57a.— Über rezessiv-geschlechtsgebundene Vererbung der Hautkrankheiten. Arch. f. Dermatol. u. Syph. 1921.
58. **Steinmetz**, S. R., Der Nachwuchs der Begabten. Zeitschr. f. Sozialwiss. 1904.
59. **Stern**, Wilhelm, Die Jugendkunde als Kulturforderung. Leipzig 1916. — (Zur Frage der Korrelation zwischen sozialer Lage und Erbwert.)
60. **Theilhaber**, Dr. F. A., Der Untergang der deutschen Juden. München 1911.
61. — Das sterile Berlin. Berlin 1913.
62. **Tower**, W. L., An Investigation of Evolution in Chrysomelid Beetles of the Genus Leptinotarsa. Carnegie Institution of Washington. Publ. No. 48. 1906.
63. Treasury of Human Inheritance. London. — (Enthält aus der ganzen medizinischen Literatur zusammengestellte Sammlungen von D-Tafeln.)
64. Über den gesetzlichen Austausch von Gesundheitszeugnissen vor der Eheschließung und über rassenhygienische Eheverbote. Herausgegeben von der Berliner Ges. f. Rassenhygiene. München 1917.
65. **Weismann**, August, Vorträge über Deszendenztheorie. Jena 1904. — (Älteres klassisches Werk, noch sehr lesenswert.)
66. **Weinberg**, Wilhelm, Weitere Beiträge zur Theorie der Vererbung. Arch. f. Rassen- u. Gesellschaftsbiologie 9, 694. 1912.
67. — Auslesewirkungen bei biologisch-statistischen Problemen. Ebenda 10, 417 u. 557. 1913.

Zeitschriften.

1. Archiv für Rassen- und Gesellschaftsbiologie. — (Das führende Organ der wissenschaftlichen Rassenhygiene.)
2. Zeitschrift für induktive Abstammungs- und Vererbungslehre. — (Das führende deutsche Organ der experimentellen Erblichkeitslehre.)

Namenregister.

Adrian 140.
Amman 152.
Ammon 111, 189, 216.

Bach 134.
Bartel 19, 20.
Bateson 216.
Bauer, J. 11, 16, 17, 24, 26, 216.
Baur, E. 3, 4, 63, 79, 80, 81, 83, 90, 100, 131, 174, 176, 180, 189, 195, 217.
Baxter 37.
de Beck 162.
Berg 163.
Bernoulli 134.
Bertillon 187, 188.
Bettmann 216, 217.
Blumer 119, 177.
Bondi 24, 28.
Bouchereau 31, 37.
Boveri 70.
Braeucker 217.
Brandenburg 151.
Brown 124.
Brown-Séquard 90.

de Candolle 189.
Castle 98.
de Chapeaurouge 217.
Clémentel 187.
Comby 24.
Cunier 132.
Czerny 21, 22, 24, 25.

Darier 31.
Darwin 4, 86, 89, 93, 96, 97, 116, 176, 181, 185, 187, 189, 217.
Davenport 53, 74.
Don Carlos 110.

East 111.
Ebstein-Günther 139.
Elderton 188.
Eppinger 26.

Fahlbeck 182.
Falta 21.

Farabee 118.
Fay 144.
Fischer, E. 189, 217.
Fischl 35.
Florschütz 18.
Fournier 178.
Freund 17.
Fruhwirth 176.

Galilei 29.
Galton 4, 96, 186, 187, 189, 202, 217.
Glénard 17.
Goddard 217.
Goldschmidt 217.
Goldstein 187.
Gossage 216, 217.
Gottstein 144.
Gould 37.
Grassl 182.
Groenouw 216, 217.
Grotjahn 217.
v. Gruber 189, 204, 217.
— und Rüdin 217.
Guthrie 90.
Guyer 68, 217.

Haecker 217.
Hagedoorn 176.
Hamburger 35.
Hammerschlag 145.
v. Hansemann 23.
Hansen 217.
Hart 5, 17.
Hartnacke 189, 217.
Henking 64.
Hess 26.
Heuermann 159.
v. Hoffmann 217.
Hunt 36.
Hurst 74.

Jadassohn 129, 130.
Jendrassik 216, 218.
Jesionek 31.
Johannsen 3, 4, 90, 91, 92, 97, 100, 178, 182, 218.

Kammerer 90.
Kaup 144.
Koebner 117.
Kolb 28.
Kraus 17, 22.

Lamarck 89, 93, 218.
Lang 51, 98.
Lassar 141.
Lenz 5, 69, 89, 146, 148, 179, 204, 218.
Lesser 158.
Loewy 153.
Lossen 154, 194.
Lubarsch 21.
Lundborg 140, 145, 169, 218.

Mampel 153, 154, 177.
Martius 14, 16, 18, 29, 46, 106, 218.
Mathes 18, 19.
Matiegka 218.
Mendel 27, 46, 50, 53, 54, 62, 83, 218.
Mendes da Costa 151.
Michelson 162.
Mibelli 120.
Moebius 2, 218.
Morgan 127, 132, 153, 176, 177, 179, 180, 194.
Moro 28.
Müller, O. 23.

Nachtsheim 218.
v. Naegeli 4, 97.
Nettleship 116, 132, 216, 218.
Niceforo 189, 218.
Nietzsche 5, 192.
Nilsson-Ehle 176.
v. Noorden 184.
Nougaret 132.

Oswald 36.

Pagenstecher 165.
Paltauf 19.
Pearson 116, 182, 188.
Peters 189, 218.
v. Pfaundler 22, 23, 27, 28, 218.
Plate 218.
Platon 218.
Ploetz 181, 189, 193, 218.
Polansky 31.
Puchelt 19.

Raylay 162.
Riebold 157.

Rubin 188.
Rüdin 143, 145, 160, 217, 218.

Sakaguchi 141.
Schallmayer 115, 189, 219.
Schittenhelm 174.
Segawa 35.
Seligmann 140.
Semon 96.
Shull 111.
Siemens 108, 109, 110, 134.
— H. W. 10, 16, 109, 133, 134, 137, 139, 157, 166, 188, 190, 198, 202, 216, 219.
v. Siemens, W. 108, 109.
Sigaud 26.
Simmonds 174.
Sjövall 178.
Stanley 187.
Steiger 165.
Steinmetz 188, 189, 219.
Stern 24, 124, 189, 219.
Sternfeld 90.
Stiller, 17, 18.
Strebel 165.

Tallquist 187.
Tandler 11, 16, 26.
Theilhaber 188, 219.
Toeniessen 26.
Tower 176, 177, 180, 194, 219.
Turban 35.

Usher 116.

Valentin 125, 126.
Verrijn Stuart 188.
Verworn 1.
de Vilmorin 75.
Virchow 44.

Wallace 186, 189.
Weber 35.
Wechselmann 153.
Weichardt 174.
Weinberg 32, 130, 145, 164, 169, 219.
Weismann 70, 73, 97, 219.
Westergaard 187, 188, 189.
Wiesel 19, 21.
Withney 178.
Wolff 129, 130.

Zielinsky 31.

Sachregister.

Abraxas 67.
Abgaben, direkte 204.
Acardiacus 6, 76.
Achondroplasie 145, 212.
Achylia 211.
Adel 104, 111.
Adenoma sebaceum 163, 207.
Adipositas s. Fettsucht.
Ahnenkultus 191.
Ahnenprobe 103.
Ahnentafel 103, 106.
Ahnenverlust 108, 109, 110, 111.
Akromegalie 14, 15, 211.
Akustikusatrophie 210.
Albinimus partialis 6, 52, 165, 207.
— universalis 6, 52, 140, 161, 195, 196.
— des Auges 151, 209.
— der Katzen 57.
Alkaptonurie 211.
Alkohol 87, 100, 178, 179, 180, 198.
Alkoholtoleranz 21.
Allgemeindisposition 43, 44.
Allgemeinleiden 14, 43, 44.
Allgemeinveränderung 87.
Alopecia 129, 207.
Altersdisposition 41.
Amblyopie 209.
amniotische Abschnürungen 6, 100.
Amphimixis 213.
Anamnese 124, 131.
angeboren 77.
Anidrosis 153, 161, 207.
Aniridie 162, 209.
Ankylosen 212.
Anomalie 5ff., 7, 78.
Anonychie 207.
Anophthalmus 209.
Anpassung 89, 93, 176, 177.
Anteposition 184.
Antezipation 184.
anthropologische Merkmale 13.
Antirrhinum 131, 180, 195.
Aplasia axialis 121, 210.
— mammae 207.
— pilorum 207.
Art 5.

Artdisposition 37.
Arteriosklerose 23, 211.
Artfestigkeit 180.
Arthritismus s. Status arthriticus.
Arthritis urica s. Gicht.
Ärzte 188, 205.
Ascaris 71.
Asthenia universalis 17.
Asthenie s. Status asthenicus.
Asthma 211.
Astigmatismus 209, 210.
Aszendenztafel (A-Tafel) 103, 106, 113,
    114, 116, 117, 137, 138, 213.
A-Tafel, Numerierung der 113.
Atavismus 133.
Ataxie 124, 151, 210.
Ateleiosis 212.
Atherom 207.
Ätiologie erblicher Krankheiten 175ff.
Atresie des Tränenschlauches 209.
Atrophia cutis 130, 207.
— musculorum 210.
— nervi optici 151, 153, 209.
Aufspalten 55.
Augenfarbe 13, 52, 72, 74.
Augenkrankheiten 209ff.
Aurikularanhänge 133.
Ausgangszelle s. Zygote.
Auslese s. Selektion.
—, literarisch-kasuistische 130, 145, 168.
Aussterben 104, 105, 106, 182.

Bach, Familie 134.
Bacillus prodigiosus 88.
Basedowdiathese 146, 212.
Bastard 76.
Beamte 189, 190.
Begabte 188.
Begabung 134, 183.
Belastung 138, 199.
Bernoulli, Familie 134.
Berufsdisposition 42.
Besoldung 204.
Bevölkerungspolitik 202.
Biotypus s. Erbstamm.
Blei 178.

Blepharochalasis 129, 207.
Blutauffrischung 199.
Blutsverwandtschaft 140, 141, 142, 166, 174.
Bohnen 87, 91, 182.
Brachydaktylie 118, 121, 134, 212.
Buphthalmus 209.

Camptodaktylie 212.
Cataracta 78, 129, 209.
Cholämie 211.
Chondrodystrophie 212.
Chondrome 207.
Chorea Huntingtoni 210.
Chromomer 62, 195, 213.
Chromosomalpathologie 44.
Chromosomen 58ff., 195, 213.
Clinodaktylie 212.
Coloboma 165, 209.
Columba 86.
Cystinurie 211.

Dackel 196.
Dariersche Krankheit 207.
Darwinismus 89.
Darwinscher Höcker 8.
Degeneratio corneae 209.
Degeneration s. Entartung.
Degenerationszeichen s. Entartungszeichen.
Dementia praecox 78, 121, 143, 145, 160, 167, 174, 199, 207, 210.
Dermatitis herpetiformis 207.
Deszendenztafel (D-Tafel) 103, 105, 116, 117, 213.
Deszendenztheorie 176, 180.
Determinante 213.
Deutsche 168, 191.
Diabetes insipidus 211.
— mellitus 13, 15, 18, 23, 24, 25, 30, 163, 164, 167, 184, 211.
Diagnostik erblicher Krankheiten 171.
Diastema 207.
Diathese 15.
—, exsudative s. Status exsudativus.
—, hämorrhagische 211.
Dichromasie 14, 209.
Disposition 10, 28, 29, 33ff.
—, allgemeine 43.
—, biochemische 43, 44.
— der Konstitutionssymptome 39.
— der Krankheitssymptome 40.
—, Erblichkeit der 80.
—, generelle 36.
—, idiotypische u. paratypische 34.
—, individuelle 36ff.
—, komplexe 44.
—, lokalisierte 43.
—, phänotypische 35.

Disposition, physiologische 40.
Dispositionspathologie 29ff.
Dispositionssymptome 30.
Distichiasis 209.
Dolichocephalie 17, 31.
Domestikationsmilieu 196, 197.
domestizierte Tiere 9, 195, 198.
dominant 50, 134, 213.
Dominanz 50, 51, 52, 72, 75, 101, 213.
—, unregelmäßige 74, 127.
—, unvollständige 74, 125.
Drosophila 65, 66, 127, 128, 129, 132, 177, 180, 194.
D-Tafel, Numerierung der 114.
Dysostose cléido-cranienne 212.
Dystrophia adiposo-genitalis 3.
— musculorum 210.

Ectopia lentis 209.
— lentis et pupillae 52, 116, 165, 192, 209.
Eheberatung, erbhygienische 200.
Eheverbote 201.
Eigenschaften 56, 85.
—, Erblichkeit von 79, 84, 85.
—, komplexe 56.
—, idiotypische 100.
—, paratypische 100.
Einsiedlerkrebs 9.
Einzeldisposition 36.
Ektrodaktylie 212.
Ekzem 15, 22, 28.
Elektion 181, 201, 213.
Elementarart s. Erbstamm.
Elephantiasis 207.
Elimination 201, 213.
Eltern und Kinder 100.
Emphysem 211.
Endocarditis 211.
endokrine Störung 3.
Engländer 191.
Entartung 7ff., 112, 167, 180, 181, 185, 190, 191, 193.
Entartungszeichen 8, 17, 20, 26.
Entwicklungshemmungen 133.
Epheliden 121, 129, 207.
Epicanthus 129, 209.
Epidermolysis bullosa 6, 52, 117, 118, 119, 121, 125, 126, 129, 134, 139, 141, 156, 166, 168, 177, 193, 207, 208.
Epilepsie 8, 137, 138, 145, 165, 174, 210.
— der Meerschweinchen 90.
Epispadie 208.
Epistase 74, 75, 101, 213.
epistatisch 214.
Epithelioma Brooke 208.
Erbanlage, Neuauftreten einer 129.

Erbbild 4.
erbbiographische Personalbogen 115.
Erbeinheiten, gleichsinnige 56.
—, Selbständigkeit der 54.
Erbfaktor 214.
Erbformel 76, 93, 98.
erblich 2, 84, 96.
Erbplasma 214.
Erbrecht 204.
Erbschaftssteuer 204.
Erbsen 53.
Erbstamm (Biotypus) 5, 91, 182, 213.
Erbteilung 204.
erworben 78.
Erythrodermie ichthyosiforme 208.
Ethik, rassenhygienische 204.
Eugenik 187.
Eunuchoidismus 14, 15.
Exostose 208.
Exposition 34, 44.
extrauterin 100.

Faktoren s. Ide.
—, idiokinetische 178, 181, 198.
familiäre Krankheiten 135.
familiäres Auftreten 173.
Familie Bach 134.
— Bernoulli 134.
— Mampel 153, 154, 177.
— Nougaret 132.
— Siemens 106, 134, 182, 188.
Familien, Aussterben von 104, 105, 106.
Familienforschung 113, 115.
Familienname 104, 105.
Farbenblindheit 151, 209.
Favus 173.
Fazialisparese 174.
Fettsucht 15, 23, 146, 163, 164, 211.
—, endogene und exogene 3.
Feuerwanze (Pyrrhocoris) 64, 66.
field-workers 168.
Finanzpolitik 204.
Fistula colli 208.
Flughaut 212.
Fluktuation 214.
Fortpflanzungshygiene 193.
Franzosen 191.
Friedreichsche Krankheit 151, 210.
Fruchtbarkeit 182, 186, 188.
Fruchtbarkeitsauslese 181, 182.

Gameten 47, 214.
Gattenmethode 32.
Gaumenspalte 162.
Geburtenpolitik 202.
Geburtenrückgang 202, 203.
Geburtenverhütung 186, 202, 203.
Geisteskrankheiten 210.
Gelenkkrankheiten 212.

Gene s. Ide.
Genealogie 103, 113, 115.
Genotypus 3, 4, 97, 214.
Gerechtigkeit, soziale 203.
Gerontoxon 209.
Geschlechtsbestimmung 63.
— beim Menschen 68, 146.
Geschlechtschromosomen 64, 214.
Geschlechtsdisposition 38.
Geschlechtszellen 47.
— Reifung der 58 ff.
Geschwistermethode 169.
Gesetz der konstanten Zusammen-
    setzung einer Population 183.
Gesundheitspolitik 185.
Gesundheitszeugnisse 201.
Gicht 15, 18, 23, 24, 25, 163, 164, 211.
Gigantismus 212.
Glaukom 209.
gleichanlagig 48.
Gliom 21.
Griechen 185, 191.
Großstadt 197.
Gruppendisposition 36 ff.
Gynäkomastie 208.

Habitus, apoplektischer 24.
— phthisicus 17, 32, 80.
Habsburger Unterlippe 159.
Halsrippe 212.
Hämatoporphyrinurie 211.
Hämaturie 212.
Hämophilie 153, 158, 177, 192, 194.
hämorrhagische Diathese 211.
Hasenscharte 162, 208.
Hautatrophie 130, 207.
Hautfarbe 80, 84.
— des Negers 55.
Hautkrankheiten 207 ff.
Helix 51.
Hemeralopie 52, 57, 133, 151, 152,
    153, 161, 165, 207, 209.
Hemicephalie 210.
Hemmungsschwäche 210.
Hérédo-ataxie cérébelleuse 210.
Hermaphroditismus 212.
Heterochromie 209.
Heterochromosomen 64.
Heterotopie des Sehnerven 209.
heterozygot 214.
Heterozygotie 48, 50, 74, 76, 214.
Hexadaktylie 125, 212.
Hilfsarbeiterinnen, vererbungswissen-
    schaftliche 168.
homozygot 214.
Homozygotie 48, 72, 74, 76, 214.
Hornhauttrübung 209.
Hornlosigkeit der Rinder 52.
Hühner 54, 90, 127.

Hydatina 178.
Hydroa 208.
Hydrophthalmus 209.
Hygiene 193.
Hyperidrosis 208.
Hyperopie 209, 210.
Hyperphalangia pollicis 212.
Hypertrichosis 162, 208.
Hypophalangie 212.
Hypospadie 6, 75, 101, 154, 157, 158, 192.
Hypostase 74, 75, 101, 156, 214.
hypostatisch 214.
Hysterie 146, 210.

Ichthyosis congenita (foetalis) 132, 138, 140, 141, 158, 208.
— vulgaris 208.
Icterus 208, 212.
Id 48, 62, 73, 101, 214.
Idiodisposition 46.
idiodispositionelle Krankheit 45, 46.
Idiokinese 88, 89, 93, 99, 101, 175 ff., 180, 181, 192, 194, 214.
— beim Menschen 177 ff.
— bei Pflanzen und Tieren 176 ff.
— und Umwelt 196.
—, Ausschaltung der 197.
Idiopathologie 1.
Idiophorie 76, 77, 85, 99, 101, 164, 214.
Idioplasma 57, 73, 97, 214.
—, Kontinuität des 70, 73, 99.
Idiosynkrasie 25, 35.
Idiotie, amaurotische 121, 138, 211.
— s. Schwachsinn.
idiotypisch 3 ff., 77, 214.
Idiotypus 4, 11, 76, 97, 98, 214.
— und Geschlecht 68.
Idiovariabilität 63, 101, 176.
Idiovariation 82, 84, 93, 99, 101, 179, 180, 214.
Idiovariationen, homologe 194 ff.
—, spontane 194.
Imbezillität 211.
Induktion 214.
Infantilismus s. Status infantilis.
Influenza 13, 43.
innere Krankheiten 211 ff.
— Sekretion 87.
intrauterin 100.
Inzest 111, 214.
Inzucht 91, 111, 142, 200, 214.
—, Schädlichkeit der 111.
Irideremie 209.
Irresein, manisch-depressives 146, 211.
Isoantikörper 212.

Juden 9, 31, 167, 188.

Kälteempfindlichkeit der Mirabilis 35.
Kaninchen 98, 195.
Kartoffelkäfer s. Leptinotarsa.
Kastration 201.
Katzen, albinotische 57.
—, schwanzlose 52.
Keimplasma 73, 97, 214.
Keloid 82, 208.
Keratitis nodularis 209.
Keratosis 208.
— follicularis 161.
— palmaris et plantaris 166, 208.
— plantaris 161.
Kinder und Eltern 100.
Klumpfuß 212.
Knochenkrankheiten 212 ff.
Kolobom 162, 209.
Kombination 214.
komplexe Bedingtheit 81, 128.
— Eigenschaften 56.
Konduktoren 75, 123, 125, 150, 151, 157.
kongenital 77, 100.
konnatal 77, 100.
Konstitution 10 ff., 15, 29.
—, idiotypische und paratypische 16.
—, sympathikotonische und vagotonische 26.
Konstitutionen, Einteilung der 16.
—, Erblichkeit der 27.
—, Disposition der 28.
Konstitutionsanomalien 11 ff., 17, 25, 26, 27, 28.
Konstitutionshygiene 193.
Konstitutionspathologie 26, 29.
Konstitutionssymptome 11, 14, 17, 27, 28.
Kontinuität des Idioplasmas 70, 73, 99.
Kontraselektion 181, 185, 186 ff., 198, 215.
— zwischen den Berufsgruppen 189, 190.
— zwischen den großen Rassen 191.
— zwischen den sozialen Ständen 187.
— zwischen den Völkern 191.
Körperlänge 56, 128.
Körperverfassung 16.
Krankheit 5 ff., 8, 13, 33 ff., 78.
Krankheiten, erbliche 45.
—, Erblichkeit von 84.
—, idiodispositionelle 45, 46, 172.
—, idiotypische 45.
—, konstitutionelle 45.
Krankheitsanlage, Neuauftreten einer 129.
Kraushaarigkeit 13.
Kretinismus 172, 212.
Kropf 157, 165, 174, 192, 212.
Kryptorchismus 208.
Kulturvölker, antike 189, 191.

Lamarckismus 89, 94, 95, 96.
Lastenausgleich zwischenKinderreichen
 und Kinderarmen 203.
latent 75.
Lehen, bäuerliche 204.
Leptinotarsa 176, 180.
Leukämie 21.
Leukonychie 208.
Lichen ruber 173.
Lingua plicata 161.
— scrotalis 208.
Linkshändigkeit 211.
Linsenluxation 210.
Lipom 208.
Lokaldisposition 42.
Lues s. Syphilis.
Luesdurchseuchung 8.
Lungentuberkulose s. Tuberkulose der
 Lunge.
Luxatio coxae 212.
— lentis 210.
— patellae 212.
Lygaeus 64, 65.
Lymphatismus s. Status lymphaticus.

Mais 111.
Makakusohr 8.
Mampel, Familie 153, 154, 177.
Manifestationsschwankung 125ff., 131,
 143, 161.
Manifestationsschwund 129, 131, 144.
Manifestationssicherheit 84.
Manifestationstermin 128, 131, 143.
Mäuse 195.
—, gelbe 57, 131.
—, schwarze 75.
Meerschweinchenepilepsie 90.
Megalocornea 210.
Megalophthalmus 210.
Mehrlingsgeburten 212.
Membrana pupillaris persistens 210.
Mendelismus 92.
Mendelsches Gesetz 77, 81.
Mendelsche Proportionen (Mendelsche
 Zahlenverhältnisse) 130, 131, 132,
 143, 145, 166, 168ff., 174.
Merkmale, dominante 183.
—, epistatische 183.
—, hypostatische 184.
—, rezessive 184.
Methodik, statistische 145.
Mikrocephalus 211.
Mikromelie 212.
Mikrophthalmus 165, 210.
Milieu, pathologisches 9.
Milroysche Krankheit 208.
Mirabilis 46ff.
Mißbildung 5ff.
Mixovariation 63, 100, 127, 128, 134, 215.

Mixovariabilität 81, 84, 101, 125, 143,
 161.
Modaldisposition 41.
Modifikation 4, 215.
Monilethrix 208.
Monodaktylie 212.
monohybrid 215.
monoid 53, 57, 215.
Monstrum 7.
Morbus Addisonii 21.
Mulatten 56.
musikalisches Talent 128, 134.
Muskeldefekte 212.
Mutation 3, 4, 215.
Myatonie 211.
Myoclonusepilepsie 121, 138, 140, 169,
 211.
Myopie 78, 128, 192, 210.
Myoplegie 211.
Myotonie 6, 211.

Naevi 6, 8, 77, 133, 163, 208.
— chondrosi 133.
Nanismus 212.
Nebenbild 4.
Nervenkrankheiten 210ff.
Neuritis optica s. Atrophia nervi optici.
Neurofibromatosis 8, 208.
nichterblich 2, 96.
Norm 5, 7.
Nougaret, Familie 132.
Nystagmus 210.
Nystagmusmyoclonie 211.

Obesitas 212.
Ödem 208.
Ohrenkrankheiten 210.
Oligohydramnie 212.
Oligotrichie 153, 161.
Onychoatrophie 208.
Onychogryphosis 208.
Ophthalmoplegie 210.
Organdisposition 43.
Osteopsathyrosis 210, 212.
Otosklerose 78, 210.

Paarigkeit der Erbanlagen 71.
Pachonychien 161.
Pangenesishypothese 96, 97.
Parakinese 99, 100, 192, 215.
Paralyse 211.
Paralysis agitans 211.
Paramyotonie 211.
Paraphorie 85, 87, 88, 99, 101, 215.
Parasiten 9.
paratypisch 3ff., 78, 215.
Paratypus 4, 97, 215.
Paravariabilität 81, 84, 100, 125, 127,
 143, 161.

Paravariation 84, 99, 101, 215.
Patella, Fehlen der 212.
Pauperismus 197.
Pemphigus 173.
Pentosurie 212.
Periode, sensible 177.
Phänotypus 4, 12, 76, 97, 215.
Phimose 208.
Phylogenese 176.
Pigmentatrophie des Auges 141.
Pityriasis versicolor 172.
plazental 100.
Pneumonie 164.
Polen 191.
Politik, medizinische 185.
Polydaktylie 212.
polyid 215.
polyphän 215.
Polythelie 208.
Polyurie 211.
Population 183, 215.
Porokeratose 78, 120, 121, 128, 208.
postnatal 100.
Präinduktion 215.
Presence-Absence-Formulierung 51.
Primula 76, 79, 81 ff.
Proband 103, 106, 167, 215.
Probandenmethode 169 ff.
Prognathie 213.
—, Habsburger 159.
Proletarier 188.
Proletarisierung unseres Nachwuchses 190.
Pseudohypertrophia musculorum 211.
Psoriasis 13, 172, 173.
Psychopathie 8.
Pterygium 213.
Ptolemäer 111.
Ptosis 210.
Pyrrhocoris 64, 66.

Rachitis 213.
Rädertierchen 178.
Rasse 5, 14.
—, blonde 9, 37.
—, gelbe 191.
—, mediterrane 31.
—, nordische 191.
—, pathologische 5, 9.
—, reine 48, 55.
—, weiße 178, 191.
—, Verbesserung der 196.
Rassendisposition 37 ff.
Rassenhygiene 193, 198, 202, 205, 216.
—, elektive 201.
—, eliminatorische 201.
—, englisch-amerikanische 201.
—, negative 201.
—, positive 201.

Rassenmerkmale 11, 31, 78.
Rassenpathologie 37.
Rassenunterschiede 62.
Rassenverfall 190.
Rassenzugehörigkeit 167.
Recklinghausensche Krankheit 8, 208.
Reduktionsteilung 59, 63.
Refraktionsanomalien 210.
Resistenz 29, 30.
Resistenzpathologie 29.
—, anthropologische 31.
—, funktionelle 30.
—, morphologische 30.
Resistenzsymptome 30.
Retinitis pigmentosa 151, 153, 210.
rezessiv 215.
Rezessivität 50, 51, 101, 215.
Richtungskörper 59, 61.
Riesenwuchs 213.
Rinder, Hornlosigkeit der 52.
Römer 185.
Röntgenstrahlen 178, 198.
Rostempfindlichkeit des Weizens 35.
Rothaarigkeit 7, 13, 31.
Rundrücken 213.
Russen 191.
Rutilismus s. Rothaarigkeit.

Schafe 156.
Scheckung 52, 116, 195, 208.
— der Haare 7.
Schimmel 52.
Schönheit 128.
Schwachsinn 199, 211.
Schwanzlosigkeit der Katzen 52.
Schweißfuß 208.
Schwimmhaut 213.
Seidenhühner 57.
Seidenspinner 52.
Selektion 89, 94, 121, 176, 180, 181 ff., 192, 198, 199 ff., 215.
—, eliminatorische und elektive 181.
—, fekundative 181.
— innerhalb eines Erbstammes 91.
Selektionslehre (Selektionstheorie) 176, 205, 216.
Seleuciden 111.
Sexualproportion 69, 70, 146.
Shorthorn 112.
Siedlungspolitik 204.
Siemens, Familie 106, 134, 182, 188.
Sippschaftstafeln 113.
Situs inversus 212.
Skandinavier 191.
Sklerose, tuberöse 8, 163, 210.
Skrofulose 22.
Soma 97, 215.
Somation 215.
Sozialdisposition 42.

Spalthand 213.
Spaltfuß 125.
Splenomegalie 212.
Star s. Cataracta.
Stammbaum 104, 105, 112.
Stammeln 211.
Stammvater 103.
Status arthriticus 15,18,19,22,23,24,26.
— asthenicus 11,14,17,18,19,20,26,28.
— cerebralis 26.
— degenerativus 26.
— digestivus 26.
— exsudativus 15, 21, 22, 25.
— fibrosus 20.
— hypoplasticus 18, 19, 23, 24, 26.
— idiosyncrasicus 25.
— infantilis 11, 13, 14, 18, 19, 20.
— lymphaticus 19, 20 ff., 26.
— muscularis 26.
— respiratorius 26.
— thymico-lymphaticus 19, 21, 22.
— thymicus 19.
Sterblichkeit der Behafteten 131, 132, 144.
Stereoplasma 88.
Sterilisierung s. Unfruchtbarmachung.
Steuern 204.
Stigma 17.
Stottern 211.
Strabismus 210.
Strophulus 208.
Struma s. Kropf.
Südslaven 191.
Symbiose 9.
sympathikotonische Konstitution 26.
Syndaktylie 129, 213.
Syndese 59, 61.
Synophris 8.
Syphilis (Lues) 21, 23, 40, 144, 178, 198.
— congenita 11, 77.
Syringom 208.

Taubstummheit 140, 141, 144, 145, 165, 199, 210.
Teleangiektasien 208.
Temporaldisposition 42.
Terminologie, vererbungsbiologische 213.
Therapie erblicher Krankheiten 192 ff.
—, kausale 192, 198, 202.
—, symptomatische 192.
Thomsensche Krankheit 6, 211.
Tremor 129, 211.
Trichromasie 210.
Trichterbrust 213.
Trommelschlägelfinger 208.
Tropenklima 9, 178.
Trophödem 208.
Tschechen 191.

Tuberkulose 21, 32, 45, 164, 178.
— der Lungen 17, 21, 23, 28, 31, 35, 44, 172, 173, 212.
— der Lymphdrüsen 21.
— des Urogenitalapparates 21.
Tuberkulosedurchseuchung 8.
Turmschädel 211.

Überspringen 123, 143.
Umwelt (Milieu) 9, 83, 196.
Unfruchtbarmachung 201.
Ungarn 191.
Untergang des Abendlandes 191.
Unterkiefers, Kleinheit des 213.
Urgeschlechtszelle 71.
Ursache 1 ff.
Ursachen, äußere 171, 173.
Urticaria 208.
Uterus bicornis 209.

vagotonische Konstitution 26.
Variabilität 172, 176.
Variation 7, 82, 215.
Vasektomie 201.
Verbrechertum 8.
Vererbung 3, 72, 96, 99, 101.
—, direkte 117, 133, 134, 146, 148.
—, dominante 104, 117 ff., 133, 206.
—, dominant-geschlechtsbegrenzte 156 ff.
—, dominant-geschlechtsgebundene 146, 161.
— durch den Mannesstamm 159.
— durch den Weibesstamm 160.
— erworbener Eigenschaften 85 f., 193.
—, geschlechtsbegrenzte 104, 117, 153, 214.
—, geschlechtsgebundene 104, 117, 146 ff., 153, 206, 215.
—, heterophäne 161 ff., 214.
—, intermediäre 51, 52, 74, 92.
—, kollaterale 139.
—, monoide 53, 57.
—, polyide 55, 160.
—, polyphäne 56, 161.
—, rezessive 117, 135 ff., 174, 206.
—, rezessiv-geschlechtsbegrenzte 158, 159.
—, rezessiv-geschlechtsgebundene 149 ff., 161.
—, unregelmäßig dominante 123 ff.
—, unregelmäßig rezessive 143 ff.
Vererbungslehre 205, 216.
Vererbungspathologie, spezielle 206, 216.
Vermehrung 202.
verschiedenanlagig 48.
Versehen 178.
Verwandtenehe 108, 109, 112, 141, 179, 200.

Verwandtschaftstafel (V-Tafel) 111, 215.
Vetternehe 108, 109, 141.
Vitiligo 173.
Völkertod 191.

Wandertrieb 210.
Wildermuthsches Ohr 8.
Winterfestigkeit des Weizens 35.
Wortblindheit 211.

Xanthom 209.
X-Chromosomen 64, 65, 75.
Xeroderma pigmentosum 45, 101, 121, 141, 143, 158, 159, 167, 171, 172, 192, 209.

Y-Chromosomen 64, 65.
Yankees 191.

Zahlenverhältnisse, Mendelsche 130, 131, 132, 143, 166, 168 ff., 174.
Zahnanomalien 153, 161, 162, 209.
Zahndefekte 161.
Zellulardispositionspathologie 43.
Zellularpathologie 43.
Zuckerrüben 75.
Züchtung 95.
Zwergrassen 196.
Zwergwuchs 213.
Zwillinge, eineiige 76, 81.
Zygote 47, 61, 63, 70, 76, 215.

Druck von Breitkopf & Härtel in Leipzig.